CONSEJO SUPERIOR DE INVESTIGACIONES CIENTÍFICAS

César Pedrocchi-Renault

FAUNA ORNÍTICA
DEL
ALTO ARAGÓN OCCIDENTAL

MONOGRAFÍAS DEL
INSTITUTO PIRENAICO DE ECOLOGÍA
JACA, 1987 - Nº 1

CATALOGACIÓN EN PUBLICACIÓN
DEL INSTITUTO BIBLIOGRÁFICO HISPÁNICO

PEDROCCHI-RENAULT, César

Fauna ornítica del Alto Aragón Occidental / César Pedrocchi-Renault. - [Madrid]: Consejo Superior de Investigaciones Científicas, 1987.
VIII, 230 p.: il.; 24 cm. - (Monografías del Instituto Pirenaico de Ecología; n. 1).
Índice.
I.S.B.N.: 84-00-06470-4
1. Aves-Pirineos aragoneses. I. Consejo Superior de Investigaciones Científicas.
598.2 (465.22:234.1 Pirineos).

© C.S.I.C.
I.S.B.N.: 84-00-06470-4.
Depósito legal: M. 6.870-1987.
Impreso en España. *Printed in Spain*.
OFFIRGRAF, S. A. Artes Gráficas. C/. de los Naranjos, 3.
San Sebastián de los Reyes (Madrid).

*A Alceste, como excusa:
¿cuántas veces los pájaros
te robaron mi compañía?*

A mi gran amiga Encarna.

Las rapaces nocturnas constituyen el clásico símbolo de la sabiduría o la ciencia. No sin ironías inauguramos la publicación con la simpática foto de este joven pollo de lechuza.

PREÁMBULO

En 1976 se terminó la presente monografía, como aportación al proyecto MAB/UNESCO, N.º 509, referido al estudio multidisciplinar e integrado del Alto Aragón occidental. Su publicación se produce, así, con retraso considerable y los datos obtenidos con posterioridad a esa monografía, tanto sobre aves de la comarca como los referidos a sus costumbres, fenología y comportamiento estacional, son ya considerables. Dicha monografía constituyó una base indispensable y sin duda un adecuado antecedente para la publicación del libro sobre *Las Aves de Aragón,* a cargo de su mismo autor*. Sucesivamente, no se ha detenido aquí la labor ornitológica de Pedrocchi, fomentando la cooperación con asociaciones dedicadas a las Ciencias Naturales y a cuestiones de conservación. Cabe mencionar, entre ellas, su interés por problemas de migración y cruce de la Cadena Pirenaica; los de zonas húmedas y aves esteparias, estudios sobre ornitocenosis de pinar pirenaico y sus recursos, como también, recientemente, los referidos a problemas de la altitud supraforestal.

El presente volumen, con que se inicia la serie de monografías del actual Instituto Pirenaico de Ecología, posee raíces casi tan antiguas como la fundación, por el Consejo Superior de Investigaciones Científicas, del Centro Pirenaico de Biología Experimental en 1963.

La Dirección del Instituto Pirenaico de Ecología

---

* N.º 28 de la Colección «Aragón». Ed. «Librería General», Zaragoza.

FAUNA ORNÍTICA DEL ALTO ARAGÓN OCCIDENTAL

por

CESAR PEDROCCHI RENAULT

I INTRODUCCIÓN.

II CARACTERÍSTICAS DEL ALTO ARAGÓN OCCIDENTAL.— 1. *Rasgos geológicos de la comarca estudiada:* a) Zona axil. b) Sierras Interiores. e) Franja flysch. d) Canal de Berdún, Campo de Jaca y Val Ancha hasta la Ribera del Gállego. e) Cuenca del Guarga - Onsella, f) Sierras Exteriores. g) Somontano - Cinco Villas.— 2. *Rasgos climáticos generales:* a) Zona axil. b) Sierras Interiores. c) Depresión Media. d) Sierras prepirenaicas. e) Somontano - Cinco Villas. f) Algunos aspectos topoclimáticos. En resumen.— 3. *Vegetación:* a) Mesomediterránea. b) Submediterránea. c) Montano inferior seco. d) Montano - húmeda. e) Subalpino y alta montaña mediterránea. f) Pastos alpinos.

III RESULTADOS DE LAS OBSERVACIONES REALIZADAS POR ESPECIES.— 1. Material y métodos de estudio.— 2. Datos faunísticos y biológicos por especies.

IV COMUNIDADES ORNÍTICAS DEL ALTO ARAGÓN OCCIDENTAL.— 1. Material reunido y metodología empleada.— 2. Estudio conjunto de la fauna.— 3. Distribución por pisos de vegetación.— 4. Ornitocenosis y residencias ecológicas por dominios de vegetación: A) Ornitocenosis en el dominio submediterráneo: a) Recipientes acuáticos y alrededores. b) Sotos y setos. c) Matorrales y cultivos secanos. d) Bosques. e) Acantilados y roquedos; (edificios). B) Ornitocenosis de piso montano seco: a) Bosques. b) Erizones montanos. c) Roquedo, acantilados y edificios. C) Piso montano húmedo: a) Hayedo - abetales. b) Zonas deforestadas. c) Acantilados. D) Dominio subalpino: a) Bosques de *Pinus uncinata*. b) Los pastos y partes deforestadas, incluyendo acantilados. E) Piso alpino.— 5. Especulaciones sobre la posible evolución biogeográfica del poblamiento ornítico altoaragonés.

V RESUMEN Y CONCLUSIONES.

VI PUBLICACIONES CITADAS.

I INTRODUCCIÓN

El estudio del Alto Aragón occidental ha gozado de especial atención por parte del Centro pirenaico, a causa de su interés como territorio piloto para el enfoque de investigaciones multidisciplinarias e integradas, de carácter ecológico-montano dada su calidad de comarca natural. Más tarde, en 1976, dicho proyecto global fue presentado e inscrito con el número internacional 509, como contribución española al Programa intergubernamental del Hombre y la Biosfera (UNESCO—M. a. B.).

Dentro del estudio multidisciplinario conjunto, el Centro ha venido dedicando especial atención a los vertebrados terrícolas y anfibios, como importantes recursos renovables. Faltaba así, el referido a las aves, cuyos resultados no han sido todavía publicados pese a su notable interés y al esfuerzo que ha supuesto su investigación iniciada con anterioridad a 1970 y más teniendo en cuenta la falta de información ornitológica existente para toda la vertiente sud-pirenaica, lo que obligaba a iniciar su estudio desde la base.

No parece necesario destacar el interés variopinto de las aves silvestres o montaraces, junto a los mamíferos, como recursos objeto de notable aprovechamiento económico, en todos sus aspectos. Prescindiendo del valor cinegético de ciertas especies de ambas clases, unos y otros vertebrados juegan una importante función cualitativa en la regulación de los sistemas montanos y sus interrelaciones justifican se dedique al estudio conjunto el valor que merece.

Por otro lado, la conspicuidad, tanto etológica —puesto que son diurnas—, como su número y variedad —mucho mayor que los restantes grupos de vertebrados— las hacen muy aptas para estudiar sus relaciones con clima y otros factores geográficos, relaciones con la vegetación y los sistemas de utilización humana, permitiendo importantes observaciones de interés biogeográfico y ecológico índice de importantes conclusiones de interés global complementario, planteando interesantes aspectos de conservación.

Todo ello lleva apareado un interés informativo y didáctico conducente al conocimiento de la Naturaleza y por tanto cubre no menos importantes aspectos culturales que también parece interesante destacar. El estudio puede ser utilizado con carácter orientador por aquellas personas capaces de reconocer las aves mediante una guía de las actualmente en circulación y de carácter divulgador, permitiendo así, localizar los lugares adecuados de prospección y observación de especies infrecuentes en otros ámbitos geográficos distintos o menos conservados. No es necesario reiterar el interés que el presente estudio representa para el conocimiento faunístico de las aves españolas.

La posibilidad de movimiento además, facilita a las aves estrategias estacionales poco comunes en animales de otros grupos. La consideración de un territorio suficientemente amplio y variado, permite considerar los diversos aspectos de su ciclo explotando distintas biocenesis, uniformemente estudiadas y conocidas en otros aspectos por más especialistas, con muy pocos precedentes fuera de la comarca considerada. Esta última circunstancia y las indicadas más arriba de interés didactico, nos ha llevado a rebasar un tanto las fronteras del estricto territorio alto-aragonés, tanto hacia oriente, incorporando los territorios del alto valle del Ara y parte del Cinca, como hacia el oeste, alcanzando el vecino valle navarro del Roncal.

Las prospecciones efectuadas, con centro en Jaca, han irradiado así, de manera regular, en todas direcciones y más allá de la zona piloto. Dicho territorio corresponde a la mitad NW de la provincia de Huesca y la entera porción norte de la de Zaragoza. Alcanza por el N. el Pirineo axil; al sur la Depresión del Ebro (Somontano); por el W., incluiría el valle del Roncal y por oriente los valles de Añisclo y Pineta. Las localidades prospectadas se señalan en el mapa adjunto que al mismo tiempo enmarca los límites indicados.

La monografía consta de otros tres grandes capítulos. El próximo relata con brevedad el conjunto de los rasgos fisiográficos del Alto Aragón occidental, sin olvidar las oportunas alusiones a los territorios vecinos por lo que nuestras observaciones se han ampliado, hasta alcanzar el conocido Parque Nacional de Ordesa. En la descripción dicha, consideramos así, los recursos en suelo, clima y vegetación, teniendo en cuenta las puestas al día aportadas por los que me han precedido en la consideración especializada de la comarca.

Un tercer capítulo, aporta datos faunísticos y biológicos por especies, obtenidos durante las prospecciones efectuadas, referidos estos últimos, muy especialmente, al ciclo estacional, comportamiento, alimentación y fenología ornítica.

En un cuarto capítulo se sintetiza de manera sumaria el estudio de las comunidades nidificantes en relación con el paisaje según dominios de vegetación, especulando sobre la composición biogeográfica de la ornitofauna altoaragonesa.

Todo ello se revisa y resume en el capítulo final de conclusiones.

II CARACTERÍSTICAS DEL ALTO ARAGÓN OCCIDENTAL

El territorio considerado presenta altitudes notables en su extremo NE., con el Monte Perdido; hacia la parte occidental éstas descienden a medida que se inician, en el Pico de Anie, los Pirineos occidentales. Las altitudes más considerables y frecuentes, corresponden así a las Sierras calizas y secundarias llamadas Interiores. Buena parte del territorio, al menos su cuarto noroccidental, corresponde a la alta cuenca del río Aragón que, tras recoger las aguas de los valles de dirección norte - sur, que parten de las cumbres axiles, desagua hacia Navarra en dirección W. Hacia oriente, el campo de Jaca se prolonga, sin demasiadas soluciones de continuidad, hasta alcanzar la Ribera del Gállego, río este último que, tras nacer en el Valle de Tena (parte axil), desciende en dirección N.S. y atraviesa las sierras prepirenaicas meridionales, no sin desviarse también hacia el W, dentro del primer tercio de su recorrido. Al otro lado del importante accidente topográfico transversal del Cotefablo, el río Ara y sus afluentes, desaguan al Cinca en Ainsa.

Al sur del Aragón, se suceden sierras longitudinales de depósitos sobre todo continentales, de general dirección E. - W., alternando con depresiones. Como ya se ha indicado, el Aragón las evita y cabe diferenciar en ellas, además del valle del Gállego, otras dos cuencas originándose en dichas sierras, la del Arba al W. y la del Flumen - Alcanadre al E. El régimen de esos ríos sobre todo los nacidos en la mitad meridional de las Sierras prepirenaicas, es sumamente irregular y en todos ellos su cauce es anastomosado. Las cotas más bajas de la comarca considerada estarían en la Hoya de Huesca a unos 400 m. s./M.

Orografía y tectónica compleja, geomorfología difícil y poco asequible; clima de transición, abigarrado mosaico paisajístico son los rasgos más importantes del territorio descrito sumariamente.

1. Rasgos geológicos de la comarca estudiada.

Se trata de un sector pirenaico meridional en que el territorio ocupado por las sierras prepirenaicas alcanza el máximo de expansión latitudinal y donde por causas de orden orogénico y posterior de acción dinámica externa y naturaleza de los materiales, se mantienen cotas notables de altitud, lo que trasciende al dominio general de una vegetación de índole submediterránea y montano seca.

Juzgan así los geólogos que se trata de una región de las de tectónica más compleja, puesto que al desarrollo general del sinclinorio prepirenaico, bordeado por las Sierras Interiores al norte y las S. Exteriores al sur, —ambas de litología sobre todo secundaria y desde luego caliza—, adosado al eje general herciniano, desarrollado sobre materiales graníticos y primarios, se intercala un accidente topográfico de dirección N.S. que separa el Alto Aragón occidental del Sobrarbe (valle del Ara) al E.. Noticias sobre el conjunto regional de vicisitudes geológicas, se hallarán resumidas en SOLE - SABARIS (1.951) y posteriormente en los trabajos de conjunto mencionados, de SOLER y PUIGDEFÁBREGAS.

Las fuerzas así, que en el Terciario y con dirección N - S rejuvenecieron el ya muy erosionado Pirineo herciniano, —tanto, que en determinadas vicisitudes geológicas llegó a quedar totalmente sumergido—, originaron un levantamiento sucesivo de dirección principal E - W. Tal emergencia de los primeros relieves, fue causa del inicio de erosión que fue sedimentándose en el mar terciario, originándose diversas líneas de costa que avanzaban hacia la depresión del Ebro a medida que emergía el macizo, y a la vez depósitos de tipo marino al norte (serie flysch adosada a las Sierras Interiores) y de tipo continental (serie molasa, adosada a las Sierras Exteriores) estas últimas estudiadas recientemente (1.976) por C. PUEGDEFÁBREGAS.

Desde un punto de vista litológico y de acuerdo con los mencionados estudios, cabe diferenciar siete franjas litológicas.

a) Zona axil: Relieve muy antiguo y complejo, que aparece en diversas partes de la zona fronteriza con desigual extensión latitudinal, debido doblemente a la caótica disposición de los materiales que han sufrido toda clase de deformaciones y por otra la importante acción glaciar cuaternaria, destacando los macizos graníticos hacia el E. de la comarca, de Panticosa y Balaitús () de 3.000 m. s/M.).

b) Sierras Interiores: Alineación montañosa formada por areniscas cretácicas y calizas eocenas, con relieves muy importantes y abruptos (Peña Forca, Bisaurín, Aspe, Pico Collarada, Telera, Tendeñera y Macizo del Monte Perdido).

c) Franja de flysch: Inmediata hacia el sur, ancha, por donde transcurren valles de dirección general N - S. Muy homogénea, predominando relieves ondulados, exceptuando donde se desarrollan barras calizas potentes hacia el W. e intercaladas (Foz de Biniés y Sierra de San Miguel).

d) Canal de Berdún, Campo de Jaca y Val Ancha hasta la Ribera del Gállego: Depresión real alargada, descendiendo de E. a W. constituída por zócalo de margas grises, limitada al N. por el flysch y al sur por depósitos continentales oligocenos. Su característica más notable, —además de situarse Jaca en su centro de gravedad—, es el desarrollo que adquieren ahí los depósitos cuaternarios en forma de terrazas y glacis, debido a la poca dureza de los materiales y a la uniformidad litológica. Esas terrazas y glacis están actualmente disecados por la red fluvial del Aragón, de forma que entre ellas se originan pequeñas depresiones que suelen estar cubiertas de limos.

e) Cuenca del Guarga - Onsella: Conplejos depósitos de tipo continental, en general bastante plegados, de modo que el relieve está a la vez controlado por la litología y por la estructura. Los relieves fuertes corresponden así, tanto a mayor proporción de materiales coherentes (areniscas y conglomerados, aspecto importante para este trabajo pues constituyen el principal substrato de Peña Oroel y San Juan de la Peña como relieves invertidos), como a mayores buzamientos (Canciás). Los materiales son más arcillosos al W. de la cuenca, pero esa zona por más intensamente plegada, sigue siendo más accidentada. Cabe destacar ciertas zonas de relieve deprimido, que por ello constituyen núcleos de explotación y poblamiento humano, tales: Valle de Onsella al W., depresiones de Bailo, Ena, Caldearenas, Avena, Valle del Guarga, Nocito-Used y cabecera del río Balces sucesivamente hacia el E. El Gállego transcurre por la depresión del Guarga hacia el W., paralelamente, pero a menor latitud que el Aragón, buscando una de las depresiones margosas que forman parte del complejo siguiente.

f) Sierras Exteriores: Nueva alineación general E - W, de materiales calizos del Cretácico y del Eoceno, existiendo tres alineaciones arcillosas (o margosas) que alternan con las formaciones calcáreas, siendo la más importante la de Arguís - La Peña, que forman una depresión. Los macizos calizos más importantes de esa zona son: Sierras de Guara y Balces al E. y Sierra de Santo Domingo al W.

g) Somontano - Cinco Villas: Unidad constituída por materiales de tipo continental, (de interés por tanto como borde de mar relativamente antiguo); con gran predominio de arcillas en el Somontano (relieves suaves al E. del río Gállego). El llano está cubierto por extensos glacis, actualmente disecados por la red fluvial. A occidente del Gállego abundan las areniscas y los relieves son más abruptos (destacan paleocanales).

En el límite norte de esta zona, junto a las Sierras Exteriores, se repiten importantes masas, (más importantes que las de Oroel - La Peña) que constituyen acantilados de tipo montserratino: Rodellar, San Cosme, Salto de Roldán, Riglos, Agüero y, en el extremo W. los más importantes de Biel - Luesia, que alcanzan los 1.300 m. s/M.

2. Rasgos climáticos generales.

Es indudable que la influencia del clima sobre las aves, —salvo raras situaciones que afecten al tiempo atmoférico—, es más bien indirecta que directa. Sin embargo, sí es notable la ejercida en el resto poiquilotermo de los componentes del ecosistema, de los que ellas dependen. Como se acaba de indicar así, un determinado sector comarcal, donde dichas alteraciones periódicas se atenúan en uno u otro sentido según circunstancias, puede jugar un papel considerable en su conservación. La descripción climática del conjunto regional, y sus modalidades comarcales merece alguna detención al considerarla.

Los datos existentes hasta este momento, sobre el clima altoaragonés, no han permitido estudios todo lo completos que cabría desear para un tema como el indicado. El Centro pirenaico ha establecido un plan, ya en marcha, de acuerdo con el Servicio Meteorológico Nacional, que permite el control y obtención de datos continuados durante diez años, provenientes de sesenta estaciones distribuídas logísticamente por toda la comarca; dicho plan "a tope", lleva solamente cinco años de funcionamiento. Con todo se han publicado ya, varios estudios climáticos de interés para las finalidades aquí expuestas, pese a estar basados en series relativamente antiguas e incompletas y por tanto referidas a distintos períodos (MONTSERRAT 1.962, PUIGDEFÁBREGAS 1.966 y 1.970; PUIGDEFÁBREGAS y CREUS 1.974 y 1.976 y otros varios en curso de publicación).

El Alto Aragón occidental se halla incluido en una región más amplia que constituye el conflicto entre dos tipos de clima bien definidos: el atlántico y el mediterráneo en su modalidad continental. El predominio de uno u otro depende de la situación de las áreas anticiclonales sobre la Península Ibérica; éstas determinan una mayor o menor penetración de las borrascas atlánticas a partir de su trayectoria general NW - SE. Los ciclones que en ocasiones se forman sobre las Baleares o en el N. de África, tienen poca influencia en la región. Las referidas circunstancias dan lugar a que la transición entre ambos tipos de clima sea completamente gradual. Por otra parte, la exposición, el relieve y además otras condiciones topográficas, tienen una considerable influencia en la manifestación local de unas u otras características. La cuestión se complica más por el hecho de que en la zona de contacto, se presentan períodos intermitentes en que predominan las condiciones de uno de los dos tipos. Debido a todo ello, el paisaje es sumamente abigarrado y no sólo en sus aspectos conspicuos, sino también en los crípticos; a veces la presencia de un hayedo localizado no es siempre producto de la interacción de los mismos factores climáticos, sino que, en ocasiones distintas pueden dar lugar a efectos que aparentan ser similares.

En resumen, el clima en el Alto Aragón, no sólo presenta contrastes brutales en el espacio, sino que se caracteriza por oscilaciones extraordinarias de toda índole (diarias, mensuales, estacionales y también de uno a otro año). Así, según que el mes de enero esté caracterizado por situaciones anticiclonales estables (1.957) o que se caracterice por potentes borrascas originadas en el Atlántico (1.955), el promedio de precipitaciones en varias estaciones, en uno y otro caso, según las zonas consideradas, nos daría las siguientes oscilaciones de uno a otro año:

	1.957	1.955
Zona axil	43,3	329,6
Depresión Media	17,3	185,2
(Canal de Berdún)		
Sierras Prepirenaicas	7,2	117,7
(Cuenca del Guarga - Onsella -		
- Sierras exteriores)		

En la parte central de las Sierras Prepirenaicas, depresión de Ena (v. epígrafe anterior, apartado e), se pone de manifiesto en las precipitaciones una gran variabilidad de la media de verano del orden del 63,6%; por otra parte el extremo inferior de la desviación cuadrática (30 mm.), indica que las precipitaciones estivales pueden alcanzar con frecuencia valores peligrosamente bajos.

El problema referido al carácter de transición del clima al Alto

Aragón Occidental ha sido abordado por P. MONTSERRAT (1.971). Según las conclusiones de dicho trabajo, la región considerada se hallaría entre los siguientes extremos: el *clima submediterráneo continental,* caracterizado por máximos pluviométricos en primavera, acusada sequía estival e invernal y fuertes oscilaciones térmicas y el *subcantábrico montano* en que la sequía estival es bastante menos acusada, si bien existen temperaturas e insolación elevadas, pero en general es de menos contrastes y por otra parte un *mediterráneo orófito,* característico en las cumbres con *Echinospartum horridum,* en que, si bien con similares características al submediterráneo continental acusado, se produce un cierto acortamiento del verano, el período seco es muy intenso, con fuerte insolación y rápidas variaciones térmicas diarias en primavera, puede encontrarse a partir de los 1.000 m. s/M., pero es clásico de los montes submediterráneos por encima de los 1.500 a los 2.000 m. s/M. El índice de EMBERGER, dá un cociente de aridez inferior a 100 y la media de las mínimas de los meses fríos sería inferior a $-3°C$. Todo ello explica el tamizado de especies pioneras en los litosuelos o suelos decapitados por erosión ulterior y pendientes, solamente las únicas especies capaces de albergar, más tarde, a otras de más productividad e interés tales, *Arctostaphylos uva - ursi, Buxus sempervirens, Pinus sylvestris, Amelanchier ovalis,* etc.

Una característica, también general en toda la región considerada, es la presencia del máximo absoluto de las precipitaciones en primavera tardía (mayo - junio), mientras el máximo de otoño, es secundario y desde la primera mitad de octubre a fines de diciembre el tiempo suele ser seco y soleado, con atmósfera clara y gran visibilidad. Todo ello es de suma importancia para la vida vegetal y la animal; el período vegetativo de actividad, no solamente sufre detenciones notables, ya iniciado en primavera, a causa de que algunas de esas precipitaciones son nivosas en altitud y a occidente de la región, —conservando a veces por otra parte, la nieve invernal—, sino que además toda actividad montana sufre un desplazamiento hacia otoño, sobre todo si las precipitaciones de fin de verano no son fuertes y nivosas, y así incapaces de interrumpir la continuidad en la vida vegetativa (fines de agosto o septiembre). Las referidas precipitaciones nivosas y los descensos ulteriores de temperatura primaveral repetidos con frecuencia muchos años tienen notable influencia sobre el comportamiento reproductor de numerosas especies orníticas.

De acuerdo con la clasificación zonal topográfica, cabe intentar una descripción climática de algunas de las referidas franjas del relieve más arriba diferenciadas.

a) Zona axil: Características generales de clima de alta montaña; temperatura media baja (7'5 a 5'3ºC) mínimas muy acusadas; calores estivales poco notables (media de las máximas inferior a 25ºC). La oscilación anual débil, inferior a 28º y 26'5ºC; sin embargo los contrastes diarios son sumamente fuertes. En las antiguas cubetas glaciares, es posible que se produzcan acusados fenómenos de inversión térmica. En los puertos, el viento mantiene las temperaturas bajas en verano y acusados fríos invernales (sólo 75 días sin helada al año). La pluviometría es elevada, (medias registradas desde 1.162 a 1.809 mm.) y la invernal también, pues rebasa el 20% de la total (de fines de diciembre a enero incluido 22%). Este aspecto es sumamente importante, pero su variabilidad es muy notable de un año a otro, (1.957: 43'3 a 1.955: 329'6 mm.), y a veces la falta de precipitaciones clásica de fin de año, se corre a la primavera (enero - marzo). Las precipitaciones estivales, relativamente abundantes, no permiten algunos años la permanencia de los ganados hasta octubre en la altitud, pues las de la segunda mitad de agosto o septiembre pueden ser nivosas ("espanta - veraneantes").

b) Sierras Interiores: Se poseen pocos datos de esa faja relativamente estrecha de altas cotas. Ellas son la causa del incremento atlántico de la humedad axil, en el lado norte. En la sur, existe sin duda un incremento de precipitaciones con la altitud y se poseen datos de que el frente meridional de las Sierras Interiores recibe lluvias abundantes (Villanúa y Biescas); pero la vegetación pone de manifiesto las agujas de sequedad e iluminación características del clima orófito mediterráneo en las laderas elevadas y otros aspectos topoclimáticos que se comentarán oportunamente (efecto foehn).

c) Depresión media (incluyendo zona II 1c de flysch y Canal de Berdún II 1d): Las partes occidentales, tanto de esta región como las de la siguiente, referida a las Sierras Prepirenaicas, se caracterizan por temperaturas relativamente altas; la media de las mínimas, apenas desciende de cero, pero las oscilaciones, en cambio, son notables, debido a intensos calores estivales (media de las máximas oscilando entre 29º y 30º). El período libre de heladas es el más largo de la región (superior a 160 días al año). Dichas condiciones se extreman en el fondo de los valles y depresiones.

Las regiones orientales, en cambio, presentan caracteres de mayor continentalidad; las sobreexcavaciones en la Depresión Media manifiestan una potente inversión térmica, (bien estudiada ya en la Val Ancha,

Sabiñanigo y ribera del Gállego), siendo las oscilaciones primaverales muy acusadas (16'6ºC), lo que se traduce, sin duda, en la vegetación al agudizarse el problema a causa del descenso de las precipitaciones y su distribución estacional (PUIGDEFÁBREGAS 1.970).

La depresión media goza de precipitaciones abundantes que sobrepasan ampliamente los valores normales en su extremo occidental, pero descienden hacia oriente y sobre todo en los mismos valles (occidentales incluso) encajados en el flysch de dirección general N-S (cauces del Veral, del Subordán o del Estarrún). Es curiosa la escasez de lluvias que recibe Berdún (en verano promedios de 50 mm.); cabría pensar en un "claro" de precipitaciones convectivas de verano, debido a circunstancias de relieve, unido a la acción pantalla o desvaimiento veraniego de las borrascas cantábricas, incapaces de alcanzar esa longitud. Sea como fuere, la referida situación desaparece a la longitud del Pantano de Yesa, algo más al W, pues la vegetación de la Sierra de Orba, pone de manifiesto la producción frecuente de tempestades convectivas de verano.

d) Sierras prepirenaicas (incluye II 1e, Cuenca del Guarga - Onsella y II 1f, Sierras Exteriores): Por lo que se refiere a temperaturas y su gradiente E-W., cabe remitir al principio del anterior epígrafe. Las cantidades porcentuales relativas al total anual de las pluviometrías de diciembre - enero, adquieren valores relativamente bajos en la zona referida, (sólo el 18%). Ello parece indicar que los vientos procedentes del Cantábrico, no penetran tanto en esos valles y depresiones longitudinales, como en la zona axil y Depresión Media, permaneciendo con un régimen más errático. El territorio considerado, permanece así seco, excepto en su borde norte, umbrías elevadas (Peña Oroel, San Juan de la Peña, Guara, etc.) o en localidades occidentales bien expuestas al NW. que reciben precipitaciones algo superiores a las normales. La sequía es muy acusada en toda esta comarca, mayor que en la siguiente faja Somontano - Cinco Villas y sus precipitaciones son extraordinariamente variables de uno a otro año, especialmente en verano, como arriba se ha indicado para la depresión de Ena.

e) Somontano - Cinco Villas: Esta comarca, por salirse del territorio pirenaico propiamente dicho se ha estudiado poco. Sin embargo muchos aspectos climáticos son traducibles en la misma vegetación. De acuerdo con los estudios de P. MONTSERRAT, el Somontano se cacaracteriza por la instalación del carrascal mesomediterráneo (complejo *Querción rotundifoliae*) que más abajo muta a la dominancia del coscojar o estepoide aragonés (complejo *Rhamno - Cocciferetum*) que denota un mesomediterráneo acentuado (*sensus* GAUSSEN), particularmente desarrollado en las Cinco Villas, en el extremo SW de la comarca considerada. En esas partes somontanas, el almendro y el olivo, parecen cultivos rentables. Dicho dominio corresponde de hecho al tipo normal de dominio del *Quercion rotundifoliae,* que por degradación origina romerales de varios tipos, en donde, junto a *Rosmarinus officinalis* aparece *Pistacia lentiscus, Thymelaea tinctoria y Pinus halepensis; Qu. coccifera* abunda también en las laderas solanas, donde la vegetación ha sido degradada. En lugares aislados de las Sierras Prepirenaicas aparecen ya algunas de esas especies. En lugares muy soleados y secos, con suelo pedregoso, ya en Bernués, junto a San Juan de la Peña, pero también en La Peña, en valles torrentosos de orientación N-S, (que cortan las sierras exteriores y los macizos de conglomerados de su borde meridional), aparecen carrascas con poca vitalidad y aisladas, salpicadas por *Juniperus* con porte arbóreo (*J. oxycedrus y J. phoenicea*); seguramente indican viento seco descendente, contrastes térmicos acentuados y fuerte calor estival. Las referidas laderas somontanas, se hallan un tanto al pairo de las nieblas invernales, características de la depresión del Ebro y que a veces cubren Huesca y su comarca.

f) Algunos aspectos topoclimáticos: Los hayedos hacia occidente ocupan la zona axil e incluso parte del contrafuerte meridional de las Sierras Interiores (Zuriza, Reclusa, cabecera del Osia, Oza); hacia el E. se limitan a las laderas expuestas al NW. y a las cercanías de las divisorias de aguas más suaves de la misma zona axil (Formigal de Tena), siendo el resto colonizado por pinares y abedules. En situaciones más continentales, asoman raras veces en las laderas mejor orientadas (Guara, umbrías de Fanlo, etc.); pero en los piedemontes bajo acantilados rocosos, se forman comunidades especiales donde el haya y el abeto, en el límite de su área, pueden jugar un papel importante, máxime si se dan en vallonadas resguardadas donde la misma transpiración vegetal da lugar a una cierta humedad atmosférica (San Juan de la Peña, Peña Oroel, Ordesa, etc.).

Mas arriba se ha hecho alusión a las probables causas de la instalación de *Echinospartum horridum* en litosuelos orofitos mediterráneos.

Los puntos donde existe influencia oceánica, se nota por la aparición de oportunas plantas indicadoras y el lavado edáfico invernal permite el establecimiento de plantas más acidófilas, tales *Calluna vulgaris, Ilex aquifolium,* que se disponen precisamente en los altiplanos y divisorias de aguas como San Juan de la Peña y en el mismo Boalar de Jaca. San Juan de la Peña alberga ciertas especies curiosamente de montaña alta, *Vaccinium mirtylus* y el heteróptero *Eurydema cyaneum*.

Las temperaturas más suaves quedan señaladas por la presencia de *Quercus rotundifolia* y la mayor dedicación al cultivo de *Pyrus amigdalus* y *Vitis vinifera*. Diferentes tipos de *Quercion rotundifoliae*, ocupan enclaves montanos topoclimáticamente benignos y debidos al efecto descendente de vientos cálido - secos (efecto foehn) de dirección general N-S, en las solanas de las Sierras Interiores (Villanúa) de tipo calizo, regiones cuya pluviometría en cambio, suele rebasar los 1.000 mm. Las variantes de este tipo son diversas: el efecto foehn, en zonas más bajas y xerófitas, sobre terrenos pedregosos favorece el desarrollo de diversos *Juniperus,* más arriba relatado.

Por último, ambientes cálidos y húmedos, de distinto origen, diversifican modalidades de dominio arbóreo, debidos a distintas causas. Por una parte en montaña media, aparece un robledal de hoja media (*Quercus* tipo *pubescens*) en bosque al pie de monte Sayerri, Garcipollera, Sobremonte, etc., en partes de mediana altitud de la zona de flysch, con temperaturas cuya oscilación es algo menor que en el resto de la depresión media y los fríos primaverales son algo más persistentes, reduciéndose así el período libre de heladas, todo ello acompañado de un incremento de la pluviosidad por altitud o exposición.

En distintos lugares del dominio *Quercion rotundifoliae,* por ejemplo en el Somontano y Sierras Exteriores, Agüero, al sur del embalse de la Peña, aparece el madroño *Arbutus unedo,* acompañado de *Phillyrea media, Ph. angustifolia, Viburnum tinus* y *Pistancia terebinthus*. El madroño persiste también, (quizás por causas diferentes) en gargantas más al NW. de la región considerada, tales la del Esca y Foz de Biniés. Prescindiendo de algunas explicaciones biogeográfico - históricas apuntadas por P. MONTSERRAT, el madroño no sólo denota lugares cálidos sino cierta acidez debido, ya al subsuelo, ya al lavado edáfico ulterior.

En resumen: El clima del Alto Aragón, está claramente influido por dos fenómenos destacados: un flujo de aire predominante con dirección NW - SE y serie de cadenas, de dirección general E-W, interceptando el referido flujo. Los referidos dos fenómenos son la causa de un efecto foehn a sotavento de cada macizo, con sucesiva y progresiva desecación de la atmósfera y con menos inercia térmica, de suerte que la continentalidad se incrementa también en la misma dirección. La oscilación térmica anual pasa de 20º a 30ºC de uno a otro extremo. Sobre un fondo así de clima mediterráneo *continental,* con todas sus duras consecuencias —albergando el dominio de una vegetación xerófita de *Quercus* caducifolios, *Pinus sylvestris* y *P. nigra* como especies dominantes—, aparecen diversas modalidades altitudinales orófitas, y diversos grados de influencia oceánica, intermitentes, abigarrando el mosaico diversas causas locales topoclimáticas y de exposición, propias de todo territorio montañoso. Todo ello produce un retraso considerable del inicio en la vegetación, que resulta tanto más paradójico si se establecen comparaciones con el paisaje verde, exuberante y mucho más benigno, de la vertiente pirenaica norte y otros territorios, situados a mayor latitud geográfica de Europa occidental. Tales son las duras condiciones que las aves deben sortear, apoyándose en los enclaves de variantes topoclimáticas.

3. Vegetación.

Las variaciones climáticas antes expuestas, más la variación de sustrato rocoso y suelo, hacen del Alto Aragón occidental un autentico mosaico vegetal. La exposición de este capítulo se ha reducido a un sencillo esquema, pues además de haber consignado muchos de sus aspectos bajo anterior epígrafe, se insistirá varias veces en ello en el transcurso de la exposición del estudio de las aves; p. ej. la influencia antrópica sobre el paisaje, dando biocenosis aprovechadas por distintos tipos de aves, se ha resumido oportunamente en el capítulo referido a las comunidades altoaragonesas.

A partir de los trabajos de MONTSERRAT (1.971 a y b), podemos sintetizar la existencia de seis pisos de vegetación, dentro de los que se hallan numerosas variantes, ya como comunidades permanentes, ya como etapas de sustitución; dichos pisos son los siguientes:

a) Vegetación mesomediterránea: En las zonas más cálidas y secas (Cinco Villas, solanas de las Sierras Exteriores). La formación arbórea típica, en general muy degradada, es el carrascal (*Quercus rotundifolia*), con diversas variantes. En zonas cálido - humedas quedan restos del bosque terciario laurifolio, con escasos enclaves poblados por el madroñal (*Arbutus unedo*).

b) Vegetación submediterránea: Aparece, muy extensa, en zonas más frías y con algo más de humedad. Su bosque típico es el formado por quejigos, a veces carrascales montanos, ambos con o sin pino laricio (*Pinus nigra* ssp. *salzmannii*). Entre sus diversas modalidades, interesan los enclaves cálidos señalados en la anterior bibliografía citada y que mantienen en parte, algunos elementos de la ornitofauna del mesomediterráneo.

c) Montano inferior seco: Más frío, se desarrolla principalmente en umbrías a partir de los 1.200 m. (heladas en mayo - junio que impiden el desarrollo de los robles nobles). Favorecido por la acción humana, ocupa grandes extensiones de la Jacetania. Los dos tipos más característicos serían el pinar de *Pinus sylvestris*, con espesa capa de musgo y subvuelo de boj y el pinar seco también con boj y frecuentemente con erizón *(Echinospartum horridum)*, **más frecuente al SE de la comarca. Sucesivamente, hacia las crestas, los pinos devienen raquíticos, hasta que el erizón domina en exclusiva, constituyendo una asociación permanente de almohadillas, emparentada con las formaciones provenzales de** *Genista lobelii* **y los espinales de** *Erinacetalia* **béticos. A causa del fuego puede aparecer erizón en otros lugares con poco suelo y clima duro.**

d) Vegetación montana húmeda: Disminuye su importancia a medida que el clima pierde oceanidad. Es por lo tanto más abundante en el NW, cabeceras de los valles pirenaicos donde llegan las nieblas cantábricas y vertientes a poniente de las montañas, donde el aire al ascender se enfría provocando nieblas. También aparece al pie de los cantiles, en suelos profundos y húmedos. Sus formaciones más características son los hayedo - abetales (con dominancia de una u otra especie según clima) y los bosques caducifolios mixtos. Además, aquí se incluyen los sotos fluviales, en los que, como sucede en la ornitofauna, aparecen numerosas especies mediterráneas higrófilas.

e) Subalpino y alta montaña mediterránea: De hecho el piso subalpino, en el continentalizado clima jacetano, ofrece una extensión reducida, salvo a oriente de la comarca considerada, donde está aceptablemente representado el bosque de *Pinus uncinata* con rododendro y arándanos (MONTSERRAT, 1.971 b).

Más al W, su lugar queda ocupado por una vegetación de tipo mediterráneo altimontano, en el que se distinguen dos comunidades muy distintas, la de los pinares de pino negro *(Pinus uncinata)* con bufalaga, situados sobre todo en secos crestones calizos y terrenos cársticos, definido como un auténtico bosque estepario mediterráneo y la de los pastos esteparios, subalpinoides también de tipo mediterráneo altimontano, considerada como la vegetación autóctona pirenaica, sin demasiadas incidencias alpinas o boreales. En sierra de Guara los pastos subalpinoides empobrecidos entran en contacto con formaciones de erizón. Quizás algunos de los pastos más arriba mencionados sean debidos a la degradación de los bosques de *Pinus uncinata,* por efecto zooantrópico. En el extremo occidental desaparece el piso subalpino de coníferas, substituído por hayedo en la base y por pastos característicos en la mayor parte del territorio.

f) Pastos alpinos: Fuera ya de los límites superiores de las formaciones boscosas, aparecen diversos tipos de pasto, desde los más húmedos (cervunales ansotanos substituyendo a niveles subalpinos) hasta los pastos secos de *Festuca scoparia* propios de zonas pedregosas, gleras y pastos sin suelo. En otros lugares se conserva tasca alpina normal.

III RESULTADOS DE LAS OBSERVACIONES REALIZADAS POR ESPECIES

Como se indica en el capítulo I, se anotan a continuación los datos obtenidos a lo largo de cinco años de trabajo, sobre las aves del Alto Aragón Occidental. Buena parte de ellos tomados en el Macizo de San Juan de la Peña, cuyo pinar y biotopos similares fueron estudiados con notable dedicación.

1. Material y métodos de estudio.

Como material se ha pretendido utilizar toda la información acumulada a lo largo de los años, no sólo por mí, sino por otros ornitólogos y aficionados a la ornitología que han estudiado durante una cierta temporada la avifauna comarcal. En primer lugar, se ha recogido toda la información acumulada en la colección de aves del Centro pirenaico, aparte de los datos, gentilmente ofrecidos por los señores F. FERRER LERIN, R. HEREDIA ARMADA y G. MONTSERRAT MARTI, perfectos conocedores de la avifauna jacetana, no sólo abundantes en número, sino también en interés. Por otro lado, numerosas han sido las aportaciones de diversos ornitólogos y ornitófilos extranjeros, que en viajes de estudio han cruzado la región y han tenido la amabilidad de enviarnos sus datos que, debido a la falta de experiencia de los observadores en nuestra fauna, han sido utilizados con la debida prudencia; sería una injusticia no mencionar como amables colaboradores a las señoritas S. BAUGNIET y S. LHOEST, de Bélgica; señor N. JORDAN, de Suiza y señores J. B. M., P. H. M. y P. P. M. THISSEN, de Holanda. El Dr. BALCELLS, ha aportado también numerosos e interesantes datos. Por último, a mi labor recopiladora, he añadido varias decenas de prospecciones, consiguiendo de ese modo unos 7.000 datos sobre 183 especies en unas 170 localidades jacetanas (fig. 1).

Los métodos de trabajo han sido los siguientes:

a) Determinación de las especies, en el campo, mediante observación con prismáticos ZENITH de 8 x 40 y utilizando los caracteres distintivos de diversas guías de campo (principalmente PETERSON, MOUNTFORT y HOLLOM, 1.967 y BRUUN y SINGER, 1.971); mediante reconocimiento de cantos, en lo que fue de utilidad la guía sonora de ROCHER.

En los casos en que la observación es dudosa, las especies se capturaron con redes japonesas y determinaron mediante claves (BERNIS, 1.965) o mediante diversos datos cuali - cuantitativos recogidos de obras taxonómicas (NAUMANN, 1.905; DEMENT'EV et al., 1.966; WITHERBY, 1.965; VAURIE, 1.965).

b) Los datos de alimentación se han obtenido principalmente de la colección de estómagos del Centro pirenaico y en ocasiones capturas propias, así como de observación directa y recolección de excrementos y egagrópilas.

Los análisis se realizaron mediante determinación de los restos con lupa binocular y dando los tantos por ciento de cada material calculados intuitivamente. La lectura de los numerosos trabajos que sobre alimentación tiene GIL - LLETGET (1.927, 1.928, 1.929, 1.944, 1.945), fue de gran utilidad. Se han analizado del orden de 700 estómagos.

c) Para la medición, tanto de adultos, como de pollos en nido, siguiendo su desarrollo nidícola, se han seguido las normas de SVENSSON (1.970). La medida del húmero, tomando de extremo a extremo del hueso, así como la cuarta remera primaria (primera en desarrollarse en numerosas especies) se tomaron para dar idea del desarrollo del ala, ya que la medida clásica de ala plegada, incluyendo carpo - metacarpo, dedos y numerosas primarias, no resultaba aconsejable a causa de variaciones en la rigidez articular a medida de su crecimiento y, por otra parte, superpone éste crecimiento óseo con el de las faneras, ambos muy distintos. Por ello se tomó la medida del desarrollo de las plumas y del carpo - metacarpo - dedos independientemente y siendo considerado este último poco representativo del desarrollo alar, se tomaron también las dimensiones de los húmeros, mucho más exactas.

d) La localización de nidos se basó en la observación directa durante muchas horas, del biotopo o de sus aves. Unicamente la práctica desarrolla una determinada intuición para descubrir los nidos que, indudablemente representan una alteración de la fisionomía de la vegetación. De ese modo, y a pesar de la "cripsis" que les proporcionan los materiales utilizados en la construcción y de la prudencia con que actuan los progenitores durante la construcción e incubación, se pudieron localizar cerca de 200 nidos en total. Los nidos fueron tratados con la mayor prudencia, evitando acercarse durante la construcción e incubación, momento en que pueden ser abandonados. Para la exploración del nido, cuando se hallaban a relativa altura se ideó, evitando así trepas aparatosas, un artificio consistente en una caña ensamblada, en cuyo extremo se fijó un espejo de tal guisa que pudiera observarse desde abajo y por reflexión el contenido del nido. Al nacer los pollos, se acudía cada 48 horas para recogerlos y medirlos, las operaciones se hacían siempre a las horas de más calor para evitar el enfriamiento de los pollos y habitualmente se dejaba uno en el nido para no dar idea a los padres de una depredación total. Se procuró en todo caso hacerlo sin alterar el medio, para evitar la localización del nido por depredadores; aun así fueron numerosos los nidos depredados, sin que se pueda conocer la importancia que en ello tuvo nuestra intervención. Después de terminada la cría se recogieron los huevos hueros y el nido.

e) En el siguiente apartado se exponen los resultados de las prospecciónes realizadas en el Alto Aragón occidental. No se mencionan los aproximadamente 7.000 datos utilizados, en honor a la brevedad y agilidad de la exposición.

Cada especie queda descrita del siguiente modo: tras el número del prontuario (BERNIS, 1.955), nombre latino y nombre vulgar, se anotan las características fenológicas para la región, una estima subjetiva de su abundancia, pisos de vegetación donde habitualmente se observa la especie (a excepción de las únicamente migradoras) y su tipo faunístico; a continuación se expone el espectro anual y las localidades de observación, esas últimas indicando la distribución territorial de la especie en la comarca; al hacer la distribución territorial de cada ave, se han diferenciado cinco fajas en el conjunto de la comarca, que comprenden los territorios siguientes, de las siete grandes unidades litológicas diferenciadas en el trabajo de SOLER y PUIGDEFÁBREGAS (1.970): con la denominación de zona Axil y Sierras Interiores, se comprendería a ambas, además de la franja de flysch, ubicada al N de la Canal de Berdún. Con el nombre de Depresión Media, se comprende la amplia depresión geomorfológica, extendiéndose a la cuenca media del Aragón (Canal de Berdún, Campo de Jaca, Val Ancha y

Val Estrecha) además de la ribera del Gállego o Biescas. Con el nombre de sierras prepirenaicas meridionales, la extensa faja, situada al sur, entre la Sierra de las Peñas, la depresión de Guarga - Onsella, incluyendo las Sierras Exteriores. El Somontano comprendería las laderas hacia la Depresión Ibera.

Luego se describe el biotopo preferente, nidificación, desplazamiento, alimentación y fenología.

2. Datos faunísticos y biológicos por especies.

COLYMBIFORMES

Colymbidae
7   *Podiceps cristatus* (Linn.): somormujo lavanco.

Sedentario, pero principalmente estival; nidificante. Poco frecuente y localizado. Submediterráneo. Antiguo Continente.

Observado únicamente en el embalse de Yesa y en el de la Peña, en enero, mayo, junio, agosto y diciembre (6 observaciones).

Es escaso en la Jacetania, ocupando únicamente grandes masas de agua ricas en pesca. Salvo en la época de nidificación frecuenta aguas abiertas y profundas. Observados pollos desde finales de mayo de 1.974 que el 09-07-74 tenían 3/4 del tamaño del adulto; en esas fechas se observaron 20 individuos en el embalse de la Peña, mientras que el 12-12-74 sólo se observó uno. Mucho más escaso en las lagunas salobres (carentes de pesca) del sur de la Jacetania (Sariñena, Gallocanta).

CICONIIFORMES

Ardeidae
25   *Ardea cinerea* (Linn.): garza real.

Invernante. Algo frecuente, localizada. Submediterránea. Paleártica.

Observada en el río Aragón entre Jaca y Puente la Reina (14 obs.) y en el Pantano de la Peña (1 obs.); en agosto (1 obs.); octubre (3 obs.); noviembre (2 obs.); diciembre (5 obs.) y marzo (4 obs.).

Especie federada a aguas estancadas o corrientes poco profundas (en el P⁰ de la Peña, cuando éste estaba vacío) y ricas en pesca. Se ha observado sola y en grupos de hasta 16, en el río o bien en barbechos próximos a él. Faltan observaciones en los meses más fríos (enero - febrero) y el máximo coincide con el paso primaveral (marzo).

Ciconidae
36   *Ciconia ciconia* (Linn.); cigüeña común.

Unicamente de paso. Muy rara. Paleártica.

Una sola referencia concreta, de un ejemplar capturado herido el 07-10-66. en Berdún.

Anida inmediatamente al sur de las Sierras Exteriores, ya fuera de la Jacetania y en ésta es al parecer ave únicamente de paso, según encuestas hechas a lugareños que sólo en condiciones climáticas especialmente desfavorables la han observado posada en la depresión media jacetana. El ejemplar capturado contenía en su buche once madrillas *(Chondrostoma toxostoma)* de 7 a 10 cm. de longitud.

37 *Ciconia nigra* (Linn.); cigüeña negra.
De paso, muy rara. Paleártica.
Una única observación, el 09-03-76, sobre San Juan de la Peña.
Probablemente parte de la población más occidental de su área de nidificación de Europa, migra a través del Pirineo. La observación de un individuo en Sansoaín (Navarra), el 22-04-72 (IRIBARREN et al. 1.973) y la captura de un joven, anillado en Checoslovaquia, en Osera (Zaragoza) el 01-09-74 (FERNÁNDEZ - CRUZ, 1.973), más la presente cita, parecen indicarlo así.

ANSERIFORMES

Anatidae
46 *Anser fabalis* (Lath.); ansar campestre.
De paso, pero esporádicamente algún ejemplar aislado inverna en la región. Submediterráneo. Paleártico.
La dificultad que supone la determinación específica de los vuelos migratorios, hace que, siendo relativamente frecuente el paso de ánsares en la región, sólo exista una referencia concreta de un ejemplar capturado en Puente la Reina el 28-01-70.
La esporádica invernada de ejemplares aislados, como el que se cita, puede ser debido a enfermedad o heridas que les impidan continuar la migración.

52 *Anas platyrhyncha* (Linn.); ánade real.
Sedentario y nidificante. Muy escaso, pero relativamente difundido. Submediterráneo. Holoártico.
Río Aragón (3 obs.); Pantano de la Peña (2 obs.); Pantano de la Nava (1 obs.); Ibón de Piedrafita (1 obs.); Formigal de Tena (1 obs.); en enero, mayo, junio, julio, agosto, septiembre y diciembre.
Especie federada a aguas estancadas o poco corrientes (remansos del río Aragón) y por lo menos en época de reproducción allá donde haya suficiente vegetación cerca del agua o en el agua, donde poder esconder el nido y proteger los pollos.
El 09-07-74, se observaron en el embalse de la Peña dos hembras con 5 y 6 pollos respectivamente, de tamaño 1/4 de adulto. El 11-12-74 en el mismo lugar sólo se observo una pareja, mientras que en pantano de la Nava, ya en el borde sur de las Sierras Exteriores, se contaron 19 y en los pantanos y lagunas del Somontano y Monegros invernan masivamente.
Dos observaciones en alta montaña, en el Ibón de Piedrafita y Formigal de Tena, coinciden con épocas de dispersión postnupcial y migración (17-08-69 la primera y 24-07-75 la segunda).
Otras observaciones en el río Aragón, a su paso por Áscara son de mayo y junio respectivamente, pero en ese lugar no ha podido comprobarse su nidificación. También en dicho río, cerca de Jaca, se ha observado, invernante, en enero.

54   *Anas crecca* (Linn.); cerceta común.

Invernante esporádico, muy raro. Holoártico.

El 20-03-64, 7 ejemplares en el pantano del Gállego en Formigal de Tena; en noviembre y diciembre de 1.966, entre Jaca y Santa Cruz de la Serós, en el río Aragón cerca de Jaca. Su paso por la Jacetania se evidencia ya que es frecuente en las zonas palustres del Somontano y Monegros en época primaveral e invernal.

57   *Anas penelope* (Linn.); añade silbón.

Unicamente de paso, muy raro. Paleártico.

Una única observación de tres ejemplares en el embalse de Búbal, el 01-04-76.

59   *Anas clypeata* (Linn.); pato cuchara.

Unicamente de paso. Muy raro. Holoártico.

Dos ejemplares en el embalse de Búbal el 01-04-76. La observación de esa especie en Monegros (Sariñena, 14-12-74), podría indicar que su paso por el Pirineo aragonés es algo frecuente.

61   *Aythya ferina* (Linn.); porrón común.

Visitante esporádico en sus pasos migratorios. Muy raro. Paleártico.

Una única observación en el embalse de la Peña entre el 25 de mayo y el 8 de Junio de 1.974, de un ejemplar solitario.

Siendo un pato buceador, que se alimenta en el fondo poco profundo de lagunas muy eutróficas (GOIZUETA y BALCELLS, 1.975) no es de extrañar que a pesar de su posible abundante paso sobre la Jacetania, no se observe en los embalses, muy profundos y de menor eutrofia o, los ibones muy oligotróficos que constituyen las masas de agua típicas de dicha región.

FALCONIFORMES

Accipitridae.
76   *Gyps fulvus* (Habl.); buitre común.

Sedentario y nidificante, frecuente. Migración parcial que afecta fundamentalmente a los jóvenes. Desde el submediterráneo al alpino. Paleártico.

Ciento treinta y una observaciones repartidas a lo largo del año de la siguiente manera: enero, 4; febrero, 8; marzo, 20; abril, 10; mayo, 12; junio, 4; julio, 10; agosto, 18; septiembre, 22; octubre, 4; noviembre, 16; diciembre, 6.

Las localidades de observación son numerosas. En el Somontano: embalse de Sotonera, embalse de Ardisa y Fornillos. Al sur de la Depresión interior: Botaya, Oroel, San Juan de la Peña, Riglos, Agüero, Rodellar y Salto de Roldán. En la Depresión Media: Boalar de Jaca, Abay, Jaca, Caniás, Asieso, Batiellas, Santa Cilia de Jaca, Pardina Larbesa (Jaca), Barós, Rapitán, Puente la Reina, Áscara y Araguás. En las Sierras Interiores y Pirineo Axil: Barranco de Culivillas, Formigal de Tena, Tortiellas, Peña Telera, Biescas, Foz de Biniés, Ibón de Ip, Canfranc, Tobazo, Zuriza, Ibón de los Asnos, Circo de Cotatuero, Villanúa y Urdúes.

El buitre común necesita grandes roquedos donde establecer sus nidos y, más o menos cercanas, llanuras deforestadas amplias donde pueda localizar su alimento. Nidifica en colonias de número variable (unas 40 parejas en la colonia del valle de Ansó, unas 8 en San Juan de la Peña); pero, como se ha podido observar en San Juan de la Peña, no rechaza la posibilidad de establecer nidos en solitario en la proximidad de dichas colonias. La formación de las parejas es temprana (posiblemente las parejas guarden su unión de por vida) y he observado cópulas ya desde noviembre (San Juan de la Peña 12.11.73). Desde enero comienza a edificar su nido de tosca estructura compuesta principalmente de hierba y escasas ramas, el 11.02.76 en la colonia de San Juan de la Peña (a unos 1.400 m. s/M) se podían observar cuatro nidos terminados, en los que dos individuos incubaban muy fijos, mientras que los otros dos eran ocupados esporádicamente y no contenían huevos. Durante la misma observación otro individuo construía aún, un poco alejado de la colonia, en un orificio del roquedo. El 29. 01.71, ya existían puestas en la colonia de Salinas de Jaca. La incubación es continua, sustituyendose ambos sexos en la tarea y una vez nacido el pollo, en la primera quincena de abril, sucede lo mismo hasta que éste ha alcanzado un cierto tamaño que le permite la conservación de la homeotermia por sí sólo.

La alimentación del pollo corre a cargo también de ambos progenitores.

Los pollos a finales de junio y principios de julio presentan un tamaño y plumaje semejantes a los del adulto, salvo las conocidas diferencias de color, sin embargo, aún no vuelan y no lo harán hasta mediados del mismo mes. En Sta. Cruz de la Serós se observó un pollo en nido, de 8 Kgs. de peso y tamaño del adulto, sin embargo ni tan siquiera se incorporaba sobre sus tarso.

Son sedentarios en la Jacetania, donde sin embargo su número decrece en diciembre y enero para volver a finales de este último debido a que ya comienza la época de reproducción. Se han observado jóvenes en febrero, pero en escaso número, quedando en general en las colonias únicamente los adultos; al parecer la migración comprobada hacia Andalucía y norte de Africa de los subadultos, no afecta a todos ellos.

La alimentación observada se compone siempre de mamíferos muertos, siendo el tamaño menor de presa en que se han visto comer el de tres zorros sin piel que habían sido arrojados en las proximidades de Jaca y el mayor, ganado mular y vacuno, siendo su alimento disponible más frecuente, el ganado lanar.

La localización de las presas se efectúa, según parecen indicar las observaciones, mediante ojeos desde gran altura, que efectúan los buitres en solitario, formando una red que abarca una gran superficie de terreno. Una vez localizada la presa mediante algún mecanismo se avisan, de este modo pueden observarse grupos de más de cuarenta buitres alrededor de una misma presa.

Las córvidas y en especial *Corvus corax* parecen jugar un importante papel en la localización de las presas, de tal manera que ellos serían los indicadores de la existencia de una carroña y de ausencia de peligro en los alrededores. Después de los cuervos, bajan los buitres y si los primeros advierten a un observador en las proximidades y huyen, en general ya no bajan a comer los segundos. Estas observaciones coinciden con la anatomía de la visión en los buitres, con los ojos muy separados a ambos lados de la cabeza y por lo tanto con gran ángulo visual simple y muy pequeño ángulo de visión estereoscópica. La visión simple localiza muy mal las presas inmóviles (aves especialistas en capturar presas inmóviles como *Circaëtus gallicus*, tienen menor ángulo visual, pero mayor ángulo de visión estereoscópica) y cabe pensar en el papel que tendrían los córvidos en la localización del alimento por estas aves.

Alrededor de los cadáveres en que comen los buitres, los conjuntos poliespecíficos de comensales reunen a diversos córvidos *(Pica pica, Corvus corax* y *Corvus corone,* los mas frecuentes) en grupos numerosos, los dos milanos *(Milvus milvus* y *M. migrans)* y alimoche *(Neophron percnopterus).* Ocasionalmente come en el cojunto, manifestando una clara dominancia, el águila real *(Aquila chrysae-*

tos), pero nunca se ha observado posado, aún que si volando en las proximidades, al quebrantahuesos *(Gypaetus barbatus).*

Nunca han sido observados bebiendo, pero sí bañándose en dos ocasiones, una en el río Aragón y otra en el barranco de Ip.

Se conocen colonias en el valle de Ansó, Salinas de Jaca, Sierra de Orba, Sierra de Leyre, San Juan de la Peña, Sierra de Guara, Riglos y Agüero. La pretendida situación de las colonias en relación a las cabañeras de lanar, carece de sentido ya que los pasos trashumantes de ganado sólo cubren dos cortas épocas del año y para animales de tan fácil desplazamiento la proximidad al paso de ganado no es útil. Más posible es que exista una relación con los grandes núcleos de población que dispusieran de muladares bien servidos.

La orientación de las colonias es indiferente. La altura s/M de la colonia de San Juan de la Peña, es al parecer la mayor de la región, muy próxima a los 1.400 m.

Sólo se han observado ataques de otros animales en dos ocasiones y nunca con el propósito de depredar sino debido a las constantes luchas que rapaces y córvidas mantienen entre sí, sin que pueda darse una clara explicación a ellas. Existe un cierto instinto de atacarse entre ellos que, en ocasiones, puede costar la vida a algún individuo y sin embargo este no será utilizado como alimento. Uno de los ataques observados fue el de un adulto de *Aquila chrysaetos* que se arrojó sobre un buitre al vuelo, logrando atraparlo por el dorso y propinándole una serie de picotazos en la cabeza para después dejarlo partir; los ataques de esta especie son frecuentes sin que en general logre atrapar a su víctima. En otra ocasión en el valle de Ansó, se observó un *Corvus corax* intentando arrastrar hacia el abismo a un pollo del tamaño de un pavo. Sujetaba al pollo por el extremo de un ala para evitar sus picotazos y no pudo conseguir sus propósitos. El cuervo, puede romper y comer los huevos de los buitres, pero siendo continuo el cuidado de los padres, en general sólo lo hace con puestas abandonadas.

La especie en la Jacetania parece sujeta a una cierta regresión, condicionada por la falta de alimento. La mecanización del campo y sobre todo las leyes sanitarias que impiden el funcionamiento legal de los antiguos muladares, hacen que el alimento, no escaso todavía, se entierre o esconda en lugares no accesibles para los buitres, que cada vez quedan más ligados al ganado menor (por otra parte cada vez más escaso). Debido a lo anterior es posible que el buitre se vea condicionado a trashumar en invierno (mínimo de observaciones en octubre, diciembre y enero). La llegada en febrero, obligada por el instinto genésico, tiene que someter al ave a una época de gran escasez y el nacimiento de los pollos no coincide con la mejor época trófica, con lo que mortalidad de los pollos podría ser de este modo explicada. La disminución del número de buitres jacetanos por falta de alimento, queda aún más demostrada por el hecho de que al establecer recientemente un comedero de buitres en la provincia de Lérida, la colonia original compuesta por uno o unos pocos ejemplares se vio en el mismo año incrementada por varias decenas de adultos, (com. verb. F. FERRER). Cabe pensar que los adultos llegados proviniesen del Pirineo Central obligados por necesidades tróficas.

77   *Neophron percnopterus* (Linn.); alimoche común.

Estival y nidificante. Frecuente. Desde el submediterráneo al alpino. Indoafricano.

Ochenta y seis observaciones repartidas de la siguiente manera: febrero, 2; marzo, 9; abril, 13; mayo, 11; junio, 7; julio, 14; agosto, 16; septiembre. 14.

Las localidades en que se ha observado han sido las siguientes: En el Somontano: Ayerbe. En las sierras prepirenaicas meridionales: Ena, Botaya, Oroel, Concilio, Santa Cruz de los Serós, San Juan de la Peña y Riglos. En la Depresión Media: Pardina Larbesa, Jaca, Boalar de Jaca, Asieso, Barós, Abay y Santa Cilia de Jaca. En Sierras Interiores y Pirineo Axil: Ibones de Anayet, Culivillas, Piedrafita e Ip, Tobazo, Rioseta, Garcipollera, Castillo de Acher, Javierregay, Villanúa, Hecho, Biniés, Senegüé y garganta del río Vellos y Los Lecherines.

Para la Jacetania es únicamente estival, pero dado que inverna en determinadas localidades españolas (CONGOST y MUNTANER, 1.974) su llegada es temprana, siendo la primera observación el 27-02-72, en San Juan de la Peña y Jaca. Los nidos se establecen en grutas de roquedos, en ocasiones en lugares fácilmente accesibles, el mismo lugar es ocupado año tras año y el nido está constituido por un amasijo de ramas mezclado con restos de alimento de otros años tal como plumas, huesos, etc. La puesta es de dos huevos y el 18-04-74 en San Juan de la Peña la incubación ya tenía efecto, siendo probablemente a finales de marzo o principios de abril que tiene lugar la puesta que en ocasiones se retrasa, así en el Barranco de los Lobos (Ordaniso), el 07-05-69 sólo había un huevo y el 17-05-69 la puesta ya era completa y los adultos incubaban. Se observó una cópula el 27-03-69, cerca de Jaca. De los dos pollos, sólo acostumbra a sobrevivir uno, sin embargo he podido observar un nido con dos, casi volanderos, en el Somontano, cerca de Huesca, el 16-07-75. Los jóvenes de este nido estaban perfectamente emplumados y no existían grandes diferencias entre ellos siendo su tamaño poco inferior al del adulto. Sobre desarrollo en cautividad y biología de la especie en la Jacetania, puede consultarse el trabajo de RODRÍGUEZ y BALCELLS, 1.968. Probablemente volarían a finales de julio o principios de agosto. La migración otoñal termina en septiembre, siendo el último día de observación registrado el 12-09-69, en Abay.

Al año siguiente los subadultos regresan al lugar donde nacieron, pudiendo observarse toda la gama de plumajes desde juvenil a adulto (Ayerbe, mayo de 1974). El plumaje de adulto se adquiere al tercer año, aunque todavía es de un blanco sucio, siendo definitiva la cuarta muda (datos de cautividad).

No son coloniales, estando los nidos más próximos que conozco, separados 3,3 Km. en línea recta (San Juan de la Peña). Sin embargo comiendo son gregarios en toda época, reuniéndose en los lugares ricos en alimento (vertederos o cadaveres abandonados). En general se ven grupos de 5 ó 6, pero en septiembre es frecuente ver reuniones numerosas (18 el 10.09.69 en Concilio; 35 el 03.09.75 en Hecho). Frecuenta, en sus búsquedas de alimento, tanto las llanuras del Somontano, como los prados alpinos, de modo parecido a *Gyps fulvus*, con el que se reúne frecuentemente alrededor de cadáveres, aguardando que terminen su pitanza, para terminar de descarnar la carroña (Lecherines, 22.07.68).

78 *Gypaetus barbatus* (Linn.); quebrantahuesos.

Sedentario y nidificante. Algo frecuente. Desde el sumediterráneo al alpino. Paleomontano.

Cuarenta observaciones que a lo largo del año se distribuyen así: enero, 2 febrero, 4; marzo, 7; mayo, 6; junio, 1; julio, 6; agosto, 3; septiembre, 4; octubre, 1; noviembre, 3; diciembre, 3. Los lugares de observación han sido en las sierras prepirenaicas meridionales: San Juan de la Peña, Oroel y Riglos; en la Depresión Media: Jaca, Boalar de Jaca, Asieso, Caniás, Ipas, Barós, Puente la Reina; en las Sierras Interiores y Pirineo Axil: Formigal de Tena, Bergosa, Hecho, Ansó, Valle de Pineta, Valle de Ordesa e Ibones de Ip y de los Asnos. Citado en San Juan de la Peña, por COOMBS (1.970).

Al igual que el buitre y el alimoche, el quebrantahuesos precisa de roquedos principalmente calizos y por lo tanto labrados por los fenómenos cársticos, para establecer sus nidos en grutas suspendidas o repisas (observación de un nido en repisa, semejante a los de águila real, el año 1.976 en Ordesa). Asímismo necesita de amplios lugares desforestados donde buscar su alimento y recorre tanto las zonas termófilas del submediterráneo prepirenaico como los prados alpinos del Pirineo Axil. Tiene en su territorio distintos lugares de nidificación y al parecer los utiliza rotacionalmente uno cada año, sin embargo no lo he podido comprobar ya que en los cuatro años de nidificación que he controlado en San Juan de la Peña, ha utilizado siempre nidos distintos. El cambio de nido cada año, puede ser un medio eficaz para evitar el acúmulo de parásitos, que son frecuentes en los nidos de buitre y alimoche utilizados todos los años. La base del nido se compone de ramas en ocasiones bastante gruesas, la cazoleta del nido no he podido observarla por dificultades de acceso a los nidos y alrededores.

Los pollos vuelan a finales de julio o principios de agosto. En San Juan de la Peña el año 1.970 voló antes del 25 de julio, el año 1.973, entre el 25 de julio y el 3 de agosto, el año 1.975 entre el 25 y el 30 de julio.

La única vez que se vio cebar al pollo, recién saltado del nido fue con el extremo de una pata de ganado menor (cabra u oveja), sin embargo y para la Jacetania existen más datos en la bibliografía (HEREDIA, 1.973).

Por lo menos la mayor parte de su alimento se compone de huevos y utiliza determinados puntos fijos del roquedo para romper, dejándolos caer, los huesos que no puede tragar por ser demasiado grandes. La cantidad de materia orgánica de huesos recogidos en el campo, susceptibles de ser aprovechados por el quebrantahuesos es algo superior al 30% del peso seco. En los rompederos deja fragmentos de hueso, que ocasionalmente puede utilizar después.

La búsqueda del alimento la realiza meticulosamente escudriñando desde poca altura el suelo y suelen recorrer determinadas rutas con asiduidad. Según la estructura del cráneo (en la colección del Centro de Biología) su campo de visión estereoscópica ha de ser notablemente superior que el de los buitres.

El territorio defendido por cada pareja es de gran amplitud, ocupando ya un valle pirenaico entero, ya un fragmento de las Sierras Exteriores con las depresiones colindantes. Los territorios limitan unos con otros y el nido se coloca en el lugar más adecuado, pudiendo de este modo quedar nidos de parejas vecinas muy próximos. Entre centro y centro de territorio la distancia aproximada calculada para tres parejas que habitan entre Canfranc y Riglos es aproximadamente 20 Kms. teniendo por lo tanto una extensión superior a 30.000 Ha., cada uno de los territorios.

El estado actual de la población de quebrantahuesos altoaragoneses, parece normal. Una cifra no muy superior a las quince parejas debe poblar la zona, pero no parece que, debido a la extensión de territorios ocupados, pudieran haber más. Un dato puede reflejar la bondad de la situación: en 1.971 se halló muerto un adulto en San Juan de la Peña y al año siguiente la pareja estaba de nuevo formada. Además las parejas se forman siempre con adultos, cosa que parece indicar su buena posibilidad de reposición. No sucede los mismo con los buitres y con el águila real que se unen en ocasiones a subadultos reflejando la falta de equilibrio en las poblaciones. Sin embargo, el peligro de extinción es evidente, ya que una población con tan pocos individuos, ha de tener un muy somero equilibrio.

La mortalidad de los pollos parece elevada: en San Juan de la Peña, desde 1.970 sólo llegaron a volanderos tres pollos. Un 50% de mortalidad en nido es en principio excesiva, pero debería cotejarse con la mortalidad existente en otras poblaciones, aparte que únicamente seis datos son pocos y pueden dar una idea desviada, en más o en menos de la realidad.

El pollo permanece junto a los adultos varios meses, después desaparece sin que se tenga idea de donde realiza las progresivas mudas hasta llegar a adulto. En todo caso, teniendo en cuenta que ha de tardar por lo menos cuatro años en alcanzar el plumaje de adulto, el número de individuos inmaduros que se ve en la Jacetania es sospechosamente bajo como para suponer que cumplan todo su ciclo en la región.

80   *Pernis apivorus* (Linn.); halcón abejero.
Estival, ¿nidificante?. Raro, salvo en migración otoñal, del submediterráneo al montano húmedo. Europeo.

Once observaciones, distribuidas a lo largo del año del siguiente modo: junio, 1; julio, 3; agosto, 1; septiembre, 5; octubre, 1.

Las localidades de observación han sido: Villanúa, Collarada, Atarés, San Juan de la Peña, Biescas, Búbal y Puerto de Oroel.

Las repetidas observaciones en San Juan de la Peña, durante los veranos de 1.972 y 73 de una pareja adulta durante los meses de junio y julio, permite suponer que la especie cría, aunque en escaso número, en la Jacetania.

Durante la primera quincena de septiembre, se observa frecuentemente en migración desde San Juan de la Peña, donde habitualmente gana altura aprovechando las corrientes térmicas. Llegan desde el norte en fila india, sobre San Juan de la Peña se deshace la fila y dando círculos remontan, para volver a marchar hacia el sur de uno en uno, reestructurando la fila. La última fecha de observación normal es el 14 de septiembre. Otra más tardía, el 21 de octubre, fue de un animal joven que se recogió herido, probablemente retrasado en su migración por tal causa.

81   *Milvus milvus* (Linn.); milano real.
Sedentario, reproductor. Abundante. Del submediterráneo al montano húmedo. Europeo.

Ciento cincuenta y ocho observaciones, repartidas a lo largo del año del siguiente modo: enero, 10; febrero, 16; marzo, 26; abril, 13; mayo, 12; junio, 7; julio, 5; agosto, 14; septiembre, 15; octubre, 10; noviembre, 18; diciembre, 12.

Las localidades de observación han sido las siguientes. En las sierras prepirenaicas meridionales: Oroel, San Juan de la Peña, Pantano de la Peña y Riglos. En la Depresión Media: Boalar de Jaca, Jaca, Banaguás, Agüero, Áscara, Batiellas, Abay, Ipas, Pardina Larbesa, Guasillo, Somanés, Bescansa, Caniás y Barós. En las Sierras Interiores y Pirineo Axil: Barranco de Culivillas, Formigal de Tena, Castiello de Jaca, Canfranc, Biescas y Hecho.

Es la rapaz más abundante de la Jacetania y además la más fácil de observar ya que merodea constantemente alrededor de las poblaciones.

Precisa de zonas deforestadas, ya sean aliagares y bujedos como cultivos amplios y establece su nido en árboles de los bosques próximos o de los sotos fluviales. Es más abundante en llanuras (Somontano, Canal de Berdún), pero también, aunque más escaso habita en montañas de mediana altitud (Sierras Exteriores). Remonta por los valles pirenaicos, pero son raras las observaciones por encima de los 1.500 m. s/M.

Desde diciembre se oye con frecuencia el canto de celo y a primeros de febrero comienzan las manifestaciones de celo, expresadas mediante vuelos acrobáticos.

Las parejas se aislan y anidan en zonas tranquilas, en general bosques cuya pendiente y vegetación dificultan el acceso, sin embargo continúan siendo gregarios, por lo menos alrededor de las zonas donde abunda el alimento (30 ejemplares juntos en Ayerbe, a finales de mayo de 1.974).

Los jóvenes se ven volar en julio.

El número de milanos reales en la Jacetania, aumenta extraordinariamente durante el invierno, probablemente con los milanos que han anidado más al norte y establecen dormideros comunales en los que no es raro contar una veintena o más de ellos. Alrededor de los vertederos se reúnen en grandes números, habiéndose llegado a contar unos 40 junto al vertedero de Jaca (11.02.76).

Al parecer son fundamentalmente carroñeros, tanto en verano como en invierno. También se reúnen en los conjuntos poliespecíficos de comensales alrededor de los cadáveres de gran tamaño (junto a córvidos, *Milvus migrans*, *Neophron percnopterus*, *Aquila chrysaetos* y *Gyps fulvus*) y únicamente junto a córvidos y *Milvus migrans* en cadáveres de tamaño pequeño (perro, etc.) Son también ornitófagos, habiéndosele visto comer el cadáver de un *Corvus corone* (23.03.70).

Las observaciones que poseo de sus actividades depredadoras, son escasas y decepcionantes; sólo en una ocasión en invierno se le observó dejándose caer torpemente sobre un conjunto de *Passer domesticus* y *Pica pica* repetidas veces y sin éxito, en otra ocasión se observó extrayendo un objeto plateado del agua (¿pez?), en el Pantano de la Peña (24.03.64).

El análisis de los dos contenidos gástricos que poseo son:

1º Canfranc, 28.02.71.

Estómago con abundante pelo, algún hueso y un incisivo de lagomorfo joven. Abundantes restos terrosos.

2º Pardina Cocorro, 09.09.70.

Restos de una *Crocidura russula*, un *Pitymys sp*. plumas de paseriforme y numerosas larvas de díptero.

En el primer caso, el lagomorfo podía provenir de restos de conejo domesticado y en el segundo, la abundancia de larvas de díptero hace suponer que por lo menos alguna de sus presas se hallaba ya muerta.

82 Milvus migrans (Bodd); milano negro.

Estival, nidificante. Algo frecuente. Submediterráneo y montano seco. Antiguo Continente.

Cincuenta y ocho observaciones repartidas del siguiente modo: a lo largo del año: febrero, 1; marzo, 15; abril, 11; mayo, 11; junio, 6; julio, 3; agosto, 6; septiembre, 5.

Las localidades de observación han sido, en las sierras meridionales: Oroel, San Juan de la Peña y Santa Cruz de la Serós; en la Canal de Berdún: Jaca, Boalar de Jaca, Pardina Larbesa, Barós, Áscara, Caniás y Abay; en las Sierras Interiores y Pirineo Axil: Formigal de Tena y Biescas. A estas localidades debe añadirse otra, que si bien no se halla en la Jacetania, tiene interés por su importancia fenológica, es el dato comunicado por C. ZOLLINGER, referente a la Depresión del Ebro.

El milano negro, si bien algo más escaso que el real y visitante estival de la Jacetania, busca un biotopo muy similar a su congénere; llanuras deforestadas donde encuentra su alimento y bosquetes poco accesibles para establecer nido, si bien muestra mayor querencia por los cursos fluviales.

Los lugares y fechas de nidificación son semejantes a los del milano real, habiéndosele visto acarrear ramas para la construcción del nido el 28.03.74 en Barós. En ocasiones ambas especies anidan muy próximas.

No se han hallado colonias de nidificación en la región, quizás porque los lugares adecuados no son abundantes y el número de individuos pequeño, sin embargo demuestra en todo momento su gregarismo cerca de sus fuentes alimentarias.

Se une a los conjuntos de comensales ya mencionados alrededor de los cadáveres y acude con asiduidad a los vertederos. Explora con más frecuencia que *M. milvus* las orillas de los ríos y pantanos, pero también las zonas áridas deforestadas del submediterráneo prepirenaico. Muy raramente asciende más allá de los 1.500 m. s/M en busca de alimento por los prados alpinos.

Probablemente es sensible a las condiciones climáticas adversas y es por esto que siendo abundante algo más al sur el 06.02.74 (en la Depresión del Ebro), la primera observación en la Jacetania sea el 11 de marzo. A últimos de agosto pasa en migración hacia el sur, siendo la última observación el 12 de septiembre.

83   Acipiter gentilis (Linn.); azor.
   Sedentario y nidificante. Algo frecuente. Del submediterráneo al subalpino. Holoártico.

   Quince observaciones, repartidas a lo largo del año del siguiente modo: febrero, 3; marzo, 1; abril, 1; mayo, 3; julio, 3; agosto, 1; noviembre, 2; diciembre, 1.

   Las localidades de observación han sido: Ena, Jaca, Boalar de Jaca, Áscara, Panticosa, Santa Cruz de la Serós, Las Tiesas, Orante, San Juan de la Peña, Foz de Biniés y Sierra de Leire. Es de interés el trabajo sobre azores pirenaicos de BALCELLS y PALAUS (1.954), donde se hallan datos de la subespecie pirenaica *(A. g. gentilis)* y de reproducción.

   El habitat del azor, cada vez más escaso, son los bosques viejos y amplios, bien colonizados de aves que puedan servirle de presa. Sin embargo la Jacetania es aún uno de los lugares donde con cierta facilidad puede observarse esta rapaz.

   Sus costumbres retraidas, siempre al amparo del bosque, con rápidos vuelos en terreno descubierto, da lugar a que el número de veces que se cita en el presente trabajo, una vez seleccionadas las observaciones más seguras, sea escaso.

   Los jóvenes en julio ya pueden independizarse. Hasta el segundo año no presentarán plumaje de adulto y, mientras tanto, buscan territorio para vivir. La escasez de ellos les obliga a salir de su biotopo y muchas veces les resulta fatal. Tanto es así que, de los cinco ejemplares que se hallan en la colección del C. p. de B. e., cuatro de ellos son subadultos. Un quinto subadulto se halló muerto y exhibido como espantapájaros en una huerta de las proximidades de Jaca, probablemente cazado con cepo. Uno de ellos fue cazado en un soto fluvial, escaso refugio para una rapaz de sus características y otro en un gallinero, mientras comía una gallina a la que había dado muerte.

   El único dato de alimentación que se posee es el obtenido del análisis del contenido estomacal del último ejemplar citado, que no albergaba otra cosa más representativa que restos de gallina.

84   Accipiter nisus (Linn.); gavilán.
   Sedentario y nidificante. Algo frecuente.

   Treinta y tres observaciones que se reparten durante el año del siguiente modo: enero, 3; febrero, 1; marzo, 4; abril, 1; mayo, 1; junio, 4; agosto, 1; septiembre, 10; octubre, 5; noviembre, 2; diciembre, 1. Del submediterráneo al subalpino. Paleártico.

   Las localidades de observación han sido: Ena, Jaca, Pardina de Samitier, Barós, Abay, Ara, Novés, San Juan de la Peña, Oroel, Bernués, Boalar de Jaca, Castiello de Jaca y Pardina Larbesa.

   También ave rapaz forestal, el gavilán, debido a sus menores exigencias en cuestiones de madurez y extensión de los bosques es más frecuente que su congénere, el azor, en la Jacetania.

   Su nidificación es tardía, habiéndose encontrado pollos aún no volanderos (remiges en cañón, 1/2 del tamaño normal), el 19.07.67 en Samitier y una nidada recién salida del nido el 11.08.76 en Santa Cruz de la Serós.

   Cazador en terreno despejado, su costumbre de tomar altura remontando, antes de alcanzar sus cazaderos lo hace más fácilmente observable.

Las costumbres migratorias de las poblaciones de la mitad meridional de Europa (GÉROUDET, 1.947), son causa de que, a partir de los últimos días de agosto, la presencia de estas aves sea excepcional en el Alto Aragón, a causa de un período de paso en septiembre y octubre (45, 4% de las observaciones corresponden a ambos meses).

Los datos de alimentación, correspondientes a dos estómagos, unidos a los de observación directa son:

Ara, 16.09.68: restos de paseriforme de pequeño tamaño, no identificado.

Ordaniso, 18.09.66: cabezas y fragmentos de elitro de dos carábidos de unos 25 mm. y fragmentos de elitro de otros coleópteros. Abundante pelo y tibia - peroné y fémur de un microamífero no identificado.

Además en San Juan de la Peña, el 10.09.71, se observó una hembre calándose sobre un *Pyrrhocorax pyrrhocorax*, sin éxito.

85 Buteo buteo (Linn.); ratonero común.

Ciento dieciséis observaciones, distribuidas estacionalmente del siguiente modo: enero, 7; febrero, 10; marzo, 12; abril, 6; mayo, 10; junio, 9; julio, 8; agosto, 7; septiembre, 22; octubre, 12; noviembre, 5; diciembre, 8. Sedentario y nidificante. Abundante. Del submediterráneo al montano húmedo. Holoártico.

Las localidades de observación han sido, en las sierras prepirenaicas: Ena, Bernués, Oroel y San Juan de la Peña; en la Depresión Media: Jaca, Boalar de Jaca, Guasillo, Banaguás, Puente de la Reina, Asieso, Abay, Esculabolsas, Batiellas, Bescansa, Guasa, Novés, Áscara, Ipas, Pardina Larbesa y Barós, en las Sierras Interiores y Pirineo Axil: Valle de La Garcipollera, Valle de Tena, Ibón de Culivillas, Tobazo, Cotatuero y Valle de Hecho.

La técnica habitual de caza al acecho del ratonero común, hace que colonice preferentemente los lugares en que pueda dominar una amplia superficie de terreno, los matorrales le molestan y escoge de preferencia praderas, cultivos y eriales con árboles o postes diseminados desde donde otea sus presas, o bien bosques claros desprovistos de matorral.

Vuela en toda la Jacetania, siendo más rara su presencia en el prado alpino.

Anida en bosques y arboledas próximas a sus lugares de caza y mantiene mediante luchas con individuos de su misma especie, la propiedad de un territorio (Boalar de Jaca, 25.04.70).

Utilizan el mismo nido año tras año. Las manifestaciones de celo son tempranas, empezando en febrero; el 22.03.74, cerca de Jaca se observó una cópula sobre torre metálica a unos 50 metros del nido. El nido, sobre pino joven, a 5 m. del suelo, estaba toscamente hecho de ramas de hasta 1 cm. de grosor. El 30 del mismo mes un adulto permanecía fijo en el nido mientras era cebado por el otro, con visitas frecuentes. Un mes más tarde, el 30.09.74 se visitó el nido que albergaba dos huevos, uno oscuro en toda su superficie, otro de color claro, estando únicamente moteado en el polo basal. El 09.05.74, el nido contenía un pollo, de pocos días, cubierto totalmente de plumón blanco parduzco de 179,6 grs.; sus medidas eran: tarso: 40 mm., ala: 39,2 mm., pico con cera: 20,05 mm., sin cera: 12 mm., cúbito: 43 mm. Desgraciadamente una fuerte borrasca derribó el nido el día 13.05.74, no pudiéndose continuar su observación.

De otro nido, localizado en el Boalar de Jaca, de dos jóvenes casi volanderos que se observaron en el nido el 17.06.68, sólo voló un pollo entre el 25.06 y el 04.07.

La alimentación se basa, fundamentalmente, en pequeños mamíferos, de ahí el nombre de ratonero o águila ratera; sin embargo no desdeña reptiles e insectos. Así, las presas halladas en el primer nido mencionado fueron: 3 *Microtus grastis*, 1 *Apodemus sylvaticus*, 1 *Pitymys sp.*, 1 *Arvicola sapidus* y 1 *Sylvia borin*. Estas presas se hallaban como reserva en el borde del nido.

Otros datos de alimentación procedentes de análisis de contenidos gástricos arrojarían el siguiente resultado:

- 26.11.67, Garcipollera: 1 *Ephipiger*.
- 11.06.68, Ena: restos de 1 *Mustela nivalis*, 1 *Crocidura russula* y 1 *Microtus agrestis*.
- 29.12.68, Abay: restos de 1 *Pitymys sp.* y de 1 *Mus musculus*.
- 27.05.69, Bescansa: restos de 1 *Arvicola sapidus*, 1 *Microtus agrestis*, 1 *Crocidura russula*, 1 *Grillotalpa grillotalpa*, 1 carábido de unos 20 mm. y escamas de *Lacerta ¿lepida?*.
- 27.05.69, Bescansa: restos de un roedor ¿*Arvicola sapidus*?, 1 *Grillotalpa grillotalpa* y escamas de *Lacerta ¿lepida?*.
- 27.05.69, Bescansa: 1 *Arvicola sapidus*, dos *Grillotalpa grillotalpa*.
- 25.10.70, Novés: vacío.
- 25.10.70, Novés: dos acrídidos enteros.

Es poco sociable, siendo raras las ocasiones en que se ven más de dos juntos, aún en época de migración. El paso migratorio otoñal, es tangible en septiembre, si bien es poco conspicuo (sólo se nota un aumento relativamente claro de observaciones). El paso primaveral es menos palpable.

Frecuentemente durante el período de reproducción vuela en parejas, en cambio en invierno son rigurosamente solitarios.

87   *Hieraaetus fasciatus* (Vieill.); águila perdicera.

Sedentaria y nidificante. Rara. Submediterráneo. Indoafricano.

El águila perdicera da lugar a problemas difíciles de resolver para la Jacetania. Frecuente en Navarra (observada en el valle del Salazar), en el Sobrarbe (Fanlo, 07.08.76) y en la vertiente más meridional de las Sierras Exteriores jacetanas (datos de nidificación en Agüero, Riglos, en Sierra de Guara tres parejas), mientras es rara en el corazón de nuestro territorio; así desde 1.967 hasta 1.976 sólo he podido recopilar tres observaciones (en Ena, el 01.08.67; en San Juan de la Peña 20. 03.69 y en Jaca, el 05.05.72). La explicación no es fácil. Esta especie explota los mismos biotopos que *Aquila chrysaetos* con la que convive en numerosas localidades a pesar de alcanzar dicha última especie latitudes mucho más septentrionales. Se ha demostrado la competencia interespecífica entre dichas águilas con la dominancia de *H. fasciatus* (CHEYLAN, 1.972). Sin embargo *A. chrysaetos* es frecuente en la Jacetania. Los factores climáticos y sus secuelas paisajísticas y tróficas podrían ser el motivo principal, ya que es una especie muy mediterránea; por lo que se refiere a sus hábitos tróficos, *A. chrysaetos* es frecuentemente carroñera en la Jacetania, mientras la bibliografía consultada, no indica en ningún caso comportamiento similar en *H. fasciatus*; dicha diferencia de nivel trófico así, podría constituir un factor decisivo en la colonización por una u otra especie.

88   *Hieraaetus pennatus* (G.); águila calzada.

Estival y nidificante. Poco frecuente. Submediterráneo y montano seco. Turquestano mediterráneo.

Veintiuna observaciones repartidas del siguiente modo: marzo, 2; abril, 1; mayo, 4; junio, 1; julio, 1; agosto, 9 y septiembre 2.

Las localidades de observación han sido, en las Sierras Exteriores: Oroel, San Juan de la Peña, Bernués y Santa Cruz de la Serós; en la Depresión Media: Caniás,

Jaca, Boalar de Jaca, Banaguás, Barós, Asieso, Yesa, Abay, Ipas, Pardina Larbesa y Ulle.

Habita las zonas con bosquetes alternados de bujedos y aliagares del submediterráneo prepirenaico.

En la Jacetania domina netamente la fase clara, estando presente la fase oscura en no más de un 10% sobre la clara.

Unicamente se poseen dos datos de alimentación:

— 08.05.73, Barós: Captura, calando sobre el suelo, una *Upupa epops*.
— 02.08.67, Novés: Análisis de un contenido gástrico, restos de un *Serinus canaria*.

El 28.08.75, en Barós, se la observó comiendo en vuelo una presa indeterminada que sujetaba con sus garras.

El primer dato de llegada registrado en la Jacetania es el 20 de marzo y la última observación el 1 de septiembre.

El único dato de reproducción obtenido es el siguiente: se halló en Ulle el 17.06.68 un nido sobre rama de pino, a unos 15 m. sobre el suelo. El nido estaba construido con ramillas de pino, con un somero acolchado de pinaza verde; el diámetro exterior era de unos 80 cms. y el interior de 50 cm. Contenía un huevo, cuyo pollo ya estaba eclosionando (peso del huevo 45 grs., dimensiones 51,2 x 41,8 mm.). El 19.06.68 el pollo pesaba 29 grs., sus dimensiones eran: ala, 40,5 mm.; pico, 13 mm.; tarso, 16,5 mm.; cola, 6 mm.

89 Aquila chrysaetos (Linn.); águila real.

Sedentaria y nidificante. Algo frecuente. Del submediterráneo al alpino. Holoártica.

Veintiocho observaciones repartidas a lo largo del año del siguiente modo: enero, 1; febrero, 3; marzo, 4; mayo, 5; junio, 3; julio, 4; agosto, 2; septiembre, 4; octubre, 2.

Las localidades de observación han sido, en el Somontano: Embalse de Sotonera; en las Sierras meridionales: Peña Oroel, San Juan de la Peña, Monte Cúculo, Riglos y Puerto de Monrepós; en la Depresión Media: Jaca, Boalar de Jaca, Pardina Larbesa, Ipas y Monte Grosín; en las Sierras Interiores y Pirineo Axil: Ibones de Lapazuzo e Ip, Valles de Hecho, Ansó, Añisclo, Foces de Biniés y Arbayún, Los Lecherines y Zuriza.

Anida en general en roquedos calizos de diversa magnitud, en ocasiones pequeños (Berdún, 1.972) en general muy importantes (San Juan de la Peña, Peña Oroel, Riglos, Sierra de Leire, etc.) y precisa de llanuras desforestadas donde cazar, frecuentando tanto el Somontano (Pº de la Sotonera, 12.05.73) como muy a menudo los prados alpinos a veces por encima de los 2.500 m. s/M. Una interesante observación es la de un nido sobre un gran pino, en una zona tranquila de Mequinenza, en la Depresión del Ebro (com. verb. P. MONTSERRAT) en mayo de 1.975.

Es territorial, ocupando cada pareja un roquedo y las zonas de caza colindantes. Se conocen tres nidos en las proximidades de Jaca, separados entre sí 12 y 14 Kms. respectivamente.

El 29.03.74, en Peña Oroel, la pareja de águilas entraban y salían con frecuencia de un orificio del roquedo, lo que permite suponer que la incubación aún no había empezado. En 08.07.74, los dos pollos del nido de Riglos volaron por primera vez.

Una de las parejas conocidas, la de San Juan de la Peña, estaba formada por un individuo adulto y otro subadulto, lo que parece indicar una cierta regresión en la especie.

El único dato de alimentación es el poco representativo de una macho adulto, capturado en Ipas el 01.03.72, mientras comía una gallina. En otras ocasiones se le ha visto acudir a carroñas entre los ya descritos grupos poliespecíficos de comensales (v. *Gyps fulvus*).

95   *Circus cyaneus* (Linn.); aguilucho pálido.

Invernante. Poco frecuente. Submediterráneo. Holoártico.

Catorce observaciones repartidas del siguiente modo: febrero, 1; marzo, 5; septiembre, 1; octubre, 2; noviembre, 1; diciembre, 4.

Las localidades de observación han sido: Áscara, Santa Cilia, Abay, Jaca, Ásieso, Barós, Ipas, Pantano de la Nava y Berdún.

Frecuenta terrenos poco accidentados, prefiriendo las grandes llanuras deforestadas o a lo sumo las coronas fluviales cultivadas, únicamente interrumpidas por barrancos poblados o no de aliagas y bojes.

Unicamente invernante en la Jacetania, la primera observación es el 31 de agosto y la última el 17 de marzo. Lo esporádico de las observaciones y su corta duración, ya que al ser ave de vuelo rasante los más pequeños obstáculos la esconden, no ha permitido conseguir datos sobre su biología.

97   *Circus pygargus* (Linn.); aguilucho cenizo.

Estival, ¿nidificante?. Muy raro. Submediterráneo. Europeo - turquestaní.

Cuatro únicas observaciones en la Jacetania, en abril, mayo,, junio y agosto, la primera en el Formigal de Tena, las dos siguientes, han correspondido al típico biotopo de *Circus pygargus* muy semejante al de *C. cyaneus*, aunque de carácter más termófilo. Quizás por ello, la especie es únicamente frecuente en la zona más baja y de carácter más mediterráneo de la Jacetania.

98   *Circus aeruginosus* (Linn.); aguilucho lagunero.

¿Estival, nidificante?. Muy raro. Submediterráneo. Paleártico.

Tres observaciones en la Jacetania, una en Berdún, de un macho adulto, el 01.06.74 y dos cercanas a Jaca, de hembras o jóvenes el 29 y 31 de agosto de 1.975.

Especie muy mal representada en la Jacetania, en esta ocasión debido a la falta de biotopos adecuados. Unicamente en la zona Berdún - Yesa cabría la posibilidad de que se estableciera alguna pareja; así la única observación en época de reproducción es en dicha zona.

La dispersión posgenerativa puede aumentar el número de observaciones, y las dos cercanas a Jaca pueden ser debidas a ello (probablemente el mismo ejemplar). La proximidad de la población de *Circus aeruginosus* en el Somontano y Depresión del Ebro en general, nidificante y sedentaria, puede ser causa de las tres observaciones referidas; de tal manera que cabe calificar de simples visitas esporádicas las tres observaciones realizadas.

99   *Circaetus gallicus* (Gm.); águila culebrera.

Estival, nidificante. Frecuente. Del submediterráneo al subalpino. Indoafricana.

Cincuenta y siete observaciones distribuidas del siguiente modo: marzo, 4; abril, 6; mayo, 12; junio, 7; julio, 4; agosto, 12; septiembre, 11; octubre, 1.

Las localidades de observación han sido: Arguis, Río Guarga, La Peña, Villobás, Jaca, Asieso, Boalar de Jaca, Bernués, Peña Oroel, Pardina Larbesa, San Juan de la Peña, Barós, Rapitán, Áscara, Barranco de Culivillas, Formigal, Los Lecherines y Lumbier.

Caza en lugares deforestados, sean cultivos o aliagares, desde el Somontano hasta los prados del Pirineo Axil, a 1.500 y 1.600 m. s/M.

Construye nido sobre árboles, en general en laderas forestadas de difícil acceso. Un nido hallado, sobre *Pinus sylvestris,* estaba construido e unos 5 ms. de altura, en un bosque con muy espeso sotobosque que hacía difícil el paso. La estructura del nido es grosera, a base de ramas entrelazadas. El nido es ocupado año tras año por la misma pareja.

La puesta se compone de un huevo único, blanco, casi esférico, puesto durante la primera quincena de abril. Durante el celo, reconstrucción del nido y la puesta, la pareja de águilas frecuenta muy a menudo las proximidades de su área de cría mostrándose estas aves muy gárrulas.

La especie es únicamente estival, siendo la primera observación el 12 de marzo en Bernués y la última el 8 de octubre en Jaca.

Pandionidae.
100 Pandion haliaetus (Linn.); águila pescadora.

Unicamente de paso. Rara. Cosmopolita.

Cinco observaciones, el 20.09.69 y 02.05.70 en el río Aragón, el 13.08.75 en el pantano de Yesa, el 31.03.74 en paso por Canal de Izas y el 06.04.76 dos ejemplares en paso por Col de Ladrones.

Raramente hace estancias durante la migración en la Jacetania y en esas raras ocasiones puede vérsela pescar en ríos o embalses.

El paso primaveral corresponde a marzo - mayo, mientras que el otoñal a finales de agosto - septiembre.

Falconidae.
103 Falco peregrinus (Tunst); halcón común.

Sedentario y nidificante. Poco frecuente. Del submediterráneo al alpino. Cosmopolita.

Diecinueve observaciones repartidas del siguiente modo: febrero, 1; marzo, 3; mayo, 5; junio, 3; julio, 2; septiembre, 4; octubre, 1.

Las localidades de observación han sido: Jaca, Boalar de Jaca, Pardina Larbesa, Batiellas, Caniás, Asieso, Novales, Peña Oroel, San Juan de la Peña, Riglos, Foz de Arbayún, Bernués y Foz de Biniés.

Nidificante en los grandes acantilados, el halcón común caza ya en ellos, como en los llanos de la Depresión del Ebro (Sariñena, 16.07.75 observados un adulto acompañado de un inmaduro), en las Sierras Exteriores, Depresión Media y Sierras Interiores, pero nunca se ha observado en el Pirineo Axil ni a más de 1.600 m. s/M.

Elige en general acantilados calizos, con oquedades y repisas donde establecerá el nido. En febrero comienza el celo y se ven parejas, muy gárrulas, juntas (San Juan de la Peña, 28.02.72). En marzo, con uno de los componentes de la pareja fijo en el nido por la incubación, sólo se ven individuos aislados, las visitas al nido son frecuentes y sus proximidades ferozmente defendidas ante la presencia de otras aves (visto atacar a un *Corvus corax* el 09.03.74, en Peña Oroel).

A principios de junio, los pollos acompañan ya a los padres (dos pollos, en Jaca, junio 1.974).

Siempre se ha observado cazando en vuelo y las presas han sido aves de tamaño medio *(Pyrrhocorax pyrrhocorax* y *Columba oenas).*

104 Falco subbuteo (Linn.); alcotán.

Estival, nidificante. Algo frecuente. Submediterráneo y montano seco. Paleártico.

Dieciseis observaciones repartidas a lo largo del año del siguiente modo: abril, 2; mayo, 3; junio, 3; julio, 2; agosto, 3; septiembre, 3.

Las localidades de observación han sido: en la Jacetania: Jaca, Barós, Boalar de Jaca, Bernués, Botaya, San Juan de la Peña, Larbesa y Áscara; en la Depresión del Ebro, donde parece más abundante, Embalse de la Sotonera, Tormos y Sariñena.

Difícil de determinar, debido a su gran velocidad en vuelo, el alcotán puede dar una idea equivocada de su densidad real en la Jacetania, a pesar de su característica silueta inconfundible de gran vencejo.

Se le observa un poco por todas partes, salvo en alta montaña (observado, como punto de mayor altitud en San Juan de la Peña, a 1.500 m. s/M. el 20.08.72) y donde es más frecuente, es en las llanuras más o menos onduladas deforestadas y con arbolado disperso (Canal de Berdún, Canal Onsella - Guarga y Depresión del Ebro).

El único nido que se ha observado frecuentado por alcotanes, corresponde a uno viejo de *Corvus corone* y se localizó en agosto de 1.975 en el Embalse de Yesa, en un chopo, cuyo pie se hallaba en el agua y a una altura de unos 7 m. Dada la inaccesibilidad del nido no se pudo conocer su contenido, a pesar de la frecuente presencia de los adultos.

En cuanto a la alimentación de los alcotanes en la Jacetania, la documentación obtenida es escasa. El análisis del contenido de un estómago y observaciones directas lo califican como un especialista ornitófago que no desprecia los insectos.

El estómago pertenece a un ejemplar capturado el 26.09.68 en cultivos cercanos a Jaca y contenía restos de un paseriforme insectívoro del tamaño de una *Sylvia*. Una de las observaciones se refiere a cuatro ejemplares cazando insectos al vuelo el 04.07.69 en las proximidades de Barós. Otro individuo solitario fue observado cazando insectos y persiguiendo pájaros el 02.05.70 en el río Lubierre, cerca del Boalar de Jaca. El 01.08.72, en Botaya, se observó un gran alboroto entre los distintos paseriformes que despavoridos poblaron el cielo con gran griterío. Entre la confusa nube se lanzo un alcotán consiguiendo una presa que no pudo ser determinada. Sujetándole por una pata comenzó a desplumarla en vuelo mucho más lento que el habitual. También se le observó el 04.08.72, en una calle de las afueras de Montmesa, lanzándose vertiginosamente para marchar del pueblo con un *Passer domesticus* en una garra. Por último, en Tormos, se observó un grupo de tres el 02.06.74 de los cuales uno de ellos capturó un *Apus apus* que tuvo que defender de los intentos de parasitismo de los otros dos.

La primera observación de alcotanes en la Jacetania, está datada el 22 de abril y la última el 22 de septiembre.

106. Falco columbarius (Linn.); esmerejón.

Invernante. Raro. Submediterráneo. Holoártico.

Siete observaciones, en octubre, 2; diciembre, 4; enero, 1.

Las localidades de observación han sido: Banaguás, Jaca, Araguás y Barós. Dada la dificultad que supone la observación del esmerejón, debido a su pequeño tamaño y rapidísimo vuelo, el pequeño número de observaciones seguras registrado puede, como en el caso anterior, dar una idea equívoca del número de individuos que invernan en la Jacetania. Asímismo el espectro fenológico (primera observación, 3 de octubre, última 9 de enero) es muy posible que pueda ser muy ampliado en futuras prospecciones.

Se han observado siempre en llanuras interrumpidas por pequeños relieves, barrancos o arboledas dispersas y las observaciones han sido siempre fugaces, sin poder dar datos de comportamiento.

Un único dato de alimentación es el análisis del estómago de un ejemplar, capturado el 07.12.67, en Banaguás y que contenía restos de paseriforme, probablemente *Passer domesticus*.

108 *Falco naumanni* (Fleisch.); cernícalo primilla.

Estival, nidificante. ¿Raro?. Submediterráneo. Turquestano mediterráneo.

Siete observaciones, todas ellas en agosto. Las localidades han sido: Jaca, Navasa y Puente la Reina.

El *Falco* más difícil de distinguir en el campo, debido a la fácil confusión que puede existir con su próximo congénere, *Falco tinnunculus*, ha sido localizado únicamente en zonas muy termófilas de la Jacetania, en los ambientes submediterráneos de la Canal de Berdún que constituiría su límite septentrional en Aragón.

Sólo se han utilizado, como únicas seguras, las citas originarias de la colección del Centro pirenaico, siete en total y desgraciadamente correspondientes todas al mes de agosto. Entre ellas se cuenta con la captura a mano de una nidada de cuatro pollos y la hembra, el 28.08.68, en Puente la Reina. El espectro fenológico no puede pues, ni tan siquiera esbozarse. Los pollos, en la época que fueron capturados ya eran volanderos.

Con respecto a la alimentación, es significativo el análisis de cinco contenidos gástricos, correspondientes todos ellos a la nidada de Puente la Reina, que detallo a continuación:

1º 100% fragmentos de coleópteros.
2º 70% coleópteros, 29% acrídidos, 1% grillotálpidos y huevos de insecto.
3º 100% fragmentos de insectos, con dominancia de coleópteros.
4º 100% fragmentos quitinosos, principalmente fragmentos de coleópteros.
5º 99% coleópteros (¿carábidos?), 1% acrídidos.

109 *Falco tinnuculus* (Linn.); cernícalo vulgar.

Sedentario y nidificante. Frecuente. Del submediterráneo al alpino. Antiguo Continente.

Ciento cuatro observaciones, que se distribuyen del siguiente modo: enero, 6; febrero, 3; marzo, 13; abril, 3; mayo, 7; junio,15; julio, 12; agosto, 18; septiembre, 15; octubre, 6; noviembre, 3; diciembre, 3.

Las localidades de observación han sido, en la Depresión del Ebro: embalse de la Sotonera y Sariñena; en las Sierras meridionales de la comarca: Santa Cruz de la Seros, Abay, Peña Oroel, Bernués, San Juan de la Peña y Rodellar; en la Depresión Media: Ulle, Caniás, Ipas, Jaca, Boalar de Jaca, Rapitán, Banaguás, Puente la Reina, Santa Cilia de Jaca, Pardina Larbesa, Novés, Barós y Arrés; en las Sierras Interiores y Pirineo Axil: Tobazo, Los Lecherines, Ibón de Tortiellas, Ibón de Ip, Ibón de Sabocos, Ibón de Piedrafita, Ibón de Lapazuzo, Formigal, El Portalet de Anea y Panticosa.

Prácticamente, cualquier repisa cubierta sirve al cernícalo vulgar para establecer su nido. Desde pajares, orificios de distintos muros o bien los grandiosos roquedos calizos de las sierras pirenaicas, son utilizados por esta especie para establecer su nido. También los nidos viejos de córvidas, situados en árboles, o incluso en torres metálicas de las conducciones eléctricas (proximidades de Jaca, 16.06.69).

Caza en zonas deforestadas, con o sin matorrales, ya sean prados, cultivos, bujedos o aliagares, desde las zonas bajas del Somontano y Monegros, hasta los prados alpinos a altitudes superiores a 2.200 m. s/M. Puede anidar a alturas superiores a los 2.000 m. s/M. (Ibón de Lapazuzo, 22.07.68).

En marzo las parejas empiezan a frecuentar los nidos (Ipas, 17.03.74; San Juan de la Peña, 18.03.74) y a finales de abril o principios de mayo, tiene lugar la puesta (4 huevos pardo - rojizo moteados en un pajar de Caniás el 09.05.72). Incuba principalmente la hembra y el macho aporta comida en grandes cantidades al nido, de tal manera que las proximidades quedan abundantemente cubiertas de restos. Las presas observadas fueron restos de micromamíferos y paseriformes pequeños, no determinados.

En las proximidades de Bernués, el 12.06.70, se halló un nido en una grieta a 18 m. del suelo en el que habían cinco pollos en plumón (blancuzco y abundante por todo el cuerpo) reposando directamente sobre la roca, sin cama alguna. La diferencia entre los pollos mayores y el menor era muy notable. Criados en cautividad en el zoológico del Centro pirenaico, el 14.06.70 tenían ya cañones, el 21.06.70 ya estaban plumados de alas y cola y el 29.06.70 plumados totalmente, sin restos de plumón a excepción de la cabeza.

Los pollos vuelan a mediados de julio (San Juan de la Peña, 4 pollos recientemente saltados del nido, el 17.07.73) o a finales de junio (pollo apenas volandero en Jaca, 27.06.74) dependiendo probablemente la fecha de comienzo de nidificación, de la altura s/M. de la localidad.

A pesar de su sedentaridad, probablemente el número disminuye en invierno, lo cual queda señalado en el espectro fenológico, siendo los mínimos de abril y mayo achacables a la nidificación.

Existe un notable paso migratorio, muy conspicuo a finales de agosto y septiembre (El Portalet, grupos de hasta 4 el 27.08.68; Los Lecherines cuatro juntos el 07.09.75; Villanúa, grupo de 5 el 31.08.75).

Su alimentación está basada, según los datos recogidos, en micromamíferos y pequeñas aves, sin despreciar los artrópodos de buen tamaño. Su costumbre de despreciar la cabeza y la mayor parte de las partes óseas de las presas, dificulta la determinación de las mismas. El análisis de seis contenidos gástricos ha dado el siguiente resultado:

1º Novés, 26.08.70: estómago casi vacío con escasos pelos de micromamíferos.
2º Santa Cilia de Jaca, 06.01.69: restos de un micromamífero no determinable.
3º (Localidad y fecha de captura desconocidos): huesos y escasas plumas de un paseriforme.
4º Puente la Reina, 25.10.68: restos de un *Apodemus?*.
5º Pamplona, 05.01.73: un acrídido de 16 mm. y restos de *Microtus ¿agrestis?*, (95%).
6º Entre Jaca y Sabiñánigo, 17.01.72: un quilópodo de 30 mm., un *Pitymys sp.*

GALLIFORMES

Tetraonidae
110 *Tetrao urogallus* (Linn.); urogallo.

¿Sedentario y nidificante?. Muy raro. Montano - húmedo y subalpino. Paleártico.

Una cita directa, de una hembra adulta atropellada el 27.04.68 en Pardinilla. Excrementos hallados en Larra y Peña Oroel.

Especie muy escasa en la Jacetania, la única cita directa se sitúa en un lugar atípico para la especie: llanuras con cultivo de cereal, en la Depresión Media, a unos 800 m. s/M.

Dado que la especie es muy sedentaria, estando perfectamente adaptada a soportar las más adversas condiciones climáticas, cabría suponer su nidificación en los lugares donde se han hallado excrementos. Sin embargo, la captura de una hembra en un lugar tan poco frecuentado por la especie, como puede ser un trigal, indica ciertos movimientos, ya sean dispersiones o bien trashumancias más o menos regulares.

Probablemente la especie ocupó antaño una extensión mucho mayor a la actual, localizandose en los bosques prepirenaicos, por encima de los 1.000 m s/M. Así parece indicarlo la existencia, en el Monasterio Antiguo de San Juan de la Peña, de un retazo de fresco en el que se observa un friso de urogallos, que si bien están estilizados, son inconfundibles. También parecen corresponder a dicha especie las tallas en madera que soportan el alero de la casa de los canónigos Garasa, en el pueblo de Bagués y las de cierta casa, perteneciente antiguamente a los monjes, del pueblo de Arbués.

111 Lagopus mutus (Montin); perdiz nival.
Sedentaria y nidificante. Rara. Alpina. Artica.

Escasas observaciones en Monte Perdido en octubre de 1.953 (TRIGO de YARTO, 1.960); en el Portillo de Lescún el 03.09.71 (Larra, 2.100 m. s/M.); en el Puigmal, el 17.08.75; en Candanchú, el 01.10.71 y en el Circo de Aspe, el 13.07.76. Además dos ejemplares, sin localidad y fechados el 28.10.69 en la colección del Centro pirenaico y sus contenidos gástricos.

Especie muy sedentaria, escasa y difícil de observar, la perdiz nival es un ave típica del pasto alpino pirenaico.

Sus pollos nacen tardíamente; en julio, DENDALETCHE (1.973) encuentra una hembra con sus crías en el Pirineo Occidental francés (a 2.000 m. s/M. en el Anie), el 13.07.76 se observó en el Circo de Aspe un ejemplar conduciendo 8 pollos del tamaño de un gorrión; el comportamiento de defensa de su nidada consistió en reunir los pollos en un lugar y luego el adulto, dejándose ver, marchó lentamente a pie dando rodeos para distraer la atención del posible depredador (com. verb. F. FILLAT).

Todas las observaciones localizadas con exactitud fijan a esta especie por encima de los 2.000 m. s/M. en los lugares pedregosos alternados con pastos de altitud.

El alimento de los adultos es fundamentalmente vegetal, pero cabe esperar que los pollos, como en otras gallináceas, necesiten para su normal crecimiento un alimento más rico en proteínas y sean por lo tanto invertebratófagos.

El análisis de los dos estómagos de los ejemplares de la colección del Centro, datados el 28.10.69, ha sido:

1º 100% fragmentos vegetales verdes donde dominaban los trozos de hoja de gramínea y hojas y tallitos con yemas de una dicotiledónea (¿*Vaccinium?*). Además abundantes piedrecillas.

2º 100% hojas, tallitos y yemas de una dicotiledónea (¿*Vaccinium?*) Abundantes piedrecillas.

Phasianidae

113 Alectoris rufa (Linn.); perdiz común.
Sedentaria y nidificante. Frecuente. Submediterráneo y montano seco. Mediterráneo.

Cuarenta y nueve observaciones, distribuidas del siguiente modo: enero, 11; febrero, 4; marzo, 2; mayo, 3; junio. 1; julio, 4; agosto, 5; septiembre, 9; octubre, 2; noviembre, 2; diciembre, 6.

Las localidades de observación han sido en el Somontano: embalse de la Sotonera; en las sierras meridionales: Atarés, Ena, Botaya, San Juan de la Peña, Peña Oroel, y Rodellar; en la Depresión Media: Araguás del Solano, Binacua, Jaca, Boalar de Jaca, Abay, Guasa, Asieso, Banaguás, Santa Cilia de Jaca, Barós e Ipas; en la Sierras Interiores y Pirineo Axil: Embún y Los Lecherines, en su robledal, incluyendo así la faja del flysch.

Se halla en zonas preferentemente deforestadas y cubiertas de matorral (bujedos y aliagares) acudiendo a los cultivos de cereal como recurso trófico, pero sin anidar y no despreciando los bosques claros, ante todo de carrascas y quejigos que le proveen de una buena fuente de alimento en otoño cuando caen las bellotas.

A pesar que en invierno frecuenta los rastrojos y cultivos, donde halla alimento abundante, en la época de reproducción huye de ellos siendo más frecuente en los terrenos más accidentados, que por no ser cultivables mantienen una vegetación arbustiva natural.

Frecuenta estas zonas desde las bajas llanuras del Somontano hasta los 1.200 m. s/M. (robledal de Mte. Sayerri el 17.10.68) o los 1.500 m. s/M. (erizones y prados en suelos esqueléticos del acantilado de San Juan de la Peña, el 28.02.72) en los lugares donde el viento impide el acúmulo de nieve.

Ya en octubre se oye su canto de celo, pero éste no se muestra claramente hasta marzo, mes en el que los bandos, existentes ya desde septiembre - octubre, se deshacen para formar parejas acantonadas. Se observa fuerte densidad, en las zonas acotadas donde no penetran rebaños ni perros (erizón al oeste de la Peña Oroel, parejas cada 100 - 200 m.).

Es probablemente debido a las primaveras frías y lluviosas, que a pesar de lo temprano del acantonamiento de las parejas, y contando con 23 ó 24 días de incubación (GÉROUDET, 1.947), el hecho de encontrar pollos en primer plumón, con muy pocos días de vida, en julio y en agosto con mayor frecuencia que en otros meses, sea debido a que las puestas de reposición sean normales para esta especie en la Jacetania (pollos capturados el 08.08.68 en Ena, otro en Botaya en julio de 1.972 al lado de un adulto depredado).

El análisis de dieciocho contenidos gástricos, repartidos a lo largo del año, a pesar que el mayor número de ellos se concentra en época invernal, da un espectro alimentario que en este caso es bastante representativo. Según ellos, la perdiz común es básicamente un consumidor primario, de dieta herbívora (sobre todo) y granívora, aprovechando, aunque en pequeño número, diversos artrópodos de tamaño superior a los 10 mm. Según experiencia en cautividad, con el pollo recogido en Botaya mencionado más arriba, éste sólo se sentía fuertemente estimulado para comer ante presas vivas, lo que demostraría que los pollos (como se ha mencionado en la especie anterior) sean principalmente invertebratófagos.

Los resultados de los análisis de contenido gástrico han sido:

1º Hembra capturada en Ena el 10.12.67. Buche: una semilla de gramínea y masa de fragmentos de hojas de gramínea abundantes y muy escasas de dicotiledoneas. Molleja: abundantes fragmentos de hojas de gramínea, dos semillas de trigo, semillas correspondientes a más de 7 frutos de *Arctostaphylos uva - ursi*.

2º Hembra capturada en Ena el 10.12.67. Buche: casi vacío, escasos fragmentos de hojas de gramínea. Molleja: abundante masa de hojas de gramínea, semillas de *Rosa sp.*, *Arctostaphylos uva - ursi* y otras no identificadas.

3º Hembra capturada en Ena el 10.12.67. Molleja: fragmentos de hojas de gramínea y plántulas de dicotiledónea, semillas no identificadas y piedras.

4º Ejemplar capturado en Guasa el 20.09.68. Buche: más de 150 granos de trigo y varios cientos de semillas no identificadas de 1 mm. de diámetro, un *Timarcha sp.*, un mantoideo de varios centímetros. Molleja: papilla compuesta por las anteriores semillas trituradas, fragmentos de hojas de gramínea, una forcípula de dermáptero y otros restos quitinosos de artrópodos no identificados.

5º Macho capturado en Botaya el 06.01.69. Molleja: semillas de dos frutos de *Arctostaphylos uva - ursi*, abundantes semillas esféricas semejantes a bezas, escasos restos fibrosos vegetales muy digeridos.

6º Hembra capturada en Botaya el 19.01.69. Molleja: escasos restos fibrosos de hojas ¿gramínea?, abundantes semillas esféricas semejantes a bezas, tres semillas de *Arctostaphylos uva - ursi* y piedrecillas.

7º Macho capturado en Botaya, el 09.02.61. Molleja: 20% fragmentos de hojas de gramínea, 80% más de 12 frutos de *Arctostaphylos uva - ursi* (muy digeridos), patas de un *Timarcha sp.*

8º Hembra capturada en Botaya, el 27.02.69. Molleja: abundantes fragmentos de hojas de gramínea, semillas de *Rosa sp.*, piedrecillas.

9º Ejemplar capturado en Barós, el 13.09.69. Molleja: 25% restos de un *Timarcha sp.*, 70% semillas diversas no determinadas. Resto, papilla vegetal.

10º Hembra capturada en Barós, el 13.09.69. Molleja: fragmentos triturados de hojas de gramínea, una oruga de 17 mm. de lepidóptero. Piedrecillas.

11º Hembra capturada en Barós, el 13.09.69. Molleja: restos de hojas de gramínea, muy abundantes semillas varias, entre 2 y 4 mm. Piedrecillas.

12º Macho capturado en Santa Cilia de Jaca, el 18.09.69. Molleja: una semilla de prunoidea, tres granos de trigo, semillas no identificadas de unos 2 mm. abundantes fibras vegetales.

13º Ejemplar capturado en Botaya, el 19.01.70. Molleja: abundantes hojas de gramínea trituradas, semillas diversas entre 2 y 4 mm.

14º Hembra capturada en Botaya, el 18.01.70. Molleja: fragmentos de hojas de gramínea, abundantes y diversas semillas esféricas. Muchas piedrecillas.

15º Ejemplar capturado en Botaya, el 19.01.70. Molleja: 60% semillas esféricas de 2 y 3 mm., 40% fragmentos triturados de hojas de gramínea. Piedrecillas.

16º Ejemplar capturado en Botaya, el 25.01.70. Buche: dos semillas esféricas semejantes a bezas y abundantes fragmentos de hojas de gramínea. Molleja: abundantes hojas de gramínea y escasas de dicotiledónea (*Trifolium?*) triturados, restos de un fruto de *Arctostaphylos uva - ursi* y semillas semejantes a bezas.

17º Ejemplar capturado en Botaya, el 08.03.70. Molleja: escasos restos foliares de gramíneas, muy triturados; semillas diversas de 2 y 3 mm. Piedrecillas.

18º Ejemplar capturado en Botaya, el 04.07.70. Molleja: semillas de más de 10 frutos de *Arctostaphylos uva - ursi*, fragmentos de hojas de gramínea, fragmentos de un insecto (formícido?).

Cabe destacar la falta de constancia en las piedrecillas que con fines trituradores almacenan las aves granívoras en la molleja.

115 *Perdix perdix* (Linn.); perdiz pardilla.

Sedentaria y nidificante. Poco frecuente. Subalpino y alpino. Europeo turquestaní.

Diecisiete referencias, 2 en marzo, 1 en abril, 1 en mayo, 4 en noviembre, 7 en diciembre y 2 en enero. Las localidades de observacion han sido: Aratorés, Sallent de Gállego, Sinués, Barós, Banaguás, Vadiello, Candanchú, Rioseta y Canal de Izas.

La especie es principalmente trashumante, (CASTROVIEJO, 1.970) siendo su residencia estival las zonas altas (bosques claros de *Pinus uncinata* y prados alpinos de las Sierras Interiores y Pirineo Axil, (Rioseta, 20.04.75, Candanchú, 10.05.

71), mientras que en invierno desciende a los niveles submediterráneos y montanos coincidiendo su biotopo con el de la perdiz común (Vadiello 19 y 26.03.75, etc.), pero alguna queda sedentaria o muy fija en la montaña (Canal de Izas, 19. 12.71). Dado que lo más crudo del invierno jacetano, sobre todo referente a innivación, se localiza desde finales de diciembre a marzo, podría ser que la trashumancia fuera total en esas fechas.

La época de nidificación es aproximadamente en junio (huevo recogido en junio de 1.968 en la vertiente norte pirenaica, en la Neuvielle - le - Boos), desconociéndose otros datos de su ciclo para la Jacetania.

La alimentación en los meses en que fueron capturados los ejemplares, coincide notablemente con la de *Alctoris rufa*, siendo principalmente herbívoros y granívoros, pero sin despreciar los artrópodos, que forman una parte mínima de su dieta alimentaria. Los resultados de 10 análisis de contenidos gástricos, ha dado los siguientes datos:

1º Hembra capturada en Banaguás, el 18.12.67. Buche: fragmentos de hojas de gramínea y de *Trifolium*. Molleja: papilla de hojas y 4 semillas no determinadas de 2 - 3 mm. de diámetro.

2º Macho capturado en Banaguás, el 18.12.67. Buche: fragmentos de hojas de gramínea. Molleja: papilla de hojas de gramínea trituradas, piedrecillas.

3º Macho capturado en Banaguás, el 18.12.67. Buche: fragmentos de hojas de gramínea. Molleja: lo mismo pero triturado, piedrecillas.

4º Hembra capturada en Banaguás, el 18.12.67. Buche: fragmentos de hojas de gramínea y de *Trifolium*. Molleja: lo mismo muy triturado, una semilla no identificada, piedrecillas.

5º Ejemplar capturado en San Juan de la Peña, el 22.09.69. Molleja: 7% hormigas aladas, 60% semillas de *Artostaphylos uva - ursi*, 3% semillas no identificadas y 30 % fragmentos de hojas de gramínea.

6º Macho capturado en Barós, el 18.01.70. Buche: abundantes fragmentos de hojas de gramínea, escasos de hojas de *Trifolium*, más de 60 granos de trigo. Molleja: hojas de gramínea trituradas, un grano de trigo.

7º Macho capturado en Barós, el 18.01.70. Molleja: hojas de gramínea trituradas y piedrecillas.

8º Hembra capturada en Barós, el 18.01.70. Buche: abundantes fragmentos de hojas de gramínea y alguna de ¿*Trifolium*?. Molleja: lo mismo triturado y abundantes piedrecillas.

9º Ejemplar capturado en Barós, el 18.01.70. Molleja: fragmentos de hojas gramínea y más escasos de dicotiledóneas, dos o tres semillas y abundantes piedrecillas.

10º Macho capturado en Sallent, el 12.02.72. Molleja: restos muy triturados de hojas paralelinervias (monocotiledóneas) y abundantes piedrecillas.

116 Coturnix coturnix (Linn.); codorniz común.

Estival y nidificante. Abundante. Del submediterráneo al alpino. Antiguo Continente.

Cincuenta observaciones, repartidas del siguiente modo: mayo, 1; junio, 4; julio, 8; agosto 14; septiembre, 21.

Las localidades de observación han sido: Jaca, Boalar de Jaca, Atarés, Asieso, Guasillo, Ipas, Guasa, Barós, Abay, laderas de Peña Oroel, Ibón de Culivillas, Portalet de Aneo y laderas del Tobazo.

Son los lugares llanos o de escaso relieve, muy cubiertos de herbáceas, los lugares que preferentemente coloniza la codorniz. Así, aparte de las tascas subalpinas, hasta los 2.200 m. s/M. (Ibón de Culivillas y ladera del Anayet, julio de 1.968) como único biotopo natural, la codorniz vive y se reproduce en los cultivos de forrajeras y cereales.

Anida en el suelo, y aproximadamente en la primera quincena de junio pone en su nido un número elevado de huevos (el 02.06.70, en un alfalfar de Caniás, nido con 9 huevos color verdoso claro con grandes manchas pardo - negruzcas; peso medio 7,94 grs., desviación 0,88; diámetro máximo medio 29,04 mm., desviación 0,86 y diámetro mínimo medio 22,14 mm. desviación 0,95).

Después de poco más de dos semanas de incubación nacen los pollos, que para mediados de julio, cuando comienzan a segarse los campos ya son volanderos. El espectro trófico obtenido con 19 análisis de contenidos gástricos es muy parcial ya que todos los ejemplares fueron capturados en agosto y septiembre, después de la siega y en rastrojeras. De este modo aparece dominantemente la semilla de trigo, siendo escasos otros tipos de semilla, invertebrados y material verde.

1º Hembra capturada en Jaca, el 14.08.66: 100% fragmentos de artrópodo, en los que se llegan a distinguir 3 coleópteros (carábidos?) de unos 8 mm. y un lepidóptero, estando el resto muy triturado. Piedrecillas.

2º Ejemplar capturado en Jaca, el 18.08.66: 70% 7 granos de trigo con sus bracteas y 30% restos de granos de trigo triturados y semillas no identificadas de unos 2 mm. Piedrecillas.

3º Ejemplar capturado en Jaca, el 18.08.66: 98% nueve granos de trigo sin glumas y semillas de 3 mm. sin determinar; 2% fragmentos de un coleóptero. Piedrecillas.

4º Ejemplar capturado en Jaca, el 18.08.66: seis granos de trigo, una semilla de compuesta de 6 mm. de longitud, pulpa vegetal. Piedrecillas.

5º Hembra capturada en Jaca, el 25.08.67: semillas y sus fragmentos no determinadas, entre 1 y 3 mm.; dos artejos de pata de insecto. Piedras.

6º Hembra capturada en Jaca, el 25.08.67: 99% granos de trigo enteros o fragmentos; 1% tarsos de insecto (coleóptero). Piedras.

7º Ejemplar capturado en Jaca, el 27.08.68. 100% granos de trigo y sus fragmentos. Piedras.

8º Ejemplar capturado en Puente la Reina, el 28.08.68. Buche: 29 granos de trigo. Molleja: pulpa de semillas no identificadas. Piedras.

9º Macho capturado en Banaguás, el 10.09.69: 4 granos de trigo y más de 40 semillas no identificadas de unos 3 mm.

10º Hembra capturada en Banaguás, el 10.09.69: dos granos de trigo enteros y más restos de él; 3 pequeñas semillas no identificadas. Piedras.

11º Macho capturado en Banaguás, el 10.09.69: cuatro granos de trigo enteros y restos de otros; numerosas semillas no identificadas de 1 - 2 mm. Piedras.

12º Macho capturado en Banaguás, el 10.09.69: 70% vegetal, más de tres granos de trigo y otras semillas no identificadas; 30% artrópodos, fragmentos de coleóptero (carábidos? y curculiónidos?). Piedras.

13º Macho capturado en Banaguás, el 10.09.69: más de tres granos de trigo y dos semillas esféricas, quizás de beza. Piedras.

14º Macho capturado en Banaguás, el 10.09.69: fragmentos de granos de trigo. Piedras.

15º Hembra capturada en Banaguás, el 13.09.69: dos granos de trigo enteros y muy abundantes fragmentos de él. Piedras.

16º Hembra capturada en Barós, el 13.09.69: abundantes fragmentos de granos de trigo. Piedras.

17º Macho capturado en Barós, el 13.09.69: 10% fragmentos de insectos no identificables; 90% abundantes restos de granos de trigo y escasos de otras semillas. Piedras.

18º Macho capturado en Barós, el 13.09.69: cuatro granos de trigo enteros y numerosos restos de él. Piedras.

19º Hembra capturada en Barós, el 13.09.69: tres granos de trigo y más fragmentos de él. Piedras.

La codorniz llega, en su migración primaveral tardiamente a la Jacetania (la primera observación es el 5 de mayo) y marcha relativamente pronto estando quizás prolongadas las observaciones por los migrantes europeos; la última observación corresponde al 13 de septiembre.

117 Phasianus colchicus (Linn.); faisán vulgar.

Introducido en cotos como pieza de caza. Frecuentemente en dichos lugares. Submediterráneo. Quizás chino o paleoxérico.

Tres observaciones una a finales de mayo de 1.974, al sur de Puente la Reina y dos en el coto de Leire el 01.12.75 y el 06.03.76.

Ave periódicamente introducida, con fines cinegéticos, sobre todo en el coto de Leire. No se tienen datos de que haya logrado reproducirse con éxito en libertad. La cita más alejada del coto, de un ejemplar quizás asilvestrado, es la correspondiente al de Puente la Reina, sin que esto signifique que se haya establecido. Al parecer (según anunció el Boletín Oficial de la Provincia), fue introducido en el año 1.962 en el Parque Nacional de Ordesa.

GRUIFORMES

Gruidae

119 Grus grus (Linn.); grulla común.

Unicamente de paso. Más notable el paso primaveral, que el otoñal. Paleártico.

Cinco observaciones, el 12.03.69 en San Juan de la Peña, el 19.03.69 en Monrepós, el 12.11.69 en Santa Engracia, el 20.02.72 en Ena, el 18.03.74 en San Juan de la Peña.

Raras veces esta especie reposa en la Jacetania, siendo sin embargo muy conocida por sus pasos numerosos y llamativos tanto por la estructura de las formaciones, como por lo garrula que se muestra en migración.

En primavera es mucho más frecuente, pasando en bandas de hasta 150 individuos (San Juan de la Peña, 18.03.74).

En otoño una única referencia: dos ejemplares cazados en trigales de Santa Engracia, el 13.11.72.

El paso más temprano registrado es en Ena, el 20.02.72, pero el grueso de la población pasa durante todo marzo. Una observación dudosa, de un ejemplar en el río Aragón el 04.04.75, sería la última fecha del paso primaveral.

El paso otoñal no es conspicuo, quizás porque derive más hacia el oeste. Sin embargo no son raras en Gallocanta (Teruel) que se halla prácticamente en el mismo meridiano y donde permanecen hasta muy avanzado el invierno (mediados de diciembre de 1.974).

Rallidae.

121 Rallus aquaticus (Linn.); rascón.

Sedentario y ¿nidificante?. Raro. Submediterráneo. Paleártico.

Oído en carrizales del río Aragón, el 10.06.70, una captura en el río Aragón, por Jaca, el 18.12.70. Observaciones estivales e invernales en el Molino de Aratorés.

La falta de lugares apropiados (carrizales y otra vegetación acuática) unida a la dificultad de observación de la especie, es el motivo del reducido número de datos.

Unicamente en el extenso carrizal de Aratorés se ha podido observar con regularidad, sobre todo en las márgenes de las acequias de drenaje. Las observaciones se han repartido en el transcurso del año, pero no se han obtenido nunca datos que evidencien la nidificación, la cual es muy probable.

126 Gallinula chloropus (Linn.); polla de agua.

Sedentario aunque principalmente estival, ¿nidificante?. Muy raro. Submediterráneo. Cosmopolita.

Captura de una ♀ en el Ibón de Ip, el 16.05.70; captura de un macho herido el 11.01.72, en el río Aragón, junto a Jaca; observación de dos individuos el 05.07.74 en el embalse de La Nava y de cuatro individuos en el embalse de la Peña el 09.07.74.

Con el mismo problema de escasez de biotopo preferencial y quizás sumándose a ello la influencia de factores climáticos, la polla de agua se halla en muy escasas localidades de la Jacetania y preferentemente en época estival (en el embalse de la Peña y en el de la Nava, las prospecciones invernales resultaron siempre negativas).

A pesar de que no se ha evidenciado, es muy probable la nidificación de esta especie en los embalses anteriormente citados.

Una única captura invernal, quizás debido a que el ejemplar estaba herido, corresponde a la del río Aragón, por Jaca, el 11.01.72.

Otra captura sorprendente, en el ibón de Ip, en alta montaña, a 2.000 m. s/M., el 16.05.70, puede atribuirse a un ejemplar agotado durante la migración, ya que la zona (prado alpino) es extraordinariamente atípica para esta especie.

El análisis del contenido gástrico del ejemplar últimamente mencionado dio: 98% restos pulposos vegetales indeterminados; 2% fragmentos de concha de gasterópodo; piedrecillas.

129 Fulica atra (Linn.); focha común.

Sedentaria, ¿nidificante?. Muy rara. Submediterránea. Paleártica.

Observaciones en el ibón de Ip, el 26.04.70; en el embalse de la Peña, el 09.07.74 y en el embalse de la Nava, el 05.07.74 y el 11.12.74.

Unicamente puebla con cierta constancia el embalse más meridional considerado como jacetano, o sea el de la Nava, habiéndose observado, rara, en el embalse de la Peña y constando una captura en lugar excepcional: ibón de Ip, a 2.000 m. s/M., muy probablemente un ejemplar agotado durante la migración.

CHARADRIIFORMES

Charadriidae

136 Vanellus vanellus (Linn.); avefría.

Invernante. Algo frecuente. Submediterránea. Paleártica.

Veinticinco observaciones, repartidas a lo largo del año del siguiente modo: enero, 6; febrero, 10; marzo, 5; y diciembre, 4.

Las localidades de observación en la Jacetania han sido: Puente la Reina, Arrés, Santa Engracia, Jaca, Araguás del Solano, Abay, Sabiñánigo, Novés, Urdués y Santa Cilia de Jaca.

Unicamente invernante en la Jacetania, y durante los meses más crudos (de diciembre a marzo), frecuenta fundamentalmente las llanuras, cultivadas o en barbecho, de la canal de Berdún y del valle del Gállego.

Al sur de la Jacetania (Sesa, mayo 1.974; Sariñena, 16.07.75 y 11.09.75) se puede observar durante todo el año y aunque no se haya comprobado, puede criar allí.

Busca su alimento, como ya se ha mencionado, en bancales de cultivos en bandos de hasta 250 individuos.

Su alimentación es básicamente invertebratófaga, completándola con materias vegetales que en ocasiones parecen ingeridas accidentalmente.

Los resultados de los análisis de contenidos gástricos son los siguientes:

1º Hembra capturada en Urdués, el 19.12.70: 2 larvas de elatérido, una de 23 mm. entera y parte de otra; once curculiónidos de 7 mm.; 27 curculiónidos de 4 mm.; un gasterópodo de 4 mm. de diámetro; dos larvas de insecto, muy digeridas, de unos 35 mm.; una gran masa carnosa, con toda probabilidad correspondiendo a un gasterópodo sin concha; piedrecillas.

2º Ejemplar capturado en Sabiñánigo, el 24.02.70. Contenido escaso: 35% compuesto de fragmentos de concha de molusco, fragmentos de élitro (¿de carábido?), y dos larvas de insecto de 15 mm. el 65% restante se compone de escasas fibras vegetales, abundantes restos terrosos (probablemente ingeridos accidentalmente) y piedrecillas.

3º Ejemplar capturado en Sabiñánigo, el 24.02.70. 80% restos y fibras de origen vegetal. El 20% restante compuesto por un coleóptero de 7 mm.; 4 formícidos de 6 mm.; anillos quitinosos de artrópodo (¿diplópodo?); escasas piedrecillas.

4º Ejemplar capturado en Sabiñánigo, el 24.02.70. Escasos restos de origen animal: un nemátodo (¿quizás parásito?); dos larvas de coleóptero. Restos abundantes de fragmentos vegetales, entre los que se reconocen talos de musgo. Piedras de 3 - 4 mm. de diámetro.

5º Ejemplar capturado en Jaca, el 24.02.70. Contenido principalmente de origen animal: 7 forcípulas de dermáptero; un curculiónido de 5 mm.; restos quitinosos indeterminables; escasos fragmentos vegetales y 4 piedras de unos 5 mm. de diámetro.

6º Hembra capturada en Novés, el 03.03.70. 80% de origen animal: 2 ó 3 formas vermiformes muy digeridas (¿anélidos?); una larva de elatérido de 22 mm.; un elatérido adulto de 7 mm.; un gasterópodo con concha de 8 mm. de diámetro. El 20% restante compuesto de fragmentos de hojas de gramínea, piedrecillas y restos de tierra.

7º Hembra capturada en Novés, el 03.03.70. El 90% de origen animal: once gasterópodos de 3 a 8 mm.; larvas de coleóptero y lepidóptero; dos coleópteros adultos; varias formas vermiformes, quizás restos digeridos de anélido. El 10% restante compuesto de fragmentos de hojas de gramínea y musgos, además de restos de tierra y piedrecillas.

141 Charadrius dubius (Scop.); chorlitejo chico.

¿Estival o de paso?. Muy raro. Paleártico.

Tres observaciones en la Jacetania, una en el embalse de la Nava (MURRAY y GARDNER - MEDWIN, 1.948); dos ejemplares observados en mayo de 1.974 en Orna de Gállego y otros dos en el río Aragón entre Puente la Reina y Arrés el 20. 07.75.

Especie muy rara en la Jacetania, únicamente observada en la época de paso o próxima a él, lo que no permite en absoluto suponer ni siquiera su estancia estival y aun menos su reproducción. Vista en embalses (La Nava) o en lugares donde los ríos se abren mucho, perdiendo velocidad y ofreciendo abundantes playas de cantos (Orna de Gállego y Puente la Reina).

En el llano del Ebro, es muy posible su nidificación, pero sobre todo el paso otoñal es conspicuo (más de 100 ejemplares el 11.09.75 en Sariñena), lo que permite suponer que el paso sobre la Jacetania sea intenso, no siendo demasiado rara la estancia esporádica de algunos ejemplares en lugares apropiados.

150 *Tringa totanus* (Linn.); archibebe común.
Unicamente de paso. Muy raro. Paleártico.

Tres observaciones, una en el embalse de la Nava, el 11.04.58 (MURRAY y GARDNER - MEDWIN, 1.948); en Canfranc, el 01.04.70 y el 22.04.72 en el Formigal de Tena, correspondientes todas ellas al paso primaveral. En las lagunas de la Depresión del Ebro, se observa con poca frecuencia, pero sobre todo en época de migración. Las observaciones en la Jacetania comprenden a aves detenidas en su migración por motivos anormales (agotamiento, condiciones climáticas), ya que como la mayor parte de aves acuáticas, cabe suponer que esta especie cruce la cadena montañosa de un único vuelo.

153 *Tringa ochropus* (Linn.); andarríos grande.
Unicamente de paso. Muy raro. Paleártico.

Tres únicas observaciones, una en el embalse de la Nava, el 10.04.58 (MURRAY y GARDNER - MEDWIN, 1.948), y dos en el río Aragón entre Jaca y Áscara el 21.04.74 y el 29.08.75. Las observaciones coinciden con los pasos primaveral y otoñal.

Puede decirse de esta especie lo mismo que de la anterior.

155 *Tringa hypoleuca* (Linn.); andarríos chico.
Sedentario, pero principalmente estival; ¿nidificante?. Algo frecuente. Fundamentalmente en submediterráneo. Holoártico.

Diez y nueve observaciones que se reparten del siguiente modo: enero, 1; abril, 2; mayo, 5; julio, 2; agosto, 6; septiembre, 1; octubre, 1.

Los lugares de observación han sido: río Aragón, junto a Jaca, El Boalar de Jaca y Abay; embalse de Pineta e ibón de Ip.

Normalmente se observa a baja altitud, en la Depresión Media, en las playas de cantos rodados, buscando su alimento en el borde del agua, pero tambien ha sido observado, raro, en alta montaña (Ibón de Ip, a 2.000 m. s/M., el 29.07.75 un individuo sólo).

A pesar de que se han observado conductas semejantes a las que utilizan para desviar la atención de los depredadores en la proximidad del nido, nunca se han hallado pollos, ni nidos y queda por demostrar así, su nidificación.

En invierno, a pesar de que se mantiene parte de la población sedentaria, el número de ellos desciende notablemente.

159 *Capella gallinago* (Linn.); agachadiza común.
Invernante. Muy rara. Holoártica.

Tres observaciones, dos en el río Gas, en Jaca, en 13.01.72 y en 08.03.74. Otra de Aisa, febrero de 1.974.

La especie es algo más frecuente en la Depresión del Ebro, en los pasos migratorios y durante la invernada. En la Jacetania sólo algún ejemplar aislado se puede observar de manera esporádica, en general a orillas de ríos de escasa corriente.

161 Scolopax rusticola (Linn.); chocha perdiz.

Invernante. Poco frecuente. Submediterráneo y montano seco. Paleártica.

Diez observaciones, octubre, 1; noviembre, 3; diciembre, 1; marzo, 5.

Las localidades de observación han sido: Guasillo, Botaya, Hecho y San Juan de la Peña.

Observada con alguna frecuencia (siete veces), más numerosos rastros en la nieve en el pinar musgoso de San Juan de la Peña, la mayor parte de las observaciones, en las parcelas que tienen sotobosque, pero también, aunque raras veces, en las que carecen de él.

Las observaciones han sido siempre fugaces, echando a volar con gran alboroto casi a los pies del observador y desapareciendo pronto, con vuelo rápido y quebrado entre los matorrales, para volver a posarse a corta distancia.

Recurvirostridae

172 Recurvirostra avosetta (Linn.); avoceta.

Unicamente de paso. Muy rara. Probablemente turquestano - mediterránea.

Una única captura de un ave herida en Santa Cruz de la Serós, el 16.04.70.

Siendo relativamente frecuente en localidades al sur de la Jacetania (Sariñena, 16.07.75 y 11.09.75; Gallocanta, 12.07.74) cabe suponer que por lo menos algunos ejemplares crucen la región en migración, descendiendo esporádicamente, como el ejemplar citado, por causas anormales como agotamiento o enfermedad.

Burhinidae

175 Burhinus oedicnemus (Linn.); Alcaraván.

¿Sedentario, nidificante?. Muy raro. Submediterráneo. Probablemente turquestano - mediterráneo.

Dos únicas capturas en la Jacetania, una en Bailo, el 27.08.76 y otra en Javierregay el 21.08.68.

Las dos capturas coinciden en los alrededores de Puente la Reina, donde se abre el valle del Aragón ofreciendo amplias llanuras, dedicadas al cultivo del cereal.

La especie es frecuente en la Depresión del Ebro, donde sin duda debe anidar (observada en Montmesa el 04.08.72 y 02.06.74 y en Ontiñena el 05.06.74). En la Jacetania los dos ejemplares capturados (dos hembras una adulta y otra joven) no coinciden con la época en que migra (BERNIS, 1.966) y cabría suponer su nidificación, a no ser que se trate de movimientos postgenerativos que aporten aves de las cercanas localidades del sur.

El análisis de un contenido gástrico ha dado por resultados:

Hembra capturada en Bailo, el 28.08.67. Buche: un acrídido de 20 mm.; un carábido de 17 mm. Molleja: un acrídido de 25 mm., otro acrídido fragmentado, abundantes fragmentos de gasterópodo, fragmentos de un coleóptero.

Laridae

185 Larus argentatus (Pont.); gaviota argentea.

Divagante esporádica. Muy rara. Neártico.

Dos observaciones, un individuo capturado en Guasa, el 01.03.70 y otro también adulto capturado en el Somport (1.631 m. s/M), el 20.07.74, totalmente agotado.

Al parecer existe una cierta divagación de esta especie tierra adentro, de tal modo que pueden observarse adultos y subadultos tanto en la Jacetania como en la Depresión del Ebro, (Sotonera, 05.06.74 y 15.08.74), pero sin regularidad en sus apariciones.

191 Larus ridibundus (Linn.); gaviota reidora.
Principalmente invernante. Frecuente. Submediterránea. Paleártica.

Nueve observaciones: una en julio, una en noviembre, tres en diciembre, dos en enero, dos en febrero y dos en marzo.

Los lugares de observación han sido: río Aragón en Jaca, Paco Mondano, Boalar de Jaca, Puente la Reina y Pardina de Samitier; río Gállego en Sabiñánigo y Pantano de la Peña.

La siempre extraordinaria abundancia de gaviotas reidoras en la Depresión del Ebro, quizás de individuos no reproductores, pero con la posibilidad de que si se reproduzcan como recientemente se ha demostrado (ARAGUES, 1.974 a y b) permite la esporádica observación estival de escasos individuos en los pantanos del sur jacetano. Sin embargo la especie es típicamente invernante, acudiendo a las corrientes fluviales ricas en pesca desde noviembre (el 22, primera observación), hasta marzo (el 18, última observación), en bandos de hasta 50 individuos que no sólo buscan el fácil alimento de los espesos cardúmenes de *Chondrostoma toxostoma* que se forman en invierno en los remansos, sino que también acuden a los campos recién arados en busca de invertebrados.

El análisis de cuatro contenidos gástricos, ha dado por resultado:

1º Ejemplar capturado en el río Aragón (Paco Mondano), el 13.01.67: restos semidigeridos de un *Chondrostoma toxostoma* de 90 mm.

2º Ejemplar capturado en el río Aragón (Paco Mondano), el 13.01.67: huesos y escamas de un pez ya digerido.

3º Macho capturado en el río Argón (pardina de Samitier), el 10.02.71: un oligoqueto de 60 mm., una larva de coleóptero, huesecillos de pez y una gran masa de unos 25 mm. de diámetro, irreconocible; escasas fibras vegetales.

4º Macho capturado en el río Aragón (Pardina de Samitier), el 10.02.71: un carábido de 10 mm., huesos de pez; escasas fibras vegetales.

A pesar del escaso número de contenidos estomacales analizados, los resultados coordinan perfectamente con las observaciones en el campo. Unicamente cabe suponer que los restos de raicillas y fibras de origen vegetal hallados, han sido ingeridos involuntariamente, junto con las presas.

COLUMBIFORMES

Columbidae
215 Columba livia (Gm.); paloma bravía.
Nidificante, ¿sedentaria?. Frecuente, pero muy localizada. Submediterráneo. Turquestano - mediterráneo.

Cuatro observaciones, en Riglos, en mayo de 1.974 y el 17.07.75 y el 04.09.75 entre Puerto de Oroel y Bernués, el 31.03.70. Otra observación en el Somontano, cerca de Huesca de un bando de unas 100 que buscaban refugio en los cerros rocosos y que podían ser ejemplares en migración.

A pesar de ser abundante en los lugares donde se hallan sus colonias, la lejanía del centro de prospección, redunda en la escasez del número de observaciones. Al parecer pueblan únicamente los murallones más meridionales de la Sierras Exteriores; un poco más al norte, —Peña Oroel y San Juan de la Peña—, se han observado excepcionalmente, sin poderse demostrar su nidificación.

La nidificación es colonial, en grietas y orificios del roquedo.

216 Columba oenas (Linn.); paloma zurita.

Nidificante, estival o principalmente estival. Poco frecuente. Del submediterráneo al montano - humedo. Europeo - turquestaní.

Doce observaciones, muy dispersas durante el año: una en febrero, marzo, abril, mayo, junio, julio, agosto y octubre y cuatro en septiembre.

Las localidades de observación han sido: Embalse de la Nava (MURRAY y GARDNER - MEDWIN, 1.948), Jaca, Boalar de Jaca, Abay, Ipas, Barós y Foces de Biniés, Lumbier y Arbayún.

Probablemente debido a la escasez de viejos árboles hendidos donde generalmente anida, la paloma zurita es escasa en la Jacetania, pudiéndosela observar un poco por todas partes, desde las Sierras Exteriores hasta la Interiores; en el Pirineo axil sólo visible durante las migraciones primaveral y otoñal.

Según los datos recogidos, falta de la región durante los meses más crudos (de noviembre a enero inclusive), siendo la primera observación el 18 de febrero, de un bando migratorio y la última el 11 de octubre, de tres individuos quizás también en migración.

Se observa notablemente más abundante en tres foces fluviales de difícil acceso: Biniés, Lumbier y Arbayún. El motivo puede ser el que anide en orificios del roquedo, pero quizás es debido a que tales lugares le ofrecen viejos árboles hendidos, ya que la dificultad de explotación de ellos permite la permanencia de viejos ejemplares arbóreos a los que muchas veces va ligada la presencia del ave.

También frecuenta, rara, los setos entre campos de cereal, siempre que tengan árboles y, abundante, bosques algo viejos (San Juan de la Peña).

Desde febrero y junto a la paloma torcaz puede observarse en migración primaveral, mientras que la otoñal da comienzo a mediados de septiembre y dura hasta octubre. Es mucho más frecuente su paso en los puertos de menor altitud de Navarra, desde el valle de Roncal, hacia el oeste (BERNIS, 1.967).

El análisis de un contenido gástrico de un ♂ capturado en Barós el 20.09.69, dio por resultado: 3 granos de trigo, pulpa de hojas de gramínea (¿trigo?), 17 semillas esféricas de 3 a 5 mm. de diámetro; piedrecillas de cuarzo. Coinciden los resultados con las demás especies de columbiformes, siempre consumidoras primarias.

217 Columba palumbus (Linn.); paloma torcaz.

Sedentaria, pero principalmente estival, nidificante. Abundante. Del submediterráneo al subalpino. Europeo - turquestaní.

Ciento cinco observaciones, distribuidas del siguiente modo: enero, 4; febrero, 7; marzo, 16; abril, 8; mayo, 12; junio, 9; julio, 13; agosto, 13; septiembre, 10; octubre, 6; noviembre, 6; diciembre, 1.

Las localidades de observación han sido: Jaca, Boalar de Jaca, Guasillo, Peña Oroel, San Juan de la Peña, Barós, Las Tiesas, Caniás, Larbesa, Abay, Castiello de Jaca y Larra.

Nidifica desde bosques de coníferas cerrados, hasta pequeños setos rodeados de cultivos, en parajes submediterráneos y hasta el subalpino.

A partir de mediados de marzo, recién acabada la migración, se instala en sus cuarteles estivales y empiezan a oírse sus cantos (primer canto oído en la Jacetania el 20 de marzo). A pesar de cantar con frecuencia, la constante observación de pequeños grupos en época de reproducción, permite pensar que éste sea fundamentalmente un método para llamar a la hembra o mantener un territorio únicamente para el nido, pero en ningún caso, a la vez, territorio de nidificación y alimentación, pues el gregarismo se mantiene durante todo el año. Esto no es de extrañar pues coincide con la mayor parte de aves que anidan en bordes de bosque y ecotonos y que hallan alimento en extensas zonas (por ejemplo cultivos) que no siendo aptos para la nidificación, sin embargo, permiten alimentarse a numerosas familias de la misma especie.

Anida en árboles, en general a unos cinco metros de altura, pero también en arbustos (hallado un nido sobre acebo, en San Juan de la Peña, a 2,5 m. de altura con restos de plumas en cañón del pollo o pollos depredados).

El nido, compuesto de ramitas leñosas, es extraordinariamente tosco, manteniendo escasamente los huevos (dos en general) en su interior. La reproducción dura hasta muy avanzado el verano.

La migración de las poblaciones noreuropeas, es muy conspicua en la región, empezando en primavera tempranamente (primer bando observado el 26 de febrero) y dura hasta la primera quincena de marzo (último bando observado el 9 de marzo); en otoño el grueso de los bandos migratorios se observa entre el 15 y el 25 de octubre, pero aun se ha observado migrando el 5 de noviembre.

La población que queda durante el invierno en la Jacetania es extraordinariamente pequeña, únicamente esporádicas observaciones de algún reducido grupo (entre una y doce, en diciembre - enero) y siempre en zonas cálidas. En San Juan de la Peña (1.222 m. s/M), ninguna observación en diciembre durante tres años, dos a partir de mediados de enero en un año de invierno especialmente benigno; al parecer trashuman en la región según la benignigdad del clima y quizás la disponibilidad del alimento. Muy cerca del Alto Aragón, en los carrascales de Puipullín, invernan en gran número (Puipullín, 13.12.74).

El análisis de tres contenidos gástricos, da los siguientes resultados:

1º Hembra capturada en Valcarlos (Navarra), el 14.11.67: Fragmentos de bellota abundantes, piedrecillas.

2º Ejemplar capturado en Valcarlos (Navarra), el 14.11.67: grandes fragmentos (de hasta 27 mm.) de bellotas, piedrecillas.

3º Hembra capturada en Las Tiesas, el 26.08.70: fragmentos de hojas, alguno de gramínea; dos gasterópodos de 1 - 2 mm.; 45 semillas no identificadas de 3,5 mm.

220 Streptopelia turtur (Linn.); tórtola (común).

Estival, nidificante. Frecuente. Submediterráneo y montano seco. Europeo - turquestaní.

Dieciocho observaciones: abril, 4; mayo, 5; junio, 2; agosto, 1; septiembre, 4. Las localidades han sido: Jaca, Boalar de Jaca, Sabiñánigo, Barós, Áscara, San Juan de la Peña, Puente la Reina, Abay, Botaya y Formigal de Tena.

No tan frecuente como en las regiones occidentales de la península, la tórtola no es un ave rara en la Jacetania. Se observa sobre todo en las llanuras de no gran altitud (una única observación en San Juan de la Peña, a 1.222 m. s/M como cota más alta de observación), y sobre todo en sotos ribereños a menos de 800 - 900 m. s/M. Dos observaciones en el Formigal de Tena (27.05.71 y 04.05.72), corresponderían a pasos migratorios.

En toda época puede verse en pequeños grupos y es de suponer que su territorialidad sea semejante a la de la paloma torcaz.

El nido es también de muy tosca construcción: un pequeño número de ramillas secas entrelazadas, formando una plataforma donde escasamente descansan los dos huevos que habitualmente pone. Un nido hallado en Santa María del Buil (Huesca), estaba situado en un enebro, a 1,75 m. de altura y contenía dos huevos de color blanco puro; las dimensiones de uno de los huevos son 32 x 23 mm.

Las migraciones de la tórtola no son llamativas en la Jacetania: se advierte un incremento de su número y sobre todo se observan en lugares más desprotegidos que los que normalmente frecuenta. La primera observación ha sido realizada el 25 de abril y la última el 15 de septiembre.

Como las otras palomas los análisis de contenidos gástricos demuestran que la familia es, por lo menos principalmente, consumidora primaria. A pesar de no tener datos en época de reproducción, el hecho de que los pollos se alimenten de la secreción producida en el buche por los padres ("leche de palomas") excusa el aporte de alimentos más ricos en proteinas durante el crecimiento de los pollos.

Cinco estómagos analizados, han dado por resultado:

1º Hembra capturada en Barós, el 04.09.69: dos granos de trigo enteros y abundantes cutículas de otros; piedrecillas.

2º Hembra capturada en Barós, el 04.09.69: abundantes cutículas (de trigo?), tres semillas esféricas de 3 mm.; piedrecillas.

3º Ejemplar capturado en Barós, el 20.09.69: fragmentos de abundantes granos de trigo, cuatro semillas esféricas de 4 - 5 mm.; piedrecillas.

4º Hembra capturada en Barós, el 20.09.69: tres granos de trigo enteros y numerosos fragmentos de otros, una semilla de 2,5 mm. no identificada; piedrecillas.

5º Hembra capturada en Jaca, el 25.04.70: abundantes semillas de 1 mm. de diámetro y tegumentos de origen vegetal; piedrecillas.

CUCULIFORMES

Cuculidae

221 Clamator glandarius (Linn.); críalo.

Estival, ¿nidificante o simplemente errático posgenerativo?. Muy raro. Submediterráneo. Etiópico.

Dos capturas de jóvenes en la Jacetania, ambas en la Canal de Berdún a unos 800 m. s/M (Ulle, 15.08.69 y Jaca, 16.08.70).

A pesar que los dos ejemplares citados son jóvenes, no puede asegurarse su puesta en la comarca, de todos modos parece muy probable; no obstante, ambos ejemplares podrían haber venido de la Depresión del Ebro, donde sin duda es más abundante (Montmesa, 02.06.74, dos juntos). De todos modos la enorme abundancia de la urraca, su huésped típico, en la Jacetania, permite suponer que, por lo menos algunos años de clima más favorable, pueda reproducirse, ya que existen numerosos enclaves cálidos donde sin duda puede habitar. Quizás la mayor dificultad en ello estribe en las tardías primaveras de la región, con no raras nevadas en marzo y abril que han de detener indudablemente el avance de los adultos que entran en España ya en febrero (BERNIS, 1.970).

El análisis del contenido gástrico de un macho joven, capturado en las proximidades de Jaca, el 16.08.70, dio por resultado: un opilión, un araneido y fragmentos de un ortóptero. El estómago estaba prácticamente vacío.

222 Cuculus canorus (Linn.); cuco.

Estival, reproductor. Frecuente. Del submediterráneo al alpino. Paleártico.

Cuarenta y una observaciones, repartidas del siguiente modo: abril, 8; mayo, 13; junio, 9; julio, 8; agosto, 3. Las localidades de observación han sido: Jaca, Boalar de Jaca, Pardina Larbesa, Asieso, Barós, San Juan de la Peña, Candanchú, Pantano de la Peña, Barranco de Culivillas e Ibón de Ip.

Observado con cierta frecuencia durante los meses estivales, el cuco habita la Jacetania desde las localidades más meridionales, hasta los prados alpinos, llegando a los 2.000 m. s/M. (Ibón de Ip. 29.07.75), tanto en bosques cerrados de quejigos, pinos u otras especies, como sotos o prados por encima del límite altitudinal forestal.

A pesar de sus costumbres escondedizas, su canto, potente y típico, lo descubre con facilidad en cualquier lugar; asimismo es fácil verlo en los bosques si el observador permanece algo escondido. De esta manera se ha observado largamente en San Juan de la Peña, alimentándose en las ramas de los pinos, pero nunca en el suelo, defendiendo con firmeza su territorio, con muy frecuentes peleas entre machos. Las hembras son más difícilmente observables, pero se han visto alguna vez, no siendo demasiado rara la forma de color rojizo (San Juan de la Peña, 16.05.72).

Dado sus hábitos parásitos, es difícil localizar la duración de su época de reproducción. Se han recogido u observado huevos únicamente durante el mes de junio y pollos volanderos, pero aún colicortos, en julio (embalse de la Peña, el 09.07.74, ibón de Ip, el 29.07.75 y Jaca, el 01.07.68).

Las especies parasitadas observadas han sido, *Troglodytes troglodytes* y *Emberiza cirlus* y, en un nido de *Turdus merula,* cogido después de haber sido depredado y dejado en el suelo del bosque, con el propósito de ser recogido posteriormente, fue puesto un huevo.

Los huevos hallados tenían todos las mismas características, siendo de color blanco sucio con moteado pardo que se va concentrando hacia el polo basal hasta formar en él una mancha casi continua en forma de corona. No se ha hallado semejanza de colorido con los huevos de la especie parasitada.

Las dimensiones y peso de los huevos son:

fecha	especie parasitada	ϕ máx.	ϕ mín.	peso
140672	*T. troglodytes*	22'60 mm.	18'00 mm.	4'2 grs.
220672	*T. merula*	23'10 "	17'80 "	3'9 "
250672	*E. cirlus*	23'72 "	17,20 "	?

En niguno de los casos, llegó a eclosionar el huevo, por lo que se desconoce el desarrollo nidícola.

Como datos de alimentación, el análisis de un contenido gástrico ha dado: ejemplar atropellado en Candanchú, el 17.04.72, mandíbulas y sedas de larvas de lepidóptero. La mucosa gástrica se hallaba recubierta de un espeso fieltro de sedas.

La llegada de los cucos, es en abril (primer canto oido el 1 de abril) y la última fecha en que se han observado ha sido el 22 de agosto. Desde la primera semana de julio, cesan los cantos totalmente.

STRIGIFORMES

Tytonidae

223 *Tyto alba* (Scop.); lechuza común.

Sedentaria y nidificante. Frecuente. Submediterráneo y montano seco. Cosmopolita.

Dieciseis observaciones: enero, 2; febrero, 2; junio, 2; julio, 1; agosto, 1; septiembre, 4; octubre, 3; diciembre, 2.

Las localidades han sido: Jaca, Ábena, Binacua, Villareal de la Canal, Santa Cilia de Jaca, Castiello de Jaca, Paquillones, Guasa, Banaguás, Puente la Reina.

Debido a sus hábitos, muy nocturnos, la lechuza común es ave difícil de observar en el campo. La mayor parte de las referencias citadas corresponden a individuos capturados a mano en pajares, bordas o desvanes, tanto en los pueblos como en el campo.

Habita los lugares submediterráneos o del montano inferior, no sobrepasando habitualmente los 900 m. s/M. en zonas de cultivos en general de cereal.

Anida en edificios abandonados o desvanes, siendo muy antropófila (cría en la ciudad de Jaca). El 18.07.70 fue colectada en Banaguás una nidada con pollos en plumón (blanco, muy espeso salvo en el disco facial). Criado en cautividad, el 11.08.70 ya tenían desarrolladas las plumas, a pesar que quedaban restos de plumón en el cuerpo.

Se plantea con esta especie un problema subespecífico de interés, entre *Tyto alba alba* y *Tyto alba guttata*.

BERNIS (1.967), VAURIE (1.965), DEMENT'EV (1.966) y otros, señalan el límite de ambas subespecies pasando por Holanda, este de Francia, Suiza, Austria, Bulgaria y Ucrania. En el este francés se señalan ya ejemplares de transición entre ambas subespecies.

En los catorce ejemplares de la colección del Centro pirenaico se observan transiciones entre ambas subespecies según el cuadro:

Pecho blanco puro con escaso moteado (ssp. *alba*)

Sexo	fecha captura
♀	100967
♂	250171

Pecho blanco puro, muchas y grandes manchas

♂	091270
♀	– 0273

Pecho canela suave, escaso moteado

Sexo	fecha captura
♀	– 0674
♂	261271
♀	040968

Pecho canela suave, muchas y grandes manchas

♀	131068
♀	050969
♂	030968

Pecho canela intenso, muchas y grandes manchas (ssp. *guttata*)

♀	210168
♂	141066
♀	120767
?	141066

Las formas intermedias según se observa, no guardan en principio relación con las diferencias sexuales que señala VAURIE (1.965) y se observa mayor abundancia de formas intermedias y de *ssp. guttata* que de *ssp. alba*.

Lo conocido sobre migraciones (BERNIS, 1.967) (o mejor dispersiones e irrupciones) de *Tyto alba* se puede resumir en dos apartados.

a) dispersiones de jóvenes del año, en todas direcciones, pero dominando las del arco NW - SW, en general de poca distancia;

b) irrupciones que también afectan principalmente a aves menores de un año y que se realizan principalmente en otoño, originadas en principio por factores tróficos (brusca disminución del número de roedores, después de una época de cría rica en alimento y que por lo tanto produce un aumento de la población de lechuzas) e independiente del clima.

Desgraciadamente la mayoría de ejemplares capturados lo son a finales de verano lo que permite pensar en individuos dispersados después de la reproducción (pero es muy grande la distancia !!) y sólo dos han sido capturados en época estival, precisamente uno intermedio y otro que en principio sería de ssp. *guttata* claramente.

Con los datos anteriormente expuestos se pueden sugerir dos posibilidades:

a) La llegada a la Jacetania de individuos intermedios y de fase *guttata*, probablemente desde el levante francés, sería muy intensa y temprana, regular a lo largo de los años y casi de tipo migración propiamente dicha.

b) La Jacetania constituiría un enclave donde conviviesen habitualmente las dos subespecies, reproduciéndose y dando abundantes formas intermedias. Esta segunda posibilidad parece la más probable.

Con respecto a la alimentación, los datos que poseo son los análisis de siete estómagos, los resultados son:

1º Hembra capturada en Villarreal de la Canal, el 11.09.67: *Crocidura russula, Apodemus sylvaticus, Pitymys sp.*

2º Ejemplar sin localidad (Jacetania), datado el 16.09.68: restos de 4 *Mus musculus*, fragmentos de paja de trigo (ingeridos accidentalmente).

3º Hembra capturada en Guasa, el 05.09.69: 1 *Sorex araneus*, 3 *Crocidura russula*, 1 *Apodemus sp.*

4º Hembra capturada en Jaca, el 02.03.70: estómago semivacío, con restos de micromamíferos inidentificables y quizás fibras de madera.

5º Hembra capturada en Quinzano (Somontano), el 19.05.70: un *Pitymys sp.*

6º Macho capturado en Puente la Reina, el 26.12.71: dos *Mus musculus*.

7º Hembra sin localidad (Jacetania) capturada el 18.10.72: estómago vacío, únicamente dos fragmentos de plumón.

Strigidae

224 Otus scops (Linn.); autillo.

Estival, nidificante. Frecuente. Submediterráneo y montano seco. Antiguo Continente.

Veintiuna observaciones, repartidas del siguiente modo: marzo, 1; abril, 3; mayo, 7; junio, 1; julio, 3; agosto, 5; septiembre, 1.

Las localidades de observación han sido: Jaca, Boalar de Jaca, Novés, Bescansa, Bergosa y Puerto de Oroel.

Fácilmente localizable por su típico canto, el autillo habita zonas deforestadas y huertos con alternancia de sotos o bosquetes e incluso simplemente frutales, que le puedan alojar en los agujeros de su tronco. A falta de orificios en árboles puede colonizar los de las tapias o paredes de casas abandonadas. La cota máxima de altitud sobre el nivel del mar oscila sobre los 1.100 m. (puerto de Oroel, Bergosa).

La puesta se debe efectuar a mediados de mayo o principios de junio. Una puesta de cinco huevos fue hallada el 24.06.68, en Caniás (huevos color blanco puro, peso medio 10,50 grs. desviación, 0,61; diámetro máximo 31,24 mm., desviación, 0,67; diámetro mínimo 26,20 mm., desviación, 0,38). Los pollos son volanderos en agosto a veces a finales de este mes.

Su llegada a la Jacetania es algo tardía, teniendo en cuenta que es migrador parcial para Europa: primer canto oído el 31 de marzo. En agosto deja definitivamente de oirse, a partir de entonces es difícil de localizar. La última cita del año está fechada en 21 de septiembre. Es esencialmente insectívoro, el análisis de tres contenidos gástricos ha dado el siguiente resultado:

1º Macho capturado en Jaca, el 20.07.69: tres dermápteros, un isópodo, numerosos fragmentos de lepidópteros heteróceros, mandíbulas de ortóptero.

2º Hembra capturada en Puerto de Oroel, el 26.05.69: 21 orugas de lepidóptero, un curculiónido de unos 8 mm. y un lepidóptero heterócero de longitud 15 mm.

3º Macho capturado en Jaca, el 09.06.70: vacío.

225 Bubo bubo (Linn.); buho real.

Sedentario y ¿nidificante?. Muy raro. Del submediterráneo al alpino. Paleártico.

Cinco observaciones, en el ibón de Lapazuzo, el 21.07.68; en el castillo de Lerés, el 09.12.69, en Osia en diciembre de 1.965, en Somanés el 28.08.68 y en Salinas de Jaca en 1.965.

Muy raro, pero repartido al parecer en la Jacetania, las localidades de observación y captura se reparten por las sierras meridionales (Osia, Salinas), Depresión Media (Lerés y Somanés) y en el Pirineo Axil, a 2.100 m. s/M. (Ibones de Lapazuzo). La escasez de la especie no ha permitido obtener más datos. Unicamente cabe suponer la trashumancia de las aves que estivan en alta montaña, hacia las zonas más bajas, lo que habría producido las dos capturas fechadas en diciembre.

226 Athene noctua (Scop.); mochuelo común.

Sedentario y nidificante. Frecuente. Submediterráneo y montano seco. Turquestano - mediterráneo.

Cuarenta y seis observaciones, repartidas estacionalmente del siguiente modo: enero, 5; febrero, 2; marzo, 3; mayo, 5; julio, 7; agosto, 7; septiembre, 3; octubre, 10; noviembre, 1; diciembre, 3.

Las localidades de observación han sido las siguientes: Navasilla, Bailo, Botaya, Atarés, Asieso, Abay, Barós, Biscarrués, Ena, Caniás, Guasa, Jaca, Ipas, Sabiñanigo, Bescansa, Áscara, Banaguás, Larbesa, Santa Cruz de la Serós y Puerto de Oroel. Todas ellas en las Sierras meridionales o en la Depresión Media.

Habita zonas deforestadas, en general cultivos con alternancia de setos y arboledas. Puede anidar en orificios de árbol, pero lo hace de preferencia en construcciones, siendo algo antropófilo. Soporta bien las poblaciones, no siendo raro en la ciudad de Jaca, en sus jardines. Su observación no es muy difícil pues, a diferencia de otras aves del mismo orden, gusta de exponerse en posaderos en pleno día, a pesar de que entonces nunca se le ha observado cazando. Asimismo su canto suena parte del año, lo que facilita su localización.

Nunca ha sido observado por encima de los 1.100 m. s/M. (puerto de Oroel, altura máxima de observación).

Es fiel a sus refugios, pudiendo observarse año tras año en el mismo lugar.

No ha sido controlado el comienzo de la nidificación, sin embargo los pollos, de remiges y rectrices cortas, pero tamaño semejante al adulto se hallan en julio (Atarés, 09.07.67; Jaca, 18.07.68; Ena, 29.07.68). A primeros de agosto, los pollos deben ser ya volanderos.

Su alimentación es básicamente insectívora, sin despreciar algún que otro micromamífero, escasos según mis datos. Es sorprendente que los estómagos analizados en diciembre y enero se presenten vacíos o semivacíos, con más abundantes restos de tierra y raicillas que su alimento habitual; esto permite pensar que su sedentarismo bastante estricto le lleva a soportar condiciones rigurosas durante los meses más desfavorables.

Los resultados del análisis de 11 contenidos gástricos han dado por resultado:

1º Ejemplar capturado en Bailo, el 23.10.66: escasos anillos quitinosos de artrópodos (diplopodo?).

2º Ejemplar capturado en Barós, el 25.10.68: 90% constituído por los restos de un *Apodemus sylvaticus*; 10% restante compuesto por abundantes forcípulas de dermáptero y 2 ó 3 tenebriónidos de 12 mm.

3º Macho capturado en Abay, el 29.12.68: Estómago casi vacío con vestigios de pelo de micromamíferos y quitina, entre los restos quitinosos dos quelíceros de araneido, un coleóptero menor de 3 mm. y restos de lepidóptero.

4º Macho capturado en Jaca, el 02.01.69: Vacío.

5º Macho capturado en Guasa, el 19.01.69: Abundantes restos terrosos, con restos de hojas paralelinervias (gramíneas?) y restos de artrópodos escasos tal como una forcípula de dermáptero, cuatro elitros de carábido de unos 5 mm. y otros restos no identificables.

6º Hembra capturada en Sabiñánigo, el 27.09.69: un opilión, un dermáptero, dos quilópodos, un estafilínido, cuatro cabezas de coleóptero, restos de un animal vermiforme irreconocible y un *Pitymys sp.*

7º Hembra capturada en el monte de Lerés, el 18.01.70: Abundantes restos de tierra y raicillas; muy escasos restos quitinosos, entre ellos un probable quelícero de araneido.

8º Hembra capturada en Berdún, el 09.06.70: escasos restos de coleópteros (carábidos y escarabeidos), una masa de 1/2 cm.³ de algo pulposo indeterminable.

9º Hembra capturada en Banaguás, el 15.08.70: fragmentos de 8 - 10 carábidos de 10 mm., tres ortópteros (*Tettigonidae*), dos orugas indeterminadas, un litobiomorfo de 24 mm. y una cabeza de odonato.

10º Macho capturado en Larbesa, el 16.08.70: tres ortópteros (*Tettigonidae*).

11º Macho capturado en Jaca, el 16.10.70: 6 grilloideos de 18 mm., fragmentos irreconocibles de otros artrópodos pequeños.

227 *Strix aluco* (Linn.); cárabo.

Sedentario y nidificante. Algo frecuente. Del submediterráneo al subalpino. Paleártico.

Treinta y dos observaciones repartidas a lo largo del año del siguiente modo: febrero, 2; marzo, 3; abril, 6; mayo, 3; junio, 3; julio, 1; agosto, 5; septiembre, 5; octubre, 1; noviembre, 1; diciembre, 2.

Las localidades de observación han sido: Jaca, Boalar de Jaca, Castiello de Jaca, Aratorés, Canfranc, Atarés, Biescas, Borau, San Juan de la Peña, Puerto de Oroel, Rodellar, Búbal y Aisa.

Son los lugares con abundante arbolado, los bosques y sus claros, donde se establece el cárabo, por todos los lugares apropiados de la Jacetania, hasta los

1.200 - 1.500 m. s/M. Por encima de esta cota no se ha hallado y quizás sean los problemas de innivación, impidiéndole hallar elimento y su sedentarismo, los responsables.

Es muy territorial y no es raro oir los cantos enfrentados de dos machos marcando los límites de sus territorios (en San Juan de la Peña oidos cantos enfrentados en mayo, junio, agosto y septiembre). Su canto se oye todo el año, incluso de día al principio de primavera (marzo, en San Juan de la Peña).

En el mencionado lugar, dos parejas mantenían territorios de unas 50 Has. comprendiendo claros de bosque y pinares con y sin matorral.

Una de las parejas establecía nido cada año (son nidofieles) en el Monasterio Nuevo, mientras que la otra, vista repetidas veces levantándose del suelo del bosque, quizás lo hacía en el mismo bosque o en el roquedo próximo al Monasterio Viejo. Muy frecuentemente se les observa de día, en zonas abrigadas, pero también al descubierto o bien incluso al sol. En estos casos es muy frecuente que aves pequeñas y medianas, les mortifiquen con pasadas amenazadoras al vuelo y gran algarabía, hasta hacerlos retirarse. El 06.06.72 en San Juan de la Peña se observaron dos parejas de *Turdus merula*, que olvidándose de su territorialidad, hicieron frente común contra el cárabo. A pesar de cazar en biotopos y muy semejantes uno de los individuos observados era de la forma gris, mientras que el segundo de la parda. En una borda próxima a Aisa, donde según noticias criaban desde hacía 6 - 8 años se halló el 14.04.70 una puesta de cuatro huevos que incubaba un adulto. Al día siguiente nacieron los pollos, que el 17.05.70 pesaban (los dos mayores) unos 330 grs. El 27.05.70 ya habían volado todos los pollos. En el mismo mes (05.03.70) volaron los pollos de un nido de El Boalar de Jaca.

El número de pollos varía: cuatro en el mencionado nido de Aisa, en San Juan de la Peña, el 08.07.73, se observaron tres pollos aún acompañando a los progenitores, mientras que en el Boalar de Jaca sólo voló uno, habiéndose hallado otro a pie de nido, muerto, el 24.04.69, probablemente caido accidentalmente ya que su aspecto y buche lleno de alimento, no permiten pensar en enfermedad o desnutrición. La muda, a partir de rémiges y rectrices recogidas en posaderos, empieza a mediados de junio, para terminar a primeros de agosto.

La alimentación, deducida de lotes de egagrópilas y estómagos, se basa principalmente en los micromamíferos, siendo a veces abundantes los insectos y escasas las aves.

Un lote de egagrópilas, sin datar, de San Juan de la Peña, dieron por resultado:

Crocidura russula	27
Sorex araneus	17
Apodemus sylvaticus	51
Mus musculus	12
Microtus agrestis	15
Pitymys sp.	18
Clethrionomis glareolus	1
Glis glis	2
Lagomorfo (juv.)	1
Turdus ¿merula?	2
Petronia petronia	
Parus major	1
Carábidos + escarabeidos	93
Cerambícidos	4
Ortópteros	1

Otro lote de egagrópilas, también sin datar, procedentes de Aratorés, dio en total:

Crocidura russula	18
Sorex araneus	5
Apodemus sylvaticus	19
Microtus agrestis	7
Pitymys sp.	4
Clethrionomis glareolus	2

El mencionado pollo, hallado muerto en el Boalar de Jaca el 24.04.69, contenía en su estómago un *Mus musculus*, un *Pitymus sp.* y un *Apodemus sylvaticus*, ingeridos enteros.

Otro cárabo atropellado en Bubal, el 11.11.75, únicamente contenía un *Apodemus sylvaticus*.

A partir de los muestreos de micromamíferos propios ralizados en San Juan de la Peña y los trabajos de VERICAD, (com. verb.) en el mismo lugar, el cárabo caza con efectividad elevada, tanto en el bosque con matorral como en las praderas de los claros. Así lo indican especies como *Clethrionomis glareolus* y *Sorex araneus* (forestales) en contraposición a *Pitymys sp.* y *Crocidura russula* (del prado).

Asimismo se comprobó la depredación de una hembra de *Parus caeruleus*, el 22.05.72 en San Juan de la Peña, sacándola de su nido en orificio de quejigo (se hallaron plumas de cárabo adosadas a la boca del orificio) y la probable destrucción de un nido de *Phoenicurus ochruros*, en una respisa del interior del Monasterio Nuevo, en el que depredó un pollo casi volandero, mientras que los progenitores y otros dos pollos quedaron ilesos.

228 *Asio otus* (Linn.); buho chico.

Sedentario y nidificante. Poco frecuente. Submediterráneo. Holoártico.

Catorce observaciones que durante el año se reparten de la siguiente manera: enero, 3; febrero, 3; marzo, 1; abril, 2; mayo, 3; noviembre, 1; diciembre, 1.

Las localidades de observación han sido: Jaca, Áscara, Abay, Puente la Reina, Samitier y Botaya.

Fundamentalmente los sotos fluviales con arboleda algo espesa y rodeados de grandes extensiones de cultivos y a altitudes inferiores a los 1.000 m. s/M., albergan a esta rapaz nocturna, de carácter tímido, que en general pasa desapercibida, pudiendo dar una idea errónea de su densidad.

Probablemente sedentaria, pero la falta de observaciones entre junio y octubre, puede permitir ponerlo en duda.

Anida en la Jacetania ocupando nidos de urraca (Áscara, 21.04.74) y corneja (Caniás, sin datar) y probablemente otras córvidas. No se han hallado puestas, pero sí pollos, que son volanderos, a finales de abril, permaneciendo aún próximos al lugar de nacimiento a mediados de mayo. De estas fechas, puede deducirse que la puesta ha de tener lugar en la Jacetania los primeros días de marzo.

Los datos recogidos de alimentación, a partir de egagrópilas o análisis de contenidos gástricos, muestran como está aún más ligado que el cárabo a los micromamíferos, siendo el tanto por ciento de roedores superior a éste y entre ellos los típicos de lugares deforestados.

Un lote de egagrópilas, recogidos a pie de nido entre abril y mayo de 1.974, en Áscara, dio el siguiente resultado:

Crocidura russula	7
Sorex araneus	6
Apodemus sylvaticus	33
Mus musculus	7

Microtus agrestis	16
Pitymys sp.	155
Clethrionomis glareolus	2
¿*Arvicola sapidus?*	1
Murinae indeterminados	1
Aves	3
Artrópodos	2

Los análisis de siete estómagos han proporcionado:

1º Ejemplar capturado en Puente la Reina, el 01.12.68: un *Regulus sp.?*, un *Pitymys duodecimcostatus*.

2º Hembra capturada cerca de Jaca, el 20.01.69: un *Apodemus sylvaticus*.

3º Hembra capturada en Samitier, el 24.01.69: un *Pitymys sp.* y un *Mus musculus*.

4º Macho capturado en Abay, el 09.02.69: tres *Pitymys sp.* y un *Mus musculus*.

5º Hembra capturada en Abay, el 09.02.69: tres *Mus musculus*.

6º Ejemplar capturado en Bescansa, el 14.12.69: vacío.

7º Ejemplar capturado en Puente la Reina, el 23.02.76: un *Apodemus sylvaticus* y un *Mus musculus*.

CAPRIMULGIFORMES

Caprimulgidae

232 *Caprimulgus ruficollis* (Temm.) chotacabras pardo.

Sólo divagante. Rarísimo. Mediterráneo.

Un único ejemplar, atropellado el 10.09.68, en las proximidades de Bailo. La época es típica de migración para la especie (BERNIS, 1.970) y no es muy explicable el por qué se hallaba al norte de su área de reproducción. No cabe la posibilidad de ser un migrante pues las escasas referencias de la especie en Francia se centran en la zona mediterránea (GÉROUDET, 1.961), pero puede tratarse de un ejemplar en dispersión postnupcial.

El análisis de su contenido estomacal dio: un ortóptero, restos de 13 lepidópteros de 15 mm. (sólo los cuerpos), un huevo de insecto, quizás perteneciente a alguna de sus presas.

233 *Caprimulgus europaeus* (Linn.); chotacabras gris.

Estival, nidificante. Frecuente. Submediterráneo y montano seco. Paleártico.

Treinta y tres observaciones: mayo, 5; junio, 6; julio, 1; agosto, 10; septiembre, 11.

Las localidades de observación han sido: Jaca, Castiello de Jaca, Villanúa, Pardina Larbesa, Puerto de Oroel, Bernués, San Juan de la Peña, Abay, Guasa, Villobas, Ruesta, Asso Veral y Sinués.

Siendo crepuscular y de canto poco llamativo, el chotacabras gris pasa fácilmente desapercibido para el observador y esto puede dar una idea equivocada de su densidad. De noche, posado en las carreteras, es donde se observa con mayor facilidad y frecuencia; deslumbrado por los faros de los automóviles, le cuesta huir a tiempo, la mortalidad producida de este modo no ha de ser nada despreciable.

Se le observa un poco por todas partes, hasta los 1.200 m. s/M y allí donde algún seto de suficiente extensión o bosquecillo le dé el necesario refugio para las nidadas y para los adultos durante el día.

Un único dato referente a la nidificación es un huevo (ovalado, casi simétrico en ambos polos, fondo blanco muy moteado de pardo y gris), perfectamente formado en el interior de una hembra, atropellada en Castiello de Jaca, el 15.06.68 (segunda puesta?).

El análisis de 19 contenidos gástricos, muestra que básicamente se alimenta de lepidópteros y coleópteros, no despreciando otros, siempre que sean de buen tamaño (tipúlidos, etc.).

La presencia de coleópteros no voladores muestra que, si bien no es lo más frecuente, también se alimenta en el suelo.

Los resultados de los análisis han sido:

1º Macho, capturado en Jaca, el 21.07.66: 16 lepidópteros heteroceros (20 a 25 mm. long.) y un coleóptero de 9 mm.

2º Macho, capturado en Ayerbe (Somontano), el 18.08.67: Masa triturada de lepidópteros.

3º Ejemplar capturado en la carretera de San Juan de la Peña, el 08.06.68: 16 escarabeidos de 14 mm. y 8 lepidópteros de 15 a 25 mm.

4º Hembra capturada en Castiello de Jaca, el 15.06.68: Masa triturada de lepidópteros heteróceros.

5º Ejemplar capturado en Villanúa, el 09.09.68: unos 10 lepidópteros heteróceros de 10 - 15 mm.

6º Ejemplar capturado en carretera Jaca - Pamplona, el 19.09.18: 4 lepidópteros heteróceros y un neuróptero.

7º Macho capturado en Caniás, el 02.08.69: fragmentos de 9 cerambícidos de 20 mm.

8º Hembra capturada en Abay, el 03.08.69: Pulpa irreconocible con fragmentos de quitina y huevos de artrópodos.

9º Hembra capturada en Jaca, el 31.08.69: fragmentos de coleópteros de 10 mm.

10º Hembra capturada en Guasa, el 04.09.69: pulpa con fragmentos quitinosos, irreconocible.

11º Hembra capturada en Abay, el 09.09.69: dos escarabeidos de 10 mm., cuatro culícidos y dos tipúlidos.

12º Ejemplar capturado en Abay, el 10.09.69: Escasos fragmentos de escarabeido, huevos de artrópodo y pulpa irreconocible.

13º Hembra capturada en Ruesta, el 11.09.69: un coleóptero de 7 mm. y numerosos huevos de artrópodo.

14º Macho capturado en San Juan de la Peña, el 30.07.70: Masa de lepidópteros semidigeridos.

15º Macho capturado en carretera Jaca - Huesca, el 09.08.70: dos escarabeidos (*Rhizotragus sp.*) y cinco cabezas de coleóptero (carábidos?).

16º Macho capturado en Oroel, el 23.08.70: masa irreconocible con un élitro de coleóptero y abundantes escamas de lepidóptero.

17º Hembra capturada entre Jaca y Bernués, el 22.05.71: tres *Amphimallon solstitialis*, 2 grandes tipúlidos, 4 lepidópteros heteróceros y resto no reconocible.

18º Macho capturado en Puente de la Reina, el 11.06.71: seis lepidópteros heteróceros, cuatro escarabeidos y un tipúlido.

19º Ejemplar capturado en San Juan de la Peña, el 23.08.71: fragmentos de unos doce lepidópteros heteróceros.

El chotacabras gris es migrador, estando fechada la primera observación tardíamente, el 15 de mayo y la última el 24 de septiembre.

APODIFORMES

Macrochires

234 Apus melba (Linn.); vencejo real.

Estival, nidificante. Algo frecuente, pero localizado. Del submediterráneo al alpino. Indoafricano.

Treinta y cinco observaciones repartidas a lo largo del año del siguiente modo: abril, 6; mayo, 5; junio, 2; julio, 8; agosto, 8; septiembre, 6.

Las localidades de observación han sido: Jaca, El Boalar de Jaca, Pardina Larbesa, San Juan de la Peña, Áscara, Foz de Biniés, Pantano de la Peña, falda del Collarada, Col de Ladrones, Circo de Cotatuero, Abay, Barós y Rodellar.

En la Jacetania se hallan colonias dispersas en los murallones rocosos, probablemente ya en el extremo sur de las Sierras Exteriores, hasta las Sierras Interiores. Algunas colonias (circo de Cotatuero) hasta los 2.000 m. s/M. Se observan volando, a gran altura y en general descubiertos por su penetrante y característico canto, un poco por toda la Jacetania. Las muy reiteradas observaciones en determinados lugares (Barós, Pantano de la Peña y Rodellar), permiten suponer la existencia de colonias próximas no citadas (respectivamente Peña Oroel, vertiente norte del Pusilibro y alguno de los lugares adecuados de la Sierra de Guara).

De hecho se conoce bastante bien la distribución pirenaica de la especie (PURROY, 1.973a), sin embargo debe pensarse que si, p. ej. en unos 15 Kms. de roquedo en San Juan de la Peña, sólo se ha hallado una colonia de 6 - 8 parejas y que en dicha colonia, en plena época de reproducción, hay días que no se observan, quedando parte de los adultos escondidos en los nidos y el resto alejados por algún motivo, es fácil que sean numerosas las colonias que no se hayan hallado. Aparte de las posibles, sugeridas más arriba, la existencia de dos colonias en los Mallos de Riglos aún no había sido mencionada.

Los pollos saltan tardíamente del nido, habiéndose visto cebar en Cotatuero el 22.08.75. Una vez han saltado del nido, los vuelos altos ruidosos en grandes bandos, sobre todo al atardecer, se hacen frecuentes. Alrededor de la colonia de San Juan de la Peña, se ha observado frecuentemente el comportamiento descrito por PURROY (1.973), de aves en vuelo rasante sobre el bosque al atardecer, hasta no poderlos distinguir por la oscuridad. En ese caso los vuelos tomaban dirección norte, obligados por el valle que se abre en dicha dirección. Al mismo tiempo sin embargo algunos otros tomaban mayores alturas, sin que se pudiera controlar por dificultades de visibilidad si tales vuelos eran análogos a los nocturnos de *Apus apus*. En las colonias de cría se oyen cantos durante toda la noche.

La especie no ha sido observada por mí antes del 17 de abril y se ha visto en laxo pero abundante paso migratorio (grupos de más de 50) por la Canal de Berdún, en el valle del Aragón entre el 20 y el 30 del mismo mes. Sin embargo PURROY (1.973a), cita la observación de 20 ejemplares en la Foz de Arbayún, ya el 3 de marzo de 1.972.

La última observación otoñal corresponde al 25 de septiembre.

235 Apus apus (Linn.); vencejo común.

Estival, nidificante. Abundante. Del submediterráneo al montano - húmedo. Paleártico.

Treinta y seis observaciones distribuidas del siguiente modo: abril, 1; mayo, 8; junio, 7; julio, 9; agosto, 10; septiembre, 1.

Anida únicamente en las poblaciones, pero puede observarse, debido a su extraordinaria condición de volador, por toda la Jacetania, cerca o lejos de los poblados y a alturas superiores a los 1.500 m. s/M.

No se tienen datos de puesta para la Jacetania, pero es desde mediados de julio a mediados de agosto cuando los pollos saltan del nido.

En numerosas ocasiones, se hallan pollos del tamaño del adulto, pero aún incapaces de volar, que saltan del nido, sobre todo en el mes de agosto; cabe la posibilidad que sean los pollos más tardíos, abandonados por los padres al empezar la migración.

La alimentación, según los contenidos gástricos de dos individuos, es:

1º Ejemplar capturado en Jaca, el 16.06.69: numerosos fragmentos de insectos entre 2 y 5 mm. Se reconocen pequeños coleópteros escarabeidos.

2º Hembra capturada en Jaca, el 16.07.69: casi vacío, una cabeza de insecto menor de 2 mm.

La llegada de los vencejos comunes en la Jacetania es tardía, la primera observación corresponde al 25 de abril, pero el grueso de la población llega durante mayo y el paso más allá de los Pirineos es frecuente en ese mes. Emigran en su mayoría en agosto, estando la última observación fechada el 1 de septiembre.

CORACIIFORMES

Alcedinidae
238 *Alcedo atthis* (Linn.); martín pescador.

Sedentario y ¿nidificante?. No raro. Del submediterráneo al montano - humedo. Antiguo Continente.

Veintitrés observaciones: enero, 1; marzo, 4; abril, 1; junio, 2; agosto, 4; septiembre, 4; octubre, 4; noviembre, 1; diciembre, 2.

Las localidades de observación han sido: río Aragón entre Villanúa y Puente la Reina y sus afluentes Gas (por Jaca) y Atarés (cerca de su confluencia) y río Gállego.

Se halla en la Jacetania en ríos de aguas limpias, en zonas con poca corriente y escasa profundidad, donde se refugian abundantes pequeños peces que constituyen su alimento y que captura en vertiginoso picado en general desde oteadero. Es desconfiado y difícil de observar, a pesar que su brillante colorido lo hace inconfundible. Al parecer prefiere las zonas de río con abundante vegetación soteña, que le provee de buenos oteadores y fácil posibilidad de ocultarse.

Es indudable que anida en la Jacetenaia, ya que las zonas que ocupa le brindan unas condiciones perfectas. El no haber referencias bibliográficas para esta zona y no haber hallado ninguna prueba irrefutable, es el motivo de que quede entre interrogantes la nidificación.

En las zonas donde se ha observado, no efectúa ningún tipo de trashumancia, pudiéndose observar durante todo el año hasta cerca de los 1.000 m. s/M.

El análisis del contenido gástrico de un ejemplar capturado en el río Gállego, el 16.12.67 dio por resultado: huesecillos de dos peces de aproximadamente 3 y 5 cm. de longitud respectivamente.

Meropidae
239 *Merops apiaster* (Linn.); abejaruco común.

Estival y nidificante. Frecuente. Submediterráneo. Turquestano - mediterráneo.

Cincuenta y dos observaciones: mayo, 13; junio, 1; julio, 2; agosto, 20; septiembre, 16.

Las localidades de observación han sido: Boalar de Jaca, Atarés, Puerto de

Oroel, Navasa, Bernués, Novés, Abay, Caniás, Áscara, Jaca, Asieso, Santa Cruz de la Serós, Guasa, Ansó, Santa Cilia de Jaca, Banaguás, Pardina Larbesa, Ipas y Valle de Hecho.

Unicamente se halla el abejaruco en lugares submediterráneos deforestados de la Depresión Media o de las Sierras Exteriores, anidando a altitudes inferiores a los 900 m. s/M.

Anida en pequeñas colonias que oscilan desde 2 - 3 hasta unas 20 parejas, aprovechando taludes de erosión, en ocasiones de poco más de 1 metro de altura. Nidos desde 50 - 60 cm. de la base del talud, hasta poco más de 20 cms. de su borde superior. Se ha observado en una colonia próxima a Abay la ocupación de los nidos de abejaruco, por *Petronia petronia* y por *Passer domesticus*.

Una puesta de cinco huevos, se halló el 15.07.61 (un huevo conservado, color blanco puro, diámetro máximo 29,4 mm. y diámetro mínimo 21,4mm.). La fecha parece excesivamente tardía, pues se ven jóvenes volanderos ya en agosto. La reproducción debe cumplirse en los meses de junio y julio (mínimo de observaciones notable).

Ambas migraciones son llamativas, en bandos abundantes que lentamente y a baja altura van pasando, posándose frecuentemente en hilos eléctricos u otros posaderos, desde donde otean sus presas.

Se han observado en mayo pasar en grandes números por los valles de Canfranc, de Hecho y de Ansó. Probablemente estos ejemplares deben cruzar el Pirineo y llegar a Francia. Sería interesante averiguar su posterior paradero. La primera fecha de llegada a la Jacetania registrada es el 5 de mayo.

Ya en agosto se reúnen en bandos divagantes por la región y abandonan sus colonias. En septiembre emigra también lentamente y la última fecha de observación ha sido el 12 de septiembre.

La alimentación, a partir del análisis del contenido de 24 estómagos se basa fundamentalmente en himenópteros y entre ellos sobre todo *Apis* y mucho más escaso *Vespa;* otros insectos, siempre voladores, son raros. Las partes duras de sus presas, las arroja en forma de egagrópilas, que, desmenuzadas, tapizan el suelo del canal de entrada del nido y probablemente la cámara de incubación. Raramente se hallan aguijones en sus presas.

Los resultados de los análisis son los siguientes:

1º Macho sin localidad, capturado el 09.08.66: únicamente *Apis*.

2º Ejemplar sin localidad, capturado el 09.08.66: entre numerososo fragmentos irreconocibles se hallan 4 *Apis* y 1 *Vespa*.

3º Ejemplar capturado en Jaca, el 28.08.67: 8 himenópteros muy triturados, al parecer dominaban los véspidos.

4º Ejemplar capturado en el Boalar de Jaca, el 07.05.68: 4 ápidos y 1 véspido.

5º Ejemplar capturado en Jaca, el 25.08.68: 4 *Vespa*, 10 *Apis*, 3 lepidópteros ropalóceros, élitros de 2 coleópteros, 1 formícido y un díptero. Algún abdomen portaba aún el aguijón.

6º Ejemplar capturado en Jaca, el 02.09.68: 1 lepidóptero heterócero, 1 *Bombus*, 2 ó 3 *Apis*.

7º Ejemplar capturado en Novés, el 02.09.68: 15 ápidos (uno con aguijón) y 1 véspido.

8º Ejemplar capturado en Bernués, el 02.09.68: un gran odonato y el resto fragmentos de ápidos.

9º Ejemplar capturado en Bernués, el 02.09.68: 12 ápidos, 1 véspido y escamas de lepidóptero.

10º Ejemplar capturado en Bernués, el 03.09.68: 15 ápidos, 1 véspido y escamas de lepidóptero.

11º Macho capturado en Caniás, el 25.05.69: fragmentos de 20 ó 25 ápidos.
12º Macho capturado en Caniás, el 25.05.68: restos de unos 12 ápidos.
13º Hembra capturada en Caniás, el 25.05.69: aproximadamente 18 ápidos.
14º Hembra capturada en Caniás, el 15.05.69: aproximadamente 18 ápidos.
15º Macho capturado en Jaca, el 07.08.69: vacío.
16º Macho capturado en Hortilluelo, el 26.08.69: escasos fragmentos de artrópodo no determinados.
17º Ejemplar capturado en Hortilluelo, el 26.08.69: 1 lepidóptero ropalócero?, 12 ó 15 ápidos y 2 véspidos.
18º Macho capturado en Atarés, el 04.09.69: fragmentos de 4 ortópteros y un coleóptero.
19º Macho capturado en Novés, el 15.05.70: abundantes *Apis* y un lepidóptero ropalócero.
20º Hembra capturada en Ansó, el 26.05.70: fragmentos de artrópodos entre los que se reconocen *Bombus*.
21º Hembra capturada en Santa Cilia de Jaca, el 26.05.70: 1 *Bombus*, fragmentos de un coleóptero y otros fragmentos no determinados.
22º Macho capturado en Artieda de Aragón, el 06.06.70: fragmentos de himenópteros entre los que se reconoce sólo un véspido.
23º Macho capturado en la Pardina Larbesa, el 23.08.70: 20 ápidos y 1 véspido.
24º Macho capturado en Araguás del Solano, el 30.08.70: numerosos himenópteros, entre ellos dos véspidos con aguijón.

Upupidae.
242 *Upupa epops* (Linn.); abubilla.

Estival y nidificante. Frecuente. Submediterráneo y montano - seco. Antiguo Continente.

Cincuenta y cuatro observaciones distribuidas del siguiente modo: febrero, 1; marzo, 9; abril, 10; mayo, 7; junio, 10; julio, 10; agosto, 6; septiembre, 1.

Las localidades han sido: Jaca, Boalar de Jaca, Pardina Larbesa, Caniás, Asieso, Guasillo, Barós, Sabiñánigo, San Juan de la Peña, Navasa, Ipas y Áscara.

En zonas deforestadas o con arbolado poco denso, submediterráneas, hasta casi los 1.500 m. s/M., pero también en claros de bosque montanos, a condición de tener próximos lugares amplios y deforestados.

Anida en orificios de árboles (en ocasiones aprovechando los viejos de pícidos como *Picus viridis*) o bien de rocas o de paredes de casas y ruinas. La puesta se realiza en mayo, naciendo los pollos en mayo (San Juan de la Peña, 1.972) o junio (huevos con embriones adelantados en Baraguás, el 06.06.69).

Se ha controlado un nido en San Juan de la Peña, el verano de 1.972, situado en el Monasterio Nuevo, a unos seis metros de altura en orificios de muro semiderruido. Se localizó el nido con dificultad a pesar de que la hembra desde la puesta del primer huevo incubó y el macho hacía continuos viajes para avituallarla, pero siempre desviando su ruta al localizar personas. Fue hallado el día 30 de mayo y habían nacido ya seis pollos y quedaban dos huevos por eclosionar (color azul verdoso liso, las medidas de uno de ellos fueron : peso, 5 grs.; diámetro máximo, 24,5 mm. y diámetro mínimo, 17,0 mm.). Pollos y huevos se hallaban sobre el fondo terroso del agujero, sin ninguna construcción. Al recogerlos para tomar medidas la madre se recogió al fondo del agujero sin querer salir.

Los pollos, muy desiguales (con edades entre cero y cinco días), tenían aún los ojos cerrados; las bocazas blancas y el interior de la boca rojo intenso, abundante plumón blanco. Ya tenían desde los más pequeños el reflejo defecatorio.

El macho aprovisionaba el nido con insectos en períodos de 4 a 7 minutos.

Al cabo de cuatro días, el mayor de ellos (unos diez días) tenía los ojos abiertos, pico y patas pigmentados de gris (antes rosa), se tenía sobre los tarsos y el abdomen, a pesar de no poder levantar la cabeza y todos sus pterilios se hallaban en cañón, mostrando el penacho un desarrollo precoz desde el primer momento.

El día 5 de junio, se notó un gran adelanto en sus mecanismos de defensa, pues no sólo emitían soplidos semejantes a los de una culebra sino que lanzaban, con admirable puntería, gran cantidad de excrementos junto con el líquido pardo de olor nauseabundo que caracteriza a pollos y hembras de esta especie cuando se hallan en el nido. Todos los cañones habían reventado, salvo los de las remiges primarias y secundarias.

Volaron todos los pollos progresivamente, entre el 22 y el 26 de junio con edades comprendidas entre los 26 y 29 días. Tres o cuatro días más tarde se halló el más joven de los pollos en el bosque de San Juan de la Peña, totalmente mojado sin poder volar, debido a la lluvia y no se observaron los padres en las cercanías.

El desarrollo nidícola presenta algunas variaciones según sean los pollos primeros en nacer o los últimos. El desarrollo del pollo mayor, desde su décimo día de vida fue el siguiente:

Día	Peso	Mano	4ª 1ª	Tarso	Pico	Rectrices
030672	39,7	17	6	18,5	14,5	3,5
050672	49,7	22	11	21,5	18,2	9
070672	61,7	24,5	20,5	23	21,5	15,5
130672	73,8	30,5	57	24	27,5	44
150672	74,4	34,5	67	24	31	51
170672	71	33	76	24	32	60
190672	71	34,5	80	24	33	70
210672	66	32,3	94	23,5	35,5	78

(peso en grs., dimensiones en mm.).

y el del pollo menor, a partir del tercer día de vida:

Día	Peso	Mano	4ª 1ª	Tarso	Pico	Rectrices
030672	7,7	8	—	7,7	8	—
050672	13,2	10	—	12	9,5	—
070672	22,9	12,5	—	16	12,5	—
090672	37,8	18,5	5	19,5	15	3,5
110672	44,7	20,6	10	22,5	18,5	7
130672	53	24,5	18	23	21	12,5
150672	55,4	27	25,5	22,5	22,5	19
170672	57	30	35,5	22	23,5	25
190672	63	31	48	22,5	24,5	32,5
210672	68	32	62	21	27,5	41,5
230672	71	30	70	22,5	28	50
250672	73	32,5	78,5	23	30,5	63

(peso en grs., dimensiones en mm.).

Los adultos presentan las siguientes dimensiones:

Ala (mano+4ª 1ª)	Tarso	4ª 1ª	Rectrices	Pico	Peso
148,2 (8)	23,6 (8)	115,2 (7)	100,9 (7)	54,6 (7)	69,3 (4)

(peso en grs., dimensiones en mm.; entre paréntesis se indica el número de individuos medidos).

La alimentación, a partir de análisis de seis contenidos gástricos, ha dado por resultado:

1º Macho capturado en Jaca, el 08.08.66: forcípulas de un dermáptero y élitros, cabezas y tórax de coleópteros.

2º Ejemplar capturado en Jaca, el 10.08.60: restos de 7 carábidos de 12 mm.

3º Macho capturado en Jaca, el 15.08.66: 20 ninfas de díptero y 25 ó 30 larvas de díptero.

4º Ejemplar capturado en Jaca, el 08.07.67: un carábido de 25 mm., una ninfa de díptero y abundantes restos de artrópodos no identificables.

5º Ejemplar capturado en Jaca, el 04.06.69: un araneido grande, fragmentado, restos de paja de gramínea (ingeridos accidentalmente?).

6º Macho, hallado muerto en Embún, el 12.05.72: dos cabezas y fragmentos de élitros de carábidos.

Las abubillas llegan tempranamente a la Jacetania, la primera fecha de observación es el 27 de febrero, aunque la mayor parte llegan en el mes de marzo y se van en agosto casi en su totalidad, habiéndose observado, como fecha más tardía un ejemplar el día 12 de septiembre.

PICIFORMES

Picidae.
243 *Jynx torquilla* (Linn.); torcecuello.

Estival, nidificante. Poco frecuente. Submediterráneo. Paleártico.

Catorce observaciones: abril, 3; mayo, 5; junio, 1; julio, 2; agosto, 1; septiembre, 2.

Las localidades de observación han sido: Jaca, Guasillo, Abay, Áscara, Barós, Ipas, Pardina Larbesa, San Juan de la Peña y Embalse de la Nava.

Más atlántico centroeuropeo que otros pícidos, el torcecuello penetra en la Jacetania a bajas altitudes (criando, sólo en la Depresión Media, a unos 800 m. s/M) siguiendo las formaciones en galería de los caducifolios de los setos fluviales y, excepcionalmente, en huertas de regadío con frutales. Invierna, por lo menos ocasionalmente en la Depresión Íbera (Binefar, un ejemplar de un bando numeroso choca contra el radiador de un coche el 30.12.71).

Anida en orificios de árboles, y en las proximidades de Jaca, se han hallado huevos en nido ya el 22 de mayo.

Son, según parece, esencialmente mirmecófagos, un análisis de contenido gástrico, ha dado: Hembra capturada en Jaca, el 21.06.68: abundantes hormigas adultas y una larva de ellas.

Ave de pequeño tamaño y colores muy crípticos, pasa fácilmente desapercibida, a no ser por su típico canto. El primer registro primaveral de torcecuello, es en 12 de abril, estando fechada la última cita el 15 de septiembre. En paso otoñal se ha observado una vez a 1.200 m. s/M. en San Juan de la Peña, el 15.09.72.

244   *Picus viridis* (Linn.); pito real.

Sedentario y nidificante. Frecuente. Del submediterráneo al subalpino. Europeo.

Ciento treinta y seis observaciones, que a lo largo del año se distribuyen del siguiente modo: enero, 13; febrero, 10; marzo, 19; abril, 6; mayo, 8; junio, 15; julio, 14; agosto, 14; septiembre, 13; octubre, 10; noviembre, 8 y diciembre, 6.

Las localidades de observación han sido: Jaca, Barós, Araguás del Solano, Batiellas, Asieso, Guasillo, Oroel, Larbesa, Guasa, Novés, Boalar de Jaca, San Julián de Basa, Jasa, San Juan de la Peña, Ena, Abay, Ipas y Banaguás.

En cualquier lugar de la Jacetania, por debajo de los 2.000 m. s/M. y siempre que haya algún árbol de grosor suficiente para establecer su nido, puede vivir el pito real, pícido que, como el anterior, es esencialmente terrestre, con el único requerimiento de los árboles para nidificar.

Se puede hallar, desde los muy estepizados cultivos cereales de la Canal de Berdún, hasta los densos pinares musgosos de las sierras o en los bosques de *Pinus uncinata* (PURROY, 1.974); anidando tanto en un frutal o chopo de soto fluvial, como en los más viejos pinos que ya comienzan a hendirse por la edad o bien que han integrado ramas muertas hacia el interior de su tronco debido al crecimiento; zonas que son especialmente buscadas por esta especie, ya que la madera dura y sobre todo las secreciones resinosas le impiden anidar en otro lugar de los pinos.

La puesta se verifica en abril sin duda, habiendo ya pollos en mayo y junio (Jasa, cinco pollos con cañones reventados el 04.06.70). En San Juan de la Peña (26.05.72) se observó el intento de una pareja de *Parus major* de establecer nido colocando grandes cantidades de musgo sobre los huevos o pollos de un nido a unos 10 m. de altura en un pino. Al día siguiente el musgo se hallaba al pie del nido y su funcionamiento continuaba, no observándose en los alrededores a los *Parus major*.

A mediados de junio (Guasa, 16.06.69 y Ena, 05.06.72) los pollos tienen un tamaño de 3/4 del adulto, faltando por finalizar el desarrollo de remeras y rectrices.

En otros casos en junio ya vuelan los pollos (Barós, 10.06.69, un adulto con dos pollos), pero es general que lo hagan en julio (San Juan de la Peña, 14.07.72, adulto con tres o cuatro pollos).

El territorio calculado para *Picus viridis*, es de aproximadamente 22,6 Has. que marcan con su canto, audible todo el año.

Es sedentario, aunque quizás trashume de los territorios que se hallan a mayor altura de 1.500 m. s/M. a causa de la innivación prolongada, pudiendo dar los siguientes datos de abundancia, en número medio de animales vistos cada mes en una transección de 4.155 m. (referidos a 500 m. y en San Juan de la Peña a 1.222 m. s/M).

E	F	M	A	M	J	Jl	A	S	O	N	D
0,16	0,10	0,13	0,04	0,10	0,12	0,14	0,06	0,09	0,07	0,02	0,04

Su alimentación es muy especializada, alimentándose fundamentalmente de hormigas que captura en el suelo, excavando pequeños hoyos en las entradas de los hormigueros que se establecen en tierra o bien removiendo la pinaza en los hormigueros formados por acumulación de ésta (hormigas forestales, como *Formica gr. rufa*). Dichos trabajos los emprende sobre todo en invierno, ya que en verano, debido a la actividad de los insectos, su accesibilidad es mayor. Esta especialización, al revés que en otros casos, le permite ser sedentario.

La alimentación, a partir de análisis de contenidos gástricos, da el resultado mencionado. Aparecen en escasa cantidad otros artrópodos y, curiosamente, un *Nummulites* y un bivalvo fósiles! y una piedrecilla.

1º Ejemplar capturado en Jaca, el 14.08.66: 100% hormigas adultas y dos ninfas.

2º Hembra capturada en Asieso, el 22.10.66: 100% hormigas adultas.

3º Macho capturado en Rapitán, el 21.11.66: 100% hormigas adultas.

4º Macho capturado en Araguás del Solano, el 14.11.67: 100% hormigas adultas.

5º Ejemplar capturado en Barós, el 25.10.69: abundantes fragmentos de quitina de pequeños insectos no reconocidos.

6º Ejemplar sin localidad, capturado el 30.11.68: un homóptero de 6 mm. y otro de 10 mm. y otros restos de homóptero. Arena.

7º Macho capturado en Novés, el 17.08.70: 100% hormigas adultas con alguna ninfa.

8º Hembra capturada en Pardina Larbesa, el 23.08.70: 100% hormigas.

9º Ejemplar capturado en Jaca, el 17.09.70: 100% hormigas y un coleóptero de 11 mm.

10º Macho capturado en Jaca, el 16.10.70: dos orugas de 12 mm.; 25 hormigas y una masa de materia no determinable.

11º Macho hallado muerto en San Julián de Basa, el 02.03.71: 98% hormigas, más dos semillas de 2 mm., un *Nummulites*, un fragmento de bivalvo fósil y una piedrecilla.

12º Macho capturado en Jaca, el 08.01.72: Muy abundantes hormigas y restos de élitro de coleóptero y otros escasos restos quitinosos no identificados.

13º Hembra capturada en Araguás del Solano, el 20.09.72: 100% hormigas y muy escasas piedrecillas.

245 *Dryocopus martius* (Linn.); pito negro.

Sedentario y nidificante. Raro. Del montano seco al subalpino. Paleártico.

Veintiocho observaciones: febrero, 6; marzo, 3; mayo, 5; junio, 3; agosto, 1; septiembre, 2; octubre, 3; noviembre, 2; diciembre, 3.

Las localidades de observación han sido Las Tiesas, Villanúa, San Juan de la Peña, Larra, Peña Oroel y Selva de Oza.

Dos son los requerimientos que necesita la especie y que la limitan a su distribución actual. El primero trófico, ya que necesita grandes cantidades de madera muerta para disponer a lo largo del año de suficiente cantidad de larvas de insectos xilófagos en cuya búsqueda está especializado. En principio sólo los bosques muy maduros le pueden proveer de alimento, pero como contradicción, las talas por entresaca de los bosques, tienen un efecto parecido y coloniza dichos lugares aprovechando los tocones resultantes y demás madera muerta. El segundo requerimiento es disponer de árboles, no resinosos (VERHEYEN, 1.946) y cuyo grosor sea el suficiente como para poder albergar su gran nido (profundidad, 40 cm., anchura, 20 cm., según VERHEYEN, 1.946) quizás se podría añadir un tercer factor que sería la tranquilidad del lugar, ya que a pesar de ser un ave no muy esquiva, parece que selecciona los lugares poco frecuentados por el hombre.

El territorio ocupado por cada pareja, en San Juan de la Peña, se ha calculado en 106 Has. Las manifestaciones de celo (determinados cantos, redobles) comienzan a principios de marzo (San Juan de la Peña, 03.03.72) y el canto típico de proximidad al nido se oyó el 27 de marzo en el mencionado lugar. En febrero se han observado disputas entre machos (Peña Oroel).

Es muy sedentario, ocupando su territorio todo el año, en San Juan de la Peña.

Al parecer su alimentación se compone fundamentalmente de insectos xilófagos que obtiene destrozando los tocones o troncos de árboles muertos. Se le ha observado trabajando las raíces que partían de un tocón y quedaban, aunque muy someramente, enterradas.

El resultado de dos análisis de contenidos gástricos ha dado por resultado:

1º Hembra capturada en el Monte de Sasal, el 15.12.69: fragmentos de madera muy descompuesta y alas y fragmentos quitinosos de insecto.

2º Macho capturado en Villanúa, el 20.12.70: una larva de díptero braquícero (*Erinnidae*) y 14 larvas de coleóptero (*Cerambicidae*) de 35 mm.

246 Dendrocopos major (Linn.); pico picapinos.

Sedentario, nidificante. Algo frecuente. Del submediterráneo al subalpino. Paleártico.

Ochenta observaciones, repartidas del siguiente modo: enero, 6; febrero, 8; marzo, 11; abril, 4; mayo, 4; junio, 4; julio, 11; agosto, 6; septiembre, 6; octubre, 6; noviembre, 8; diciembre, 6.

Las localidades de observación han sido: Las Batiellas, San Juan de la Peña, Boalar de Jaca, Peña Oroel, embalse de la Nava, Selva de Oza, Monte Sayerri, Arguisal y Lasieso.

Puede observarse en bosques y arboledas de cualquier tipo, desde pequeñas choperas en la parte más meridional de la Jacetania (La Nava, 11.12.74), hasta el límite altitudinal de los bosques pirenaicos. Sin embargo, los pinares entre ellos el típico pinar musgoso (*Pinus sylvestris*) parecen los biotopos más favorables y es allí donde pueden observarse con mayor frecuencia.

Desde febrero se oyen los redobles, señal de celo y territorialidad (territorios en San Juan de la Peña, de 14,3 Has.).

Aún en mayo se observan parejas efectuando juegos y persecuciones y probablemente en dicho mes ponen. En junio se hallan pollos plumados con cañones (Monte Sayerri, nido con dos pollos a 4 m. del suelo en tronco de *Pinus uncinata*, orientado al SE, el 25.06.70). Los pollos saltan del nido en julio (San Juan de la Peña, 14.07.72 y 03.07.74) y muy pronto, en septiembre, son abandonados a su suerte por los padres, viéndose los jóvenes siempre solos (ya en agosto pueden observarse pollos solitarios en San Juan de la Peña).

La muda a juzgar por plumas halladas en el bosque, sobreviene en septiembre (San Juan de la Peña, 09.09.71).

Es muy sedentario, por lo menos a alturas medias como puede ser San Juan de la Peña (1.222 m s/M.) donde se obtienen los siguientes datos de abundancia relativa calculados mediante un transecto de 4.155 m. (datos expresados en número de contactos cada 500 m.).

E	F	M	A	M	J	Jl	A	S	O	N	D
0,44	0,23	0,23	0,25	0,09	0,18	0,38	0,17	0,09	0,33	0,23	0,20

Los mínimos primaveral y otoñal coinciden con la incubación y la muda; sin embargo algunas observaciones, en lugares atípicos, como son los cultivos de almendros (Arguisal, 10.05.72, La Nava, 11.12.74), pueden tener relación con trashumancias invernales tróficas, ya que la especie es tanto consumidora primaria como de nivel trófico superior.

La alimentación, como se menciona anteriormente, se basa fundamentalmente en piñones, que extrae de las piñas mediante la siguiente técnica: el ave se cuelga del extremo de una rama, de forma semejante a los páridos y a picotazos y no sin trabajo separa un cono de la rama, transportándolo cogido con el pico a otro árbol donde lo encastra, en una ranura hecha por él, en la corteza, por su parte basal. Seguidamente rompe las escamas, extrayendo los piñones. También se han hallado almendras en los estómagos y sin relación con la época del año, aparecen diversos artrópodos en mayor o menor cantidad, probablemente según la oportunidad que halla el animal en encontrarlos.

Los análisis de siete contenidos gástricos han dado:

1º Hembra capturada en Las Batiellas, el 19.01.69: 2 larvas de cerambícidos (2%), fragmentos de piñón (98%).

2º Macho capturado en Sayerri, el 25.06.70: más de cien escolítidos (*Ips sexdentatus*) y epidermis de larvas de insecto no determinadas.

3º Hembra capturada en Sayerri, el 25.06.70: piñones y fragmentos de ellos (95%) y fragmentos de insecto no identificados (5%).

4º Hembra capturada en Lasieso, el 01.11.71: cabezas de 18 curculiónidos y un formícido (80%) y piñones (20%).

5º Macho capturado en Arguisal, el 10.05.72: fragmentos de almendra (95%) y 6 quelíceros de araneido, una larva de insecto de 5 mm. y otros fragmentos de artrópodos no reconocibles (5%).

248 *Dendrocopos leucotos* (Bechst.); pico dorsiblanco.

¿Sedentario y nidificante?. Muy raro y localizado. Montano - húmedo. Paleártico.

Todas las citas de que dispongo son bibliográficas: Parque de Ordesa, el 15 de julio de 1.961, quizás en Selva de Oza, el 19 de julio de 1.960 (ARAGÜÉS, 1.969a) y en Valle de Labati, el 16 de diciembre de 1.970 (PURROY, 1.970).

BERNIS *et al.* (1.966) consideran que su biotopo preferente es el hayedo con algo de abeto, muy maduro y con gran cantidad de madera muerta en el suelo, a partir de sus observaciones en Navarra.

PURROY (1.970) recopila las observaciones y capturas en ambas vertientes de los Pirineos. Más localidades se hallan en la vertiente norte, donde abundan los bosques caducifolios por estar el clima más influido por el Atlántico.

En su erratismo invernal, PURROY (1.970), lo halla en una ocasión fuera de su residencia habitual, en el pinar musgoso del valle de Labati (16.12.70).

Al parecer en España no se ha demostrado que nidifique y en la Jacetania, los escasos ejemplares vistos podrían tratarse de erráticos, desde Navarra o el Pirineo francés.

PASSERES

Alaudidae.

254 *Galerida theklae* (Brehm.); cogujada montesina.

Sedentaria y nidificante. Abundante. Submediterráneo. Mediterráneo.

Nueve observaciones, febrero, 1; mayo, 1; septiembre, 3; octubre, 2; noviembre, 1; diciembre, 1.

Los lugares de observación han sido los siguientes: Banaguás, Abay, Novés, Villareal de la Canal, Ipas y embalse de la Nava.

A pesar de su abundancia, anteriormente mencionada, el número de datos es escaso ya que el reconocimiento en el campo es difícil de verificar con certeza debido a que la especie es muy parecida a su congénere G. *cristata*.

Al parecer ocupa, abundante y sedentaria, las zonas desertizadas, dedicadas a cultivos de cereal de la Jacetania, desde el límite inferior de los valles pirenaicos hasta el valle del Ebro (incluido), donde ya se mezclan ambas especies (Sotonera, 23.02.73; Sariñena, 16.07.75). En verano se observa por parejas, bastante gárrulas, defendiendo sus territorios con cantos ya en vuelo espiral o desde el suelo e incluso matorrales, mientras que en invierno es, en ocasiones, gregaria.

No se ha pretendido en ningún caso reconocer a la especie en el campo por observación y sí por el reclamo distintivo emitido al arrancar en sus vuelos generalmente. También se han determinado según tres caracteres, dimensión de primera remige primaria, longitud del pico y colorido de infracobertoras alares (BERNIS, 1.965 y GÉROUDET, 1.961) cinco ejemplares de *Galerida* de la colección del Centro pirenaico, resultando todas ellas G. *theklae*. Es indudable que el problema merece mayor atención, pero parece que se puede concluir definitivamente que es la cogujada montesina la que coloniza la Jacetania, siendo G. *cristata* especie muy rara o bien ausente. Quizás el clima continentalizado de la Jacetania, es más próximo al xeromediterrráneo norteafricano e ibérico suroriental en que vive esta especie, que al eumediterráneo y centroeuropeo que selecciona su congénere.

La alimentación, según los datos de cuatro análisis de contenidos gástricos (todos ellos fuera de la época de reproducción) se basa en semillas, con un aporte constante de artrópodos. Los resultados han sido:

1º Macho capturado en Novés, el 17.09.70: abundantes semillas de 1 - 2 mm. de diámetro, tres granos de trigo (80%); un acrídido de 12 mm. (20%). Piedrecillas.

2º Hembra, capturada en Mesones de Isuela (Zaragoza), el 27.10.70; semillas de gramínea de 1 - 2 mm. (100%). Vestigios de quitina y piedrecillas.

3º Macho, capturado en Mesones de Isuela (Zaragoza), el 27.10.70; semillas de gramínea de 1 - 2 mm. (75%); fragmentos de artrópodos, entre los que se distinguen 4 formícidos de 6 mm. (25%). Piedrecillas.

4º Macho, capturado en Villareal de la Canal, restos de vegetales sin identificar (95%); fragmentos de coleóptero (5%). Piedrecillas.

255 *Lullula arborea* (Linn.); totovía.

Sedentario y nidificante. Abundante. Submediterráneo. Europeo.

Treinta y una observaciones repartidas del siguiente modo a lo largo del año: febrero, 1; marzo, 6; abril, 1; mayo, 1; junio, 1; julio, 4; agosto, 7; septiembre, 6; octubre, 2; noviembre, 2.

Las localidades de observación han sido: Abay, Oroel, Asieso, Barós, El Boalar de Jaca, Jaca, Ipas, Navasa, Larbesa, Banaguás y Villanúa.

Al igual que la especie anterior, frecuenta los lugares deforestados, en especial los cultivos de cereales, en altitudes inferiores a los 1.000 m. s/M.

Es sedentario, pero su número decrece considerablemente en los meses invernales, ya que como otras aves muy terrícolas, la nieve, impidiéndoles el acceso al alimento, es un fuerte obstáculo para su supervivencia.

A partir de marzo comienza a oirse su canto de celo, en general al vuelo. La nidificación se prolonga hasta julio (Villanúa, cerca de la cueva de las Guijas, nido en el suelo, próximo a mata de *Genista scorpius*, con 4 pollos de dos días, el 28.07. 63). Es frecuente observar grupos familiares con pollos escasamente volanderos aun en agosto.

Pollos casi desnudos con plumón gris, comisuras amarillas y boca anaranjada.

El nido excavado en el suelo, cerca de alguna mata se rellena de hojas de gramínea y musgo. En el caso concreto antes citado, las raíces de la aliaga, bajo las que se había excavado parte del nido, lo protegían formando una media bóveda.

Fuera de la época de reproducción, es muy gregario, viéndose bandos de varios centenares recorrer los rastrojos (quizás invernantes foráneos o en paso).

No se han obtenido datos de su alimentación.

256 Alauda arvensis (Linn.); alonda común.

Sedentaria y nidificante. Abundante. Del submediterráneo al alpino. Paleártico.

Treinta y siete observaciones, que se reparten a lo largo del año del siguiente modo: enero, 1; febrero, 3; marzo, 9; abril, 3; mayo, 3; junio, 6; julio, 4; septiembre, 1; octubre, 1; noviembre, 1; diciembre, 5.

Las localidades de observación han sido: Ibones de Ip y de Culivillas, Formigal de Tena, Asieso, Guasillo, Peña Oroel, Pardina de Lardiés, Barós, Bernués, San Juan de la Peña, Pardina Larbesa, Banaguás, Jaca, Novés, Caniás, Ipas y Navasa.

Especie ubiquista en la altitud, está federada a las zonas deforestadas, con cultivos o prados naturales desde el Somontano hasta los prados alpinos (observada por encima de los 2.000 m. s/M. en Ip, el 25.10.67 y en Ibón de Culivillas, el 22.07.68).

Desde los primeros días de marzo se oye su canto, en vuelo y con descensos "en paracaídas", deshaciéndose los bandos invernales, para pasar a ser territoriales hasta julio - agosto. Los bandos invernales cuentan en general con 25 - 50 individuos.

Permanece todo el año en la Jacetania y no son apreciables flujos migratorios de origen o destino más norteño ni en primavera ni en otoño.

Su alimentación es básicamente de origen vegetal, a partir de los datos de únicamente cuatro análisis de contenido gástrico. Son los siguientes:

1º Ejemplar capturado en las proximidades del río Gállego, en provincia de Zaragoza (sin más datos): abundantes semillas esféricas de 1 mm. de diámetro y piedrecillas.

2º Ejemplar capturado en Banaguás, el 04.06.69: escasos fragmentos de un coleóptero.

3º Ejemplar capturado en Jaca, el 22.09.69: diversas semillas (95%), fragmentos de coleópteros (curculiónidos y otros) (5%). Piedrecillas.

4º Macho capturado en Novés, el 17.09.70: tres granos de trigo y diversas semillas de 1 - 2 mm. (90%), restos quitinosos de artrópodos (10%). Piedrecillas.

Hirundinidae

259 Hirundo rustica (Linn.); golondrina común.

Estival, nidificante. Abundante. Del submediterráneo al montano - húmedo. Holoártico.

Setenta y siete observaciones repartidas del siguiente modo a lo largo del año: marzo, 4; abril, 7; mayo, 15; junio, 3; julio, 12; agosto, 9; septiembre, 22; octubre, 5.

Las localidades de observación han sido: Jaca, Atarés, Banaguás, Asieso, Pardina Larbesa, Boalar de Jaca, Candanchú, Barós, San Juan de la Peña, Ipas, Bernués, Puerto de Oroel, Santa Cruz de la Serós, Abay, Rodellar y Puente la Reina.

Especie antropófila y poco ligada a un paisaje determinado, dado que es esencialmente aérea, se ha observado desde las zonas más mediterráneas, hasta los 1.200 m. s/M., (San Juan de la Peña), tanto en lugares deforestados como en pequeños claros de bosque donde hay habitaciones humanas, cazando ora sobre prados y cultivos, ora sobre bosques y matorrales.

Anida en las casas, bajo aleros, cuadras, porches, graneros, etc. pegando el nido preferentemente en lugares en los que algún saliente le da una base de apoyo. Diversas leyendas hacen que la especie sea protegida en la región, no siendo raro que se claven herraduras en las vigas para que construyan nido apoyado en ellas. Anidan tardiamente, poniendo a primeros de junio al nivel de Jaca (822 m. s/M.) y en la última decena del mismo mes en San Juan de la Peña (1.200 m. s/M.).

Los pollos son volanderos a mediados o a finales de julio, según la altitud y puede haber una segunda puesta prolongándose hasta finales de agosto o septiembre.

Un nido controlado, en San Juan de la Peña, contenía cuatro huevos, de color blanco puro, que eclosionaron el 8 ó 9 de julio de 1.973. Los pollos al nacer tenían comisuras blancas, «paladar» amarillo pálido y plumón de color gris - pardo en cabeza, dorso y alas. Al cabo de tres días, apuntaban los cañones del dorso y dos días más tarde los restantes. El día 27 ya comenzaron a saltar del nido y una escapó, sin embargo al parecer regresaban al nido, por lo menos por las noches.

El desarrollo de los pollos, dió las siguientes medias de peso y dimensiones:

Fecha	Peso	Pico	Tarso	Mano	Cúbito	4ª 1ª	Rec. ext.	Rec. int.	Nº pollos
090773	1,67	3,12	4,32	6,17	6,05				4
120773	4,45	4,12	7,35	9,12	8,87				4
140773	9,32	5,05	9,67	12,67	13,50	2,62			4
160773	11,80	5,95	10,55	15,87	17,10	8,05		3,12	4
180773	14,72	6,50	10,82	21,02	19,75	16,77	8,00	6,45	4
210773	20,57	8,30	11,50	22,87	24,60	36,75	19,50	16,57	4
230773	21,22	8,62	11,07	24,67	25,42	46,70	26,32	24,17	4
250773	19,75	8,42	11,20	22,50	26,35	56,85	33,42	29,50	4
270773	18,50	8,50	10,83	24,66	26,50	64,66	39,50	33,66	3

(peso en grs., dimensiones en mm.).

Las dimensiones de los adultos son:

A la mano + 4ª 1ª)	Tarso	Cúbito	Pico	4ª 1ª	Rec. ext.	Peso
127,0 (4)	11,4 (4)	26,4 (4)	8,6 (4)	87,9 (4)	88,8 (3)	18,0 (4)

(peso en grs., dimensiones en mm.; entre paréntesis se indica el número de individuos que compone la muestra).

Se observa que las dimensiones son semejantes a las de los adultos, siendo mucho menor el desarrollo de las plumas y mayor el peso, que va descendiendo en los últimos días antes de volar.

La especie es estival y sus pasos, sobre todo el otoñal es muy conspicuo. La primera observación en la Jacetania se ha realizado el 19 de marzo, la última el 21 de octubre. La llegada primaveral es sobre todo notable en abril, mientras que se observan bandos en otoño desde finales de agosto y prácticamente todo septiembre y octubre. El paso postnupcial es lento, no siendo raro que pollos aún pedigüeños migren junto a sus padres.

Sobre alimentación, el resultado de un único análisis de contenido gástrico, ha dado:

Ejemplar capturado en Pardina Larbesa, el 16.09.68: abundantes restos quitinosos, entre los que se determinan numerosos estafilinidos de 4 mm. de longitud.

261 Delichon urbica (Linn.); avión común.

Estival y nidificante. Abundante. Del mediterráneo al alpino. Paleártico.

Sesenta y siete observaciones: abril, 5; mayo, 5; junio, 6; julio, 15; agosto, 17; septiembre, 17; octubre, 2.

Las localidades de observación han sido: Yebra de Basa, Rodellar, San Juan de la Peña, Jaca, Boalar de Jaca, Barós, Leire, Ipas, Pardina Larbesa, Abay, El Portalet, Formigal de Tena, Rioseta, Tobazo, Tortiellas, Col de Ladrones, Ibones de Ip y de Piedrafita, Panticosa, Balneario de Panticosa, circo de Cotatuero y valle de Pineta.

Además observan esta especie ARAGUÉS (1.961a) en Hospital de Benasque y VAN IMPE (1.971) en el Monasterio de Leire.

Especie ubiquista altitudinal, anida, independiente del paisaje, en toda la Jacetania, hasta por lo menos los 1.800 m. s/M., siempre que existan edificios o roquedos donde establecer su nido y cazando a distintas alturas sobre prados, bosques o cualquier otro biotopo.

A diferencia de la golondrina común, establece sus nidos muy altos, bajo aleros de altos edificios o bajo cornisas en roquedos, en ocasiones a más de 100 m. de altura sobre el pie de ellos, aunque en ocasiones raras construye nidos bajos (Yebra de Basa, 26.06.66).

Evita los pequeños pueblos de edificios en general poco altos, para seleccionar las ciudades y sobre todo los roquedos donde pueden hallarse colonias de varios centenares de parejas (San Juan de la Peña) muchas veces en compañía de *Hirundo rupestris* y *Apus melba*. Así mismo caza, junto con los demás hirundínidos y apodiformes, sin que al parecer hayan competencias entre ellos.

Se han observado pollos en nido el 26.06.66 en Yebra de Basa, el 30.07.65 en Panticosa y el 14.06.69 en San Juan de la Peña.

Llegan a la Jacetania en abril (el 3, primera observación) y emigran a finales de agosto y todo septiembre, quedando algunos rezagados en octubre (última observación el 27 de octubre).

El análisis de un contenido gástrico ha dado por resultado:

Ejemplar capturado en Zaragoza, el 13.06.69: fragmentos de insectos menores a 5 mm. entre los que se reconocen diversos coleópteros y hemípteros.

262 Ptinoprogne rupestris (Scop.); avión roquero.

Estival (¿sedentario?) y nidificante. Frecuente pero localizado. Del submediterráneo al alpino. Paleo - xeromontano.

Treinta y siete observaciones, repartidas a lo largo del año del siguiente modo: febrero, 2; marzo, 11; abril, 6; mayo, 3; julio, 4; agosto, 7; septiembre, 4.

Las localidades de observación han sido: Panticosa, Áscara, Jaca, San Juan de la Peña, Boalar de Jaca, Leire, Sallent de Gállego, Bernués, Pantano de Pineta, Añisclo, Oroel, Asieso, Col de Ladrones, Circo de Cotatuero, Foz de Biniés, Riglos y Rodellar.

Además lo citan VAN IMPE (1.971) y HERRERA (1.973).

Distribución semejante a la de *D. urbica*, pero en general evita anidar en edificios a pesar de haber varias excepciones (VAN IMPE, 1.971 y HERRERA, 1.973) y observarse con frecuencia, en la primavera, muy aquerenciado a los nidos de esa especie en las ciudades (Jaca). Es capaz de establecer colonias en muy pequeñas peñas y de anidar a alturas de escasamente 2,5 m., ambas cosas no aceptadas por el avión común. Sin embargo muchas localidades cubren los requerimientos de las dos especies y crían juntas (San Juan de la Peña, Monasterio de Leire), mucho más abundante *D. urbica* en general y a veces asociados con *Apus apus, A. melba* o *Hirundo rustica.*

Los nidos, abiertos en su parte superior, al igual que los de la golondrina común, se disponen en zonas abrigadas del roquedo, bajo extraplomos, en cuevas o grietas y su borde superior queda muy próximo al techo de manera que escasamente puede introducirse la mano en su interior.

A pesar de su temprana llegada a la Jacetania la nidificación se retrasa notablemente y se hallan pollos en nido a mediados de agosto (Panticosa, 13.08.68) e incluso en septiembre (Foz de Biniés, 03.09.75).

Migrador parcial en la Península Ibérica, en la Jacetania es puramente estival; llegando los primeros a finales de febrero (el 23, primera observación), para marcharse en septiembre (el 22, última observación). Sin embargo en la zona sur de la Jacetania, en los abrigados valles de las Sierras Exteriores, es bastante verosímil que inverne, no habiéndose podido comprobar por ser escasas las prospecciones en tales lugares.

263 Riparia riparia (Linn.); avión zapador.

Estival y nidificante. Poco frecuente y localizado. Submediterráneo. Holoártico.

Diecinueve observaciones, repartidas del siguiente modo: marzo, 1; abril, 3; mayo, 1; junio, 3; julio, 2; agosto, 5; septiembre, 4.

Las localidades de observación han sido el río Aragón en su confluencia con barranco Castetillo y frente al Boalar de Jaca; Valle de Hecho y solano del monte Rapitán.

Además están citado el 30.03.47, en Tiermas (MURRAY y GARDNER-MEDWIN, 1.948) y en el embalse de La Nava el 10 y 11.04.58 (MURRAY y col. 1.959).

Se halla esta especie no muy frecuente y localizada a lo largo de los ríos principales donde establece, en los márgenes de tierra cortadas a pico sobre la corriente, pequeñas colonias de 8 - 15 nidos.

Dos colonias conocidas en el río Aragón, distan entre sí unos 7 Kms. y ambas están orientadas hacia el sur, situándose en cortados que se elevan poco más de un metro y medio sobre el nivel del agua.

Las primeras observaciones son en marzo (16.03.74 en Rapitán y 30.03.47 en Tiermas), pero deben tratarse de aves de paso hacia localidades más norteñas (BERNIS, 1.971), ya que la actividad en las colonias se observa a partir de mediados de abril.

Las últimas observaciones se han efectuado en los primeros días de septiembre, siendo la última fecha de observación el día 3 de dicho mes.

Muscicapidae

264 Muscicapa striata (Pall.); papamoscas gris.

Estival y nidificante. Algo frecuente. Del submediterráneo al montano - húmedo. Europeo - turquestaní.

Treinta y dos observaciones repartidas a lo largo del año del siguiente modo: mayo, 7; junio, 1; julio, 2; agosto, 14; septiembre, 8.

Las localidades de observación han sido: Jaca, Boalar de Jaca, Asieso, Guasillo, Pardina Larbesa, Abay, Barós, Ipas, Aratorés y San Juan de la Peña.

Muy abundante en época de emigración, sobre todo en su paso otoñal, puede entonces observarse un poco por todas partes, en setos, sotos fluviales, pinares y en general allí donde tenga posaderos y suficiente visibilidad para otear sus presas. En cambio durante la nidificación es escaso y ello unido a sus colores y canto muy poco llamativo, hace que pase muchas veces desapercibido.

Se le ha observado anidando en jardines y bosques, a partir de primeros de junio hasta primeros de agosto, es casi seguro que deben hacer dos nidadas al año, pero en numerosas ocasiones los nidos son depredados, tratándose de nidadas de reposición. Sobre tres nidos hallados en San Juan de la Peña, dos fueron depredados entre el tercero y el quinto día, a partir del nacimiento de los pollos y solo el tercero tuvo éxito hasta que las crias volaron. Las puestas de reposición son muy rápidas, una pareja, cuyo nido fue depredado el 23.06.73 en San Juan de la Peña, volvía a tener pollos recién nacidos el 14.07.73.

Construyen los nidos a poca altura sobre el suelo (1,40; 1,96; 3,20 y 3,50 m.), de los cinco hallados, dos estaban situados en el ángulo entre una rama baja de pino, rota y el tronco, otro apoyado entre el tronco de un rosal y un muro, el cuarto en el extremo del tronco desmochado de un acebo y el quinto en repisa de cuevecilla con vegetación, en el acantilado próximo al Monasterio Viejo de San Juan de la Peña. En general, están poco escondidos pero son muy crípticos debido a los materiales que utilizan (exterior de musgo y líquenes), cazoleta con fibras vegetales, gramíneas secas (hojas y tallos) y según los nidos a veces lana de oveja, alguna pluma, etc.). Las dimensiones de dos nidos fueron: diámetro externo 10 x 9 cm. y 13 cm., altura total, 7 cm. y 9 cm., diámetro de la cubeta 5,5 x 6 cm. y 6,5 cm., profundidad de la cazoleta 3 cm. y 3,5 cm. Forma en general ovalada debido a que se apoyan siempre en algún lugar lateralmente.

Principalmente incuba la hembra, siendo avituallada por el macho.

El desarrollo medio de los pollos de un nido, dio los siguientes datos:

Fecha	Peso	Pico	Tarso	Ala	Cúbito	Cuarta primaria	Rect.	N° de pollos
250772	2,10	3,70	5,03	6,53	5,96			3
270772	4,23	5,26	7,23	9,16	7,50			3
290772	7,86	7,13	11,16	12,76	12,50	2,86		3
310772	11,16	8,73	13,66	14,56	17,26	11,66	1,50	3
020872	13,06	9,03	14,83	16,76	20,10	21,33	6,00	3
040872	13,80	10,80	15,6	17,5	23,8	34,8	16	1

Desarrollo nidícola de *Muscicapa striata* (peso en grs. dimensiones en mm.).

Un adulto dio las dimensiones siguientes:

Ala (mano + 4ª 1ª)	Tarso	Cúbito	Pico	4ª 1ª	Rec.	Peso
86,5 mm.	16 mm.	24 mm.	13 mm.	67,5 mm.	60,5 mm.	16 grs.

De los tres nidos controlados en San Juan de la Peña, dos contenían cuatro huevos y el tercero cinco. Los huevos son de color blanco grisáceo, moteado con manchas grandes rojizas.

Los pollos al nacer tienen escaso plumón, color gris perla, en cabeza, dorso y alas. Las comisuras son de color marfil y el interior de la boca amarillo. El quinto día ya abren los ojos y tienen todos los pterilios en cañón, salvo remeras y sus coberteras. Al cabo de dos días más revientan todos los cañones, incluso las remiges. A los once días vuelan.

Los padres se muestran agresivos con quienes tocan los pollos, sobre todo los últimos días del desarrollo, lanzándose en picado desde las ramas altas de los árboles del entorno, mientras se medía la nidada, para remontar pocos centímetros antes de alcanzar nuestras cabezas.

Llegan a la Jacetania en mayo (día 1, primera observación), en gran número, de los cuales pocos quedan en la región.

La migración postnupcial comienza a mediados de agosto, con un brusco incremento de la población, habiéndose observado, como última fecha el 15 de septiembre.

265 *Ficedula hypoleuca* (Pall.); papamoscas cerrojillo.

¿Raro, nidificante?, abundante de paso. Frecuente en paso primaveral, muy abundante en el otoñal. ¿Subalpino?. Europeo.

Cuarenta y nueve observaciones, una en marzo, cuatro en abril, cinco en mayo, diecinueve el agosto y veinte en septiembre.

Las localidades de observación han sido: Jaca, Banaguás, Caniás, Boalar de Jaca, San Juan de la Peña, Puerto de Oroel, Hoz de Jaca, Ipas, Valle de Ordesa, Barós, Guasa, Asieso, Pardina Larbesa, Abay, Sayerri.

Además MURRAY (1.959), cita una observación en el embalse de la Nava, el día 11.04.58.

Especie de pasos lentos y muy conspicuos, que invade la Jacetania en primavera y otoño, en la mayor parte de los biotopos, ya sean sotos fluviales, setos, jardines o bosques de diversas especies, hasta el límite altitudinal del arbolado (Ordesa, 22.08.75).

El paso primaveral se extiende largamente en el tiempo, pero el número de individuos es menor. La primera observación primaveral, está datada en 30 de marzo y la última el 18 de mayo.

El paso otoñal más corto, acumula gran cantidad de aves de esta especie, sobre todo cerca de los arbustos que entonces fructifican. El primer individuo observado, fue el 12 de agosto y el último el 24 de septiembre.

En el monte de Sayerri, el 23.08.67, se observó una hembra cebando pollos, lo que nos hace suponer la posible nidificación en la comarca (com. verb. E. BALCELLS).

Sólo poseemos datos alimentarios del paso otoñal y se observa como una porción no despreciable de la alimentación se basa en materias vegetales.

Los resultados de los análisis de contenidos gástricos han sido:

1º Ejemplar capturado en Jaca, el 16.09.67: escasos restos de dos hormigas, dos élitros de coleóptero de 1,5 mm. y dos cabezas de homóptero. Más abundantes restos de pequeños frutos no identificados y un fruto de *Cornus sanguinea*.

2º Ejemplar capturado en Jaca, el 16.09.67: restos de 14 pequeños frutos sin identificar, dos frutos de *Cornus sanguinea*, un araneido de 1,5 mm. un curculiónido de 3 mm., un homóptero de 4 mm. y una larva de insecto de 10 mm.

3º Ejemplar capturado en Jaca, el 19.09.67: dos semillas de *Rubus sp.*, tres coleópteros de 3 mm., fragmentos de un gran acrídido y más de 100 huevos de insecto.

4º Ejemplar capturado en Jaca, el 19.09.67: un fruto de *Cornus sanguinea*, siete formícidos, un curculiónido.

5º Ejemplar capturado en Jaca, el 19.09.67: un coleóptero de 4 mm. y otros restos de artrópodos no identificados.

6º Macho capturado en Jaca, el 19.09.67: abundantes restos vegetales no determinados y escasos fragmentos de formícidos y coleópteros.

7º Ejemplar capturado en Jaca, el 19.09.67: dos semillas de *Rubus sp.*, dos formícidos alados, fragmentos de otros insectos, entre ellos formícidos, curculiónidos y quizás dípteros.

8º Ejemplar capturado el 22.09.67: un fruto de *Cornus sanguinea*, un curculiónido de 4 mm., un heteróptero de 6,5 mm., un coccinélido de 3 mm., otros restos fragmentados de coleóptero y quizás homópteros.

9º Ejemplar capturado en Jaca, el 22.09.67: fragmentos de coleóptero.

10º Hembra capturada en Jaca, el 22.09.67: cuatro curculiónidos de 2 mm., ocho coleópteros (¿tenebriónidos?), tres alas de dos insectos (¿tipúlidos?), pequeños fragmentos de élitros de coleóptero.

11º Ejemplar capturado en Jaca, el 04.09.68: un fruto de *Cornus sanguinea*, una semilla de *Sambucus sp.*, tres curculiónidos de 2 mm., forcípulas de un dermáptero, dos himenópteros (uno de ellos formícido).

12º Macho capturado en Jaca, el 06.09.69: dos forcípulas de dermáptero, una cabeza de formícido, abundantes fragmentos quitinosos no determinables.

13º Macho capturado en Navasa, el 15.09.70: abundantes fragmentos de formícidos, algún coleóptero y pulpa de frutos irreconocibles.

268 Regulus regulus (Linn.); reyezuelo sencillo.

Sedentario y reproductor. Frecuente. Del montano humedo al subalpino. Paleártico.

Veintiuna observaciones: cinco en enero, cuatro en febrero, cinco en marzo, una en abril, una en junio, una en octubre, cuatro en diciembre.

Las localidades de observación han sido: umbría de Peña Oroel, Boalar de Jaca, San Juan de la Peña, Larra, Panticosa (Balneario), Castiello de Jaca.

El habitat preferencial de esta especie, son los bosques subalpinos de *Pinus uncinata*, hasta el límite del arbolado, pero también puede hallarse, quizás nidificando en los abetales (Oroel a 1.500 m. s/M el 20.04.76), y un individuo (quizás una pareja), permaneció todo el verano de 1.973, en canto de celo en el pinar de *Pinus sylvestris* de San Juan de la Peña, a 1.222 m. s/M. quizás la cota más baja en los Pirineos para esta especie en época estival.

De diciembre a marzo incluidos se expande en altitudes menores (hasta los 800 m. s/M en el Boalar de Jaca) y en ocasiones apartado de los bosques de acicufolios (bosques de quejigo, con escasa mezcla de pino silvestre en El Boalar de Jaca, el 20.02.70, 02.03.70, 15.02.72) en bandos mono o poliespecíficos (con *R. ignicapillus* y los páridos habituales en los bandos erráticos invernales). Quizás estos bandos invernales reúnan no sólo reyezuelos sencillos pirenaicos, sino que puede que parte de ellos sean de origen centroeuropeo.

Convive en época de reproducción, sin que se haya observado ninguna competencia con *Regulus ignicapillus*, variando la dominancia de cada especie con la altitud, reservándose el reyezuelo sencillo las cotas más elevadas.

Es al parecer muy insectívoro, aún en época invernal, buscando entre ramas, líquenes y cortezas su alimento. Un análisis de contenido gástrico dio por resultado:

Ejemplar capturado en San Juan del la Peña y el 07.02.72: coleópteros, entre los que se identifican 10 cabezas de curculiónidos, cuatro cabezas quizás de carábido y otra cabeza y dos coleópteros enteros no identificados; siete orugas de insecto y dos cabezas de homóptero.

269 Regulus ignicapillus (Temm.); reyezuelo listado.
Sedentario y nidificante. Abundante. Del submediterráneo al subalpino. Holoártico.

Ochenta y una observaciones, repartidas a lo largo del año del siguiente modo: enero, dos; febrero, cuatro; marzo, nueve; abril, ocho; mayo, ocho; junio, cuatro; julio, diez; agosto, siete; septiembre, diez; octubre, ocho; noviembre, cuatro; diciembre, siete.

Las localidades de observación han sido: Jaca, El Boalar de Jaca, Peña Oroel, San Juan de la Peña, Aratorés, Canfranc y Castiello de Jaca.

Entre los 800 y los 1.500 m. s/M. en los bosques de *Pinus sylvestris*, pero también en los de *Abies alba*, se halla el óptimo de nidificación del reyezuelo listado. Fuera de los mencionados límites, puede hallársele también, pero disminuyendo su densidad. En invierno en cambio tiende a abandonar los niveles más altos invadiendo un poco por todas partes los niveles bajos hasta las localidades más mediterráneas, sin estar necesariamente en contacto con aciculifolios, pudiéndosele ver en setos, bujedos, carrascales, jardines, etc.

Los pinares de San Juan de la Peña, a 1.222 m. s/M., presentan una densidad de nidificación elevada. En el bosque con matorral de *Ilex aquifolium* anidan 8,89 parejas en 10 Has. y en el bosque sin dicho matorral, la media es de 5,55 parejas por 10 Has. Al parecer el matorral influye en la densidad de nidificantes, lo que no es extraño teniendo en cuenta que es una especie que explota abundantemente los estratos arbustivos del bosque y que en ellos establece con frecuencia sus nidos.

Desde marzo comienzan a oírse cantos de celo y en abril las parejas se acantonan. La primera nidificación debe realizarse desde la primera quincena de mayo ya que, pollos recién saltados del nido se observaron el 13.06.73. Los nidos más tardíos se encuentran a finales de julio, saltado pollos del nido hasta mediados de agosto.

Cuatro nidos hallados estaban a 1,32; 1,50; 2,20 y 3,20 m. sobre el suelo, tres de ellos sobre boj y el tercero sobre acebo. El material del recipiente exterior se compone de musgo y líquenes trenzados y unidos con seda de insecto; este último material predomina en el fino trenzado que une el nido a los tallos de los que pende. El interior se recubre de plumas en número diverso (reconocidas plumas de *Turdus merula* en uno de los nidos). Las dimensiones, de dos de los nidos ya que los otros estaban deformados, son:

Diámetro externo 7,5 y 8 cm.; altura total 8 y 9 cm.; diámetro interno 4 y 4 cm., profundidad de la cazoleta 3,8 y 5,5, cms.

Al nacer los pollos tienen escaso plumón gris claro en la cabeza y las comisuras de color blanco marfil. El desarrollo de una nidada dio los siguientes resultados:

Fecha	Peso	Pico	Tarso	Mano	Cúbito	4ª	1ª	Rect.	Nº pollos
310772	0,6	2,60	3,65	3,70	4,25				2
020872	1,35	2,85	5,35	5,25	4,95				2
040872	2,2	3,90	7,85	7,60	6,90				2
060872	3,6	4,60	10,60	9,60	8,85	1,75	1		2
080872	4,7	5,1	13,1	10,35	10,65	6	1,6		2
100872	5,9	5,35	15,5	10,75	11,25	11	4		2
120872	6,25	5,8	17,25	11	13,75	14,65	7,75		2

(peso en grs., dimensiones en mm.).

Desgraciadamente, una fuerte tormenta mató a los dos pollos en el nido, sin poder terminar su desarrollo. Las medias de las dimensiones de adultos, pueden dar idea del estado en que murieron y de los días que les faltaban para volar.

Ala (mano + 4ª 1ª)	Tarso	Cúbito	Pico	4ª 1ª	Rec.	Peso
52,5 (6)	16,6 (5)	19,5 (4)	8,5 (1)	40,7 (4)	35 (4)	5,8 (6)

(peso en grs., dimensiones en mm.; entre paréntesis se indica el número de individuos que componen la muestra).

La muda, a partir de cuatro ejemplares capturados en muda de coberteras, se desarrolla en agosto y septiembre.

A excepción de los adultos en época de reproducción, los reyezuelos son gregarios, formando bandos uni o poliespecíficos, que se observan desde julio (San Juan de la Peña, 20.07.72), hasta la época de reproducción. Dichos bandos reúnen las siguientes especies en múltiples combinaciones: *Regulus regulus, R.ignicapillus, Parus ater, P. caeruleus. P. major, Parus cristatus, Aegithalos caudatus, Phylloscopus collybita, Ph.bonelli, Certhia brachydactyla* y *Sitta europaea*.

La alimentación, a partir de cuatro análisis de contenidos gástricos, es al parecer puramente invertebratófaga y la fina trituración de las presas,, hace difícil su reconocimiento. Los resultados de dichos análisis han sido:

1º Ejemplar capturado en el Boalar de Jaca, el 24.10.67: Numerosos fragmentos quitinosos, dos himenópteros de 3 - 4 mm. y muchas alas de otros, élitros de coleóptero de 2 mm.

2º Ejemplar capturado en San Juan de la Peña, el 21.10.71: Finísimos fragmentos de quitina y puestas de artrópodo.

3º Ejemplar capturado en San Juan de la Peña, el 21.10.71: Finísimos fragmentos de quitina y una cabeza menor de 1 mm. de curculiónido.

4º Ejemplar capturado en San Juan de la Peña, el 11.11.71: Finísimos fragmentos irreconocibles de pequeños artrópodos.

270 *Phylloscopus collybita* (Vieill.); mosquitero común.

Sedentario, pero muy principalmente estival. Frecuente. Del submediterráneo al montano húmedo. Paleártico.

Setenta y dos observaciones, con la siguiente distribución anual: enero, uno; febrero, uno; marzo, diez; abril, siete; mayo, siete; junio, seis; julio, nueve; agosto, trece; septiembre, ocho; octubre, siete; noviembre, dos; diciembre, uno.

Las localidades de observación han sido: Jaca, Boalar de Jaca, Asieso, Abay, Banaguás, Pardina Larbesa, Aratorés, San Juan de la Peña y Peña Oroel.

Las zonas claras de los bosques, desde los quejigales submediterráneos y pinares y abetales montanos, hasta los sotos fluviales ricos en arbolado y siempre que tengan abundante matorral, hasta los 1.500 m. s/M., son los lugares que elige el mosquitero común para anidar. Fuera de la época de reproducción se extiende un poco por todas partes (bosques sin matorral, setos y sotos), acompañando a los bandos mixtos de aves forestales, otras veces solos o en pequeños grupos menos específicos y descendiendo a zonas más cálidas a medida que avanza el invierno, hasta quedar reducida la población a muy escasos ejemplares refugiados en los lugares más cálidos (y quizás también sólo durante los inviernos más benignos) y a orillas de ríos, donde en compañía de lavanderas y bisbitas, recorre la línea de las aguas buscando un alimento anfibio. De este modo es únicamente sedentario en los lugares más cálidos y de menor altitud aumentando su densidad invernal en el

Somontano, a expensas de las poblaciones pirenaicas. En San Juan de la Peña, únicamente se observa entre marzo - abril y octubre - noviembre.

A pesar de ser muy arbóreo, sobre todo en época de reproducción y en el aspecto trófico, precisa de matorrales donde edificar su nido. Lo confirma el hecho siguiente: en San Juan de la Peña, en una parcela de pinar con sotobosque de acebo, la densidad calculada durante los años 1.972 y 1.973 fue de 4,45 parejas cada 10 Has., mientras que en otra parcela cercana, sin sotobosque no existía la especie, estando sustituída por la congenérica *Ph. bonelli*.

Así como en los sotos y bosques de la canal de Berdún se oyen únicamente, en época de reproducción, cantos de la subespecie peninsular *Phylloscopus collybita ibericus* (Ticehurst), por el contrario en San Juan de la Peña a 1.222 m. s/M. predomina la subespecie tipo *Phylloscopus c. collybita* (Vieill), quedando separados los cantones de las dos subespecies (de tal modo que sí hay competencia entre ambas).

A partir de abril se escucha frecuentemente su canto de celo a 800 m. s/M. y en mayo a 1.222 m. s/M. (en San Juan de la Peña). En dicho lugar el 15.06.73, los pollos estaban ya a punto de saltar de un nido, mientras que en la misma localidad, los huevos de otro nido eclosionan el 21.06.73. Teniendo en cuenta que la incubación dura 13 (14) días y que permanecen los pollos en el nido 14 (15) días (WITHERBY, 1.965) las puestas en ambos nidos datarían del 19 de mayo y del 8 de junio respectivamente, quizás el segundo nido sería de reposición.

Los 5 huevos del segundo nido mencionado eclosionaron todos: los pollos tienen al nacer escaso plumón en la cabeza y sobre los húmeros, de color gris perla, las comisuras y el interior de la boca amarillos. El desarrollo no se pudo completar, pues los pollos fueron depredados al cabo de seis días de nacer.

Las tres series de dimensiones que pudieron tomarse son las siguientes:

Fecha	Peso	Pico	Tarso	Mano	Cúbito	4ª 1ª	Rect.	Nº pollos
210673	1,42	3,20	2,25	6,05	5,50			4
230673	2,55	4,47	8,62	8,35	7,82	0,57		4
250673	4,67	5,25	12,47	11,25	10,70	5,37	0,5	4

(peso en grs., dimensiones en mm.).

Cabe destacar la prematura aparición del plumaje, debido sin duda a la apatía de los machos en cebar tanto a la hembra incubando, como después a los pollos (GÉROUDET, 1.957), la cual implica que queden, desde el mismo momento de nacer, descubiertos durante frecuentes lapsos de tiempo.

Las dimensiones finales que alcanzan los adultos son:

Ala (mano + 4ª 1ª)	Tarso	Cúbito	Pico	4ª 1ª	Rec.	Peso
62,4 (8)	19,4 (4)	17,1 (4)	9,6 (4)	47,1 (4)	45,1 (4)	7,8 (9)

(peso en grs., dimensiones en mm.; entre paréntesis número de individuos que componen la muestra).

Los dos nidos hallados estaban situados a 24 y 35 cm. del suelo, el uno en una maraña de *Rubus sp.* y el otro en la base también enmarañada de un *Ilex aquifolium*. Son subesféricos, con una amplia entrada ovalada horizontal. El exterior está recubierto de hojas de los caducifolios que se hallan en las proximidades (en los casos mencionados), el uno tenía hojas de *Populus tremula* y el otro de *Tilia, Fagus* y *Acer*. Seguidamente hay un entramado de gramíneas secas y el interior se halla recubierto de pelo o plumas (en los nidos mencionados uno tenía únicamente pelo y el otro sólo plumas de *Columba palumbus, Erithacus rubecula, Turdus merula* y otras no reconocidas); el diámetro exterior era 13 y 15 x 12 cms., diámetro interior 7 x 6 y 7,5 x 6,5 cms. y la entrada 7 x 4,5 cms. en uno de ellos, mientras que en el otro estaba deformada y no se pudo medir.

Un único análisis de contenido gástrico dio el siguiente resultado:

Ejemplar capturado en Jaca, el 27.09.67: Muy triturados restos de insecto entre los que se reconocen un curculiónido y un carábido.

271 *Phylloscopus trochilus* (Linn.); mosquitero musical.

Unicamente de paso. ¿Raro?. Paleártico.

Dos ejemplares capturados en las proximidades de Jaca el 11.09.68 y el 17.09.68; una observación en el Boalar de Jaca el 18.09.75. Además MURRAY y GARDNER (1.958) lo observan en Torla.

El paso de mosquiteros en la Jacetania, tanto en primavera como en otoño, es conspicuo; sin embargo las aves en tal época no producen más sonidos que escasos reclamos poco determinantes y dada la escasa seguridad que dan las observaciones visuales, el número de citas específicas es reducido. No sólo puede ser, la especie a que nos referimos, francamente abundante en sus pasos, sino que por lo menos otra especie, *Ph. sibilatrix*, debe pasar por la región en elevado número.

Según nuestros datos, el paso primaveral se da en abril y el otoñal en septiembre.

272 *Phylloscopus bonelli* (Vieill.); mosquitero papialbo.

Estival nidificante. Algo frecuente. Submediterráneo y montano - seco. Europeo.

Veintiocho observaciones repartidas del siguiente modo a lo largo del año: abril, dos; mayo, cuatro; junio, cinco; julio, diez; agosto, cinco; septiembre, uno; octubre, uno.

Las localidades de observación han sido: Jaca, Boalar de Jaca, Campo de Troya, San Juan de la Peña y Aratorés.

Bosques de diversas especies, desde los quejigales y pinares montanos, hasta los pinares de *Pinus uncinata* subalpinos.

En San Juan de la Peña, elige para anidar los pinares de *Pinus sylvestris* sin sotobosque, mientras que en los que lo hay, nidifica *Phylloscopus collybita*. No parece que sea ése su biotopo preferencial, siendo ave muy mediterránea. Su densidad es por lo tanto muy débil, no habiéndose reproducido en el mencionado lugar en 1.972; en 1.973 lo hizo con densidad de 1,58 parejas en 10 Has.

Establecen nido a finales de mayo o en junio (en San Juan de la Peña, a 1.222 m. s/M.) en el interior de un orificio excavado bajo el mantillo o la vegetación herbácea. Un nido en la localidad mencionada se halló bajo una mata de gramíneas y era esférico, construído con musgo y gramíneas secas y con un diámetro interno de 5,5 cms.

El día 16.06.73, de los cinco huevos que contenía el nido habían eclosionado dos. Los pollos tenían las comisuras y el interior de la boca de color amarillo y escaso plumón de color gris claro en la cabeza, dorso y alas. El día 20.06.73 comenzaron a abrir los ojos. El día 22 habían perdido el plumón del dorso y los cañones comenzaban a reventar. El mismo día un pollo había desaparecido y otro se hallaba cerca del nido, con el cuello en parte comido; la pequeña herida del cuello parecía ser debida a un roedor de escasa talla. Los restantes pollos llegaron a término perfectamente. El desarrollo completo fue el siguiente:

Fecha	Peso	Pico	Tarso	Mano	Cúbito	4ª 1ª	Rect.	Nº pollos
160673	1,07	2,50	4,85	5,50	4,75			2
180673	2,51	3,87	7,02	7,17	6,62			4
200673	3,95	5,47	11,37	10,80	10,15	3,82		4
220673	5,70	5,93	14,16	12,86	12,16	9,06	2,03	3
250673	8,83	7,13	18,23	14,83	15,36	21,76	8,60	3
270673	8,43	7,83	19,26	15,66	16,26	29,33	13,53	3

(Peso en grs., dimensiones en mm.).

No se han capturado ejemplares adultos, las dimensiones de ellos, a partir de GÉROUDET (1.957) son:
Ala (mano + 4ª 1ª) 62 − 67 mm. (♂) ó 57 − 62 mm. (♀); cola 45 − 46 mm.; pico 9 − 10 mm.; tarso 19 − 20 mm.; peso 7 − 8 grs.

Después de la reproducción se une a los bandos poliespecíficos de páridos y otras aves, hasta el momento de la migración (San Juan de la Peña 20.08.71 y 02.09.71).

La primera observación primaveral es el 20 de abril. En septiembre las observaciones devienen raras y la última observación otoñal está datada el 10 de octubre.

272 *Phylloscopus sibilatrix* (Bechst.); mosquitero silbador.

¿Estival y nidificante?. Muy raro. Montano - húmedo. Europeo.

Sobre esta especie únicamente conocemos la cita de HERRERA (1974), que lo halla nidificando (sin hallar el nido y sin escuchar el canto de celo) en las proximidades del Pueyo de Jaca.

274 *Cisticola juncidis* (Raf.); buitrón.

¿Sedentario y reproductor?. ¿Raro?. Indoafricano.

Observado en la Jacetania en Abay el 01.11.73, en Botaya en septiembre de 1.972 y en el pantano de la Peña el 17.07.75.

Cerca de la Jacetania, en el Somontano y Monegros, se ha observado en el embalse de la Sotonera el 23.02.74 y en las lagunas de Sariñena el 11.09.75, el 16.07.75 y el 14.12.74.

La especie queda indudablemente mal conocida y merece mayor atención futura. Al parecer ha colonizado no sólo escasos carrizales jacetanos, sino que también puebla, en algunos lugares, trigales, según se ha observado en las proximidades del embalse de Yesa en julio de 1.975 (J.G. FOUARGE, com. verb.). En Botaya y Abay se ha visto sobre rastrojos y alfalfares en septiembre de 1.972 y el 10.11.73 respectivamente. Aparte de ello, los escasos carrizales jacetanos (como en el embalse de la Peña), tienen en verano una pequeña población de esa especie y deben reproducirse en ellos indudablemente a pesar que no se haya comprobado. Su sedentarismo queda en duda y no sería de extrañar que trashumasen hacia el llano del Ebro durante los meses más crudos.

276 *Sylvia borin* (Bodd.); curruca mosquitera.

Estival y nidificante. Algo frecuente. Del submediterráneo al montano - húmedo. Europeo.

Cuarenta observaciones, distribuidas a lo largo del año del siguiente modo: mayo, tres; junio, cinco; julio, trece; agosto, diez; septiembre, nueve.

Las localidades de observación han sido: Jaca, San Juan de la Peña, embalse de Pineta, Ipas, Larbesa, Peña Oroel, Barós, Abay, Bernués y Boalar de Jaca.

Además MURRAY y GARDNER (1.958) citan su paso en Tiermas el 04.04.47.

Habita en espesas superficies de matorral, independientemente de la existencia de arbolado. Puede pues hallarse en setos, sotos fluviales, bosques con diverso grado de matorral, desde los subvuelos densos y altos, hasta pequeñas manchas de *Rubus sp*.

Es difícil de observar, por su conducta escondediza, pero su canto y sobre todo su alarma permiten su exacta localización.

En San Juan de la Peña, su densidad de nidificación varió sensiblemente en los años que fue estudiada, siendo en el bosque con matorral en 1.972 de 4,23 parejas cada 10 Has., y en 1.973 sólo 1,27. De manera inversa varió en el bosque con más escaso matorral, desde 1,58 parejas cada 10 Has. en 1.972 a 2,38 en 1.973. Quizás el rápido crecimiento de las marañas de *Rubus sp*, en la segunda parcela, permitió una mayor densidad de la especie.

Existen como en la mayor parte de especies, diferencias en la época de reproducción según la altitud del lugar. Así, se han hallado grupos familiares con pollos recién saltados del nido en Jaca (800 m. s/M.) el 16..07.75 y el 27.07.75, mientras que en San Juan de la Peña el único nido encontrado se vació en fecha posterior al 06.08.73 y una hembra de otro nido no descubierto acarreaba cebo pequeño hacia el nido el 27.07.72.

Durante la construcción del nido, son extraordinariamente esquivos y la proximidad del observador al nido en construcción hizo que se abandonaran dos nidos comenzados y sólo se terminó el tercero, vigilada su construcción desde una distancia prudencial. Dos nidos, el referido y otro ya abandonado se hallaban construídos en matas de *Rubus sp*,; el material era básicamente gramíneas secas trenzadas y la unión al matorral estaba hecha con restos de seda de artrópodos. La altura sobre el suelo siempre pequeña: 76 y 43 cms. y las dimensiones del mejor conservado de los dos eran: diámetro mayor 7 cms., altura total 6,5 cms., diámetro de la cazoleta 6 cms., profundidad de la cazoleta 4 cms. El aspecto del nido en general, como en otras especies del mismo género, es un tanto grosero, poco acabado y protegido, correspondiendo a la nidificación en la época más cálida.

El número de huevos (de color blanco grisáceo con abundantes manchas pardo amarillentas en toda su superficie) puestos en el nido fue de tres, número atípico según la bibliografía que indica un número normal de 5 (DEMENT'EV, 1.968) o 4 – 5 (WITHERBY, 1.965). En todo caso, el retraso que supuso para esta pareja las intromisiones del observador en la construcción del nido, pudieron obligar a la hembra a poner uno o dos huevos fuera del nido.

El 17.07.73 la puesta estaba completa y los pollos nacieron a los doce o trece días; el 30.07.73 ya habían nacido, eran totalmente glabros, sus comisuras de color blanco y el interior de la boca color rojo - fresa con manchas negras sobre la lengua. El desarrollo fue controlado y dio los siguientes datos.

Fecha	Peso	Pico	Tarso	Mano	Cúbito	4ª	1ª	Rect.	Nº pollos
300773	3,85	3,75	8,25	8,25	7,00				2
010873	5,90	5,15	11,85	11,00	10,00	2,25			2
030873	11,10	6,85	16,90	15,75	14,75	11,25		2,70	2
060873	14,75	9,50	19,25	18,00	19,00	25,00		10,50	2

(peso en grs., dimensiones en mm.).

Las dimensiones medias de los adultos son:

Ala (mano + 4ª 1ª)	Tarso	Cúbito	Pico	4ª 1ª	Rect.	Peso
74,7 (6)	20,5 (6)	20,2 (4)	11,3 (6)	55,5 (4)	51,8 (3)	18 (5)

(peso en grs., dimensiones en mm.; entre paréntesis, número de ejemplares medido).

Muy prematuramente, el 06.08.73, uno de los pollos huyó del nido, mientras sus dos hermanos se mantenían en el nido inmóviles apuntando con el pico al cielo. Al cogerlos, muy asustados, regurgitaron fragmentos de saltamontes y de frutos de *Rubus sp*. La huida prematura de los nidos es muy típica de aves que anidan en marañas de matorral, donde relativamente protegidos de los depredadores, pueden terminar su desarrollo, ya que los padres siguen atendiéndolos.

La curruca mosquitera llega a la Jacetania en mayo (el día 1 primer contacto), pero más tempranamente, el 04.04.47, MURRAY y GARDNER (1.958) la vieron en paso en la localidad, tambien jacetana, de Tiermas (sin embargo a menor altitud y con clima mucho más mediterráneo). Al parecer emigra en septiembre (día 25 última observación).

La alimentación de *Sylvia borin*, es muy insectívora, complementándola con frutos sobre todo en época de migración otoñal. Los resultados de tres contenidos gástricos son:

1º Ejemplar capturado en Jaca, el 18.08.67: 70 % un fruto de *Cornus sanguinea*; 30 % 5 formícidos.

2º Ejemplar capturado en Jaca, el 17.09.68: un artejo de pata de arácnido, un himenóptero (vespoideo), otros fragmentos quitinosos.

3º Ejemplar capturado en San Juan de la Peña, el 27.07.72: fragmentos de invertebrados entre los que se reconocen dos cabezas de curculiónido, élitros de crisomélido y un fragmento de rádula de molusco.

277 *Sylvia atricapilla* (Linn.); curruca capirotada.

Sedentaria, pero principalmente estival, nidificante. Algo abundante. Del submediterráneo al montano - húmedo. Europea.

Cincuenta y siete observaciones: enero, tres; marzo, siete; abril, catorce; mayo, seis; junio, cuatro; julio, siete; agosto, tres; septiembre, cinco; octubre, siete; noviembre, uno.

Las localidades de observación han sido: Jaca, Peña Oroel, Villanúa, Boalar de Jaca, San Juan de la Peña, Balneario de Panticosa, Ipas, Aratorés y Abay.

Bordes y claros de bosque y bosques con matorral, sotos fluviales, setos y jardines con suficientes arbustos, son los lugares elegidos por esta curruca; de hecho, al igual que *S. borin* es un ave de matorral, independiente de la cobertura arbórea, a pesar que selecciona matorrales más maduros, no conformándose con las marañas de *Rubus sp*. Anida hasta los 1.500 m. s/M. o más, en claros con matorral de los abetales (PURROY, 1.972).

Desde mediados de marzo se oyen los cantos de celo de los machos, pero aún debe pasar la migración y no eligen territorio hasta finales de abril o primeros de mayo en Jaca (800 m. s/M), más tardíamente en la montaña. En San Juan de la Peña su presencia, preferencial en el bosque con matorral de acebo, va de mayo a agosto únicamente, cuidando en agosto mismo, su segunda puesta, mientras que en el llano de la Canal de Berdún, como ya se ha mencionado es sedentario y su nidificación más temprana.

La densidad de nidificación en San Juan de la Peña, es baja: en los bosques con denso estrato arbustivo de acebo en 1.972 anidaron 1,69 parejas en 10 Has. y 2,54 parejas en 1.973; en el bosque desprovisto de tal subvuelo sólo anidó en 1.973, con la muy débil densidad de 0,79 parejas por 10 Has.

El único nido hallado en San Juan de la Peña, estaba construido en una bifurcación de una rama de un *Buxus sempervirens*, a un metro del suelo. En su parte exterior el material de construcción dominante eran gramíneas secas y en el interior raicillas, todo·ello unido con seda de artrópodos y con una estructura frágil y poco elaborada, como en la anterior especie. Diámetro externo 9 cms. altura total 4 cms.; diámetro interno 6 cms., profundidad de la cazoleta 3,2 cms. (dimensiones tomadas después de saltar los pollos).

El nido se halló con cuatro huevos (fondo blanco rosado, con manchas irregulares pardo rojizas); avivaron el día 02.08.72. Al nacer, los pollos, totalmente desnudos, tenían las comisuras de color blanco y el interior de la boca rosa, con dos manchas oscuras sobre la lengua. El desarrollo fue controlado y dio los siguientes resultados:

Fecha	Peso	Pico	Tarso	Mano	Cúbito	4ª	1ª	Rect.	Nº pollos
020872	2,42	3,57	6,72	1,55	5,97				4
040872	4,97	5,95	10,37	9,20	8,52				4
060872	7,50	7,05	14,12	13,30	12,40	5,52	1		4
080872	9,85	7,17	16,87	13,52	15,12	12,07	1		4
100872	12,37	8,07	19,50	14,75	17,87	20,60		4,87	4
120872	13,30	8,67	20,75	15,57	19,55	25.00		8.80	4

(peso en grs., dimensiones en mm.).

Las dimensiones de los adultos son:

Ala (mano + 4ª 1ª)	Tarso	Cúbito	Pico	4ª 1ª	Rect.	Peso
72,8 (5)	19,9 (4)	19,0 (4)	11,9 (4)	57,1 (4)	59,8 (4)	18,3 (3)

(peso en grs., dimensiones en mm.; número de ejemplares medidos entre paréntesis).

A pesar de ser sedentario, su número disminuye extraordinariamente en invierno, faltando en las zonas altas. Además hay un fuerte paso migratorio, de aves que van o vienen de localidades más norteñas de allende los Pirineos. El paso es conspicuo en abril y en septiembre - octubre.

La alimentación no se conoce bien en la Jacetania; el análisis de un único contenido gástrico ha dado por resultado:

Macho capturado en Jaca, el 27.09.67: 7 semillas de *Sambucus sp.*, 7 semillas de *Rubus sp.*, fragmentos de dos celeópteros.

Durante la migración primaveral, coincidiendo con la madurez de las bayas de *Hedera helix*, se forman acúmulos muy gárrulos de machos y hembras en los lugares donde abunda ésta y debe formar una parte muy importante de su alimentación en ese tiempo.

278 Sylvia hortensis (G.); curruca mirlona.

¿Estival y nidificante?. Submediterráneo. Mediterránea.

Observaciones escasas durante mayo y junio de 1.974 en la ribera del Guarga y en Anzánigo. Quizás también -rara- en enclaves termófilos en las gargantas de las Sierras Interiores y en la Canal de Berdún (Villanúa, en soto del río Aragón el 28.07.63, en encinar de la misma localidad el 07..08.63, en Jaca, el 08.08.63, com. verb. E. BALCELLS). Especie muy mediterránea, la escasa prospección de los enclaves meridionales jacetanos no nos permite más que señalar su presencia en la Jacetania.

279 Sylvia melanocephala (Gm.); curruca cabecinegra.

¿Estival y nidificante?. Submediterráneo. Turquestano - mediterránea.

Una observación en Riglos, el 26.05.74; otra cerca de Jaca el 30.08.75 de un macho adulto.Otra observación en Monegros el 14.04.76. Al parecer, es nidificante esporádica en Ordaniso (Ena), donde se halló un nido sobre boj, a 1,5 m. del suelo. Al igual que en la anterior especie, nos limitamos a señalar su presencia en la Jacetania.

280 Sylvia communis (Lath.); curruca zarcera.

Estival, nidificante. Algo abundante. Submediterráneo y montano - seco. Europeo - turquestaní.

Treinta y siete observaciones, que se reparten a lo largo del año del siguiente modo: abril, 6; mayo, 7; junio, 6; julio, 7; agosto, 8; septiembre, 2; octubre, 1.

Las localidades de observación han sido: Jaca, El Boalar de Jaca, Pardina Larbesa, Barós, Bernués, pie de Peña Oroel, Rapitán, Abay, Ipas y Asieso.

Además, MURRAY y GARDNER (1.948), citan su paso por Ayerbe el 12.04.47.

Habita las marañas de vegetación en setos, sotos fluviales, bordes de bosque, etc., con escaso arbolado y hasta los 1.000 m. s/M. y en migración otoñal hasta los 1.200 m. s/M. (San Juan de la Peña, septiembre de 1.971).

A partir de primeros de mayo, se oyen con frecuencia los machos cantando, tanto desde posadero, como al vuelo y a mediados de dicho mes construyen el nido. A finales de junio saltan del nido los pollos y se comienza una segunda nidada. Los pollos de ella saltarán del nido a finales de julio o principios de agosto (Barós, grupos familiares el 29.07.69 e Ipas, 02.08.75, un grupo familiar); en ocasiones puede que se atrase aún más la segunda nidada: el 06.08.75, fue observado cerca de Barós un adulto con cebo en el pico, verosímilmente tendría pollos en nido o recién salidos de él.

La llegada de la curruca zarcera a la Jacetania se efectúa en abril (primera observación el día 7 de dicho mes) y la partida comienza a finales de agosto, siendo raras las observaciones en septiembre, (última observación el día 6). A pesar de ello y como es algo frecuente en esta especie (WITHERBY, 1.965) un ejemplar fue capturado muy tardíamente, el 31 de octubre de 1.968 en las proximidades de Jaca.

El análisis de un contenido gástrico ha dado por resultado:

Ejemplar capturado en Jaca, el 31.10.68: fragmentos muy triturados de artrópodos (se distinguen coleópteros y un hemíptero); un animal vermiforme ¿larva de díptero?; muy escasos restos de origen vegetal.

283 Sylvia cantillans (Pall.); curruca carrasqueña.

Estival y nidificante. Poco frecuente. Submediterráneo. Mediterránea.

Once observaciones: marzo, 1; abril, 1; mayo, 4; junio, 4; julio, 2.

Las localidades de observación han sido: El Boalar de Jaca, Riglos y Yesa.

Además citada por MURRAY y GARDNER (1.948) en Ayerbe el 13.04.47 y por MURRAY y col. (1.959) en el ambalse de la Nava, el 11.04.58.

Las escasas observaciones de esta especie permiten situarla en enclaves cálidos, con abundante estrato arbustivo, en general en carrascales claros y no por encima de los 800 - 900 m. s/M.

El 02..07.69, fueron observados en el Boalar de Jaca un adulto y tres jóvenes.

La llegada a la Jacetania de esta especie se efectúa en marzo (día 21 primera fecha). La migración otoñal queda perfectamente desconocida, pues la última referencia que poseo, está fechada el 3 de julio, indudablemente demasiado temprana para comenzar la migración.

284 *Sylvia undata* (Bodd.); curruca rabilarga.

Sedentaria y nidificante. Algo frecuente. Submediterráneo y montano seco. Mediterránea.

Cuarenta y cinco observaciones: repartidas a lo largo del año del siguiente modo: enero, 2; febrero, 2; marzo, 7; mayo, 2; junio, 2; julio, 1; agosto, 8; septiembre, 8; octubre, 5; noviembre, 2; diciembre, 6.

Las localidades de observación han sido: Jaca, Boalar de Jaca, Abay, Barós, Novés, Pardina Larbesa, monte Grosín, Peña Oroel, Ipas, Asieso, Rodellar, Banaguás y embalse de la Peña.

Solanas con aliagares *(Genista scorpius)* o erizones *(Echinospartum horridum)* con o sin boj, hasta los 1.300 - 1.500 m. s/M son los lugares donde preferentemente anida. En invierno se extiende por los solanos de la Canal de Berdún, aprovechando pequeñas marañas de zarzas para protegerse. El aumento del número invernal en el llano es debido a la trashumancia realizada por las aves que habitan en zonas más altas.

En marzo (Oroel, 19.03.71), comienza a oirse su canto de celo, que en mayo (Ipas, 17.05.74), llega a un máximo de actividad.

En junio ya se observan grupos familiares (monte Grosín, 28.06.73) de la primera nidada.

El análisis de un único contenido gástrico ha dado por resultado:

Ejemplar capturado en Jaca, el 02.11.68: Un fruto de *Cornus sanguinea*; escasos fragmentos de un coleóptero de 3 mm. y otro insecto de 8 mm.

287 *Hyppolais polyglotta* (Vieill.); zarcero común.

Estival y nidificante. Escaso. Submediterráneo. Mediterráneo.

Quince observaciones: abril, 2; mayo, 1; junio, 2; julio, 3; agosto, 2; septiembre, 5.

Las localidades de observación han sido: Caniás, Asieso, Guasillo, San Juan de la Peña, Orna de Gállego, Yesa, Jaca, Pardina Larbesa y Abay.

En general en sotos fluviales, pero también en setos y zonas ajardinadas. Hasta los 1.200 m. s/M. (San Juan de la Peña, 1.972).

La escasez de la especie hace que los datos sobre su biología sean también escasos. Unicamente se han observado pollos escasamente volanderos en julio (Larbesa, 26.07.75 y Jaca, 27.07.75), lo que hace suponer que en la Jacetania sólo hagan una nidada. Lo anterior queda apoyado por la presencia de un macho en canto de celo en San Juan de la Peña, sólo a partir del 16 de junio, si bien la fecha tan tardía de comienzo de celo podría ser debida a la altitud de dicho lugar.

El zarcero común llega a la Jacetania en abril (el día 9, primera observación) y la emigración alcanza su máximo los primeros días de septiembre, con paso probable de individuos norteños que enriquecen la región (máximo de observaciones en septiembre). La última observación corresponde al día 11 de septiembre.

289 *Acrocephalus aundinaceus* (Linn.); carricero tordal.

Estival y ¿nidificante?. Muy raro. Submediterráneo. Europeo - turquestaní.

Dos observaciones, una de macho en canto de celo, en el río Aragón frente al Boalar de Jaca, el 10.06.70 y otra de varios machos con igual comportamiento en el embalse de la Peña, el 09.07.74.

Su rareza es indudablemente debida a la escasez de carrizales en la Jacetania. Abunda en los embalses y lagunas de la Depresión del Ebro, allí donde hayan carrizales o espadañales con extensión suficiente.

En el embalse de la Peña, es relativamente abundante y allí debe criar sin ninguna duda a pesar que no se haya demostrado. En cambio la observación de algún individuo, esporádicamente en los muy pequeños carrizales del río Aragón, no nos permite suponer su reproducción.

290 Acrocephalus scirpaceus (Herm.); carricero común.

Sólo de paso. Europeo - turquestaní.

Unicamente dos citas bibliográficas, el 04.04.47, MURRAY y GARDNER (1.948), lo observan en Tiermas y el 11.04.68, MURRAY y col. (1.959) en el embalse de la Nava.

Quizás una prospección más a fondo en los escasos carrizales jacetanos demostraría su nidificación en la región.

296 Locustella naevia (Bodd.); buscarla pintoja.

Sólo de paso. Europeo - turquestaní.

Una única cita, por MURRAY y col. (1.959) el día 11.04.58 en el embalse de la Nava.

297 Cettia cetti (Temm.); ruiseñor bastardo.

Sedentario y nidificante. Abundante. Submediterráneo. Turquestano - mediterráneo.

Veintinueve observaciones: enero, 1; febrero, 1; marzo, 6; abril, 3; mayo, 5; julio, 1; agosto, 4; septiembre, 2; octubre, 2; noviembre, 1; diciembre, 3.

Las localidades de observación han sido: Río Aragón, río Gas, río Lubierre, arroyo Castetillo, barranco de San Salvador.

Cualquier cauce de agua, grande o pequeño, incluso pequeñas acequias de corriente constante, a condicón de tener un soto suficientemente denso, son los lugares donde puede localizarse al ruiseñor bastardo.

De comportamiento muy tímido, muchas más veces oído que visto, su canto, potente y llamativo, que suena a lo largo de todo el año es el mejor modo de localizarlo, debido a todo ello no disponemos de datos de la biología de esta especie.

Turdinae

298 Luscinia megarhyncha(Brehm); ruiseñor común.

Estival y nidificante. Abundante. Submediterráneo. Europeo.

Veintinueve observaciones, repartidas a lo largo del año del siguiente modo: abril, 3; mayo, 6; junio, 2; julio, 7; agosto, 8; septiembre, 3.

Las localidades de observación han sido: Jaca, Ipas, faldas de Peña Oroel, San Juan de la Peña, Aragüés del Puerto, Abay, Barós, Guasa, Pardina Larbesa, riberas del río Aragón y la zona baja de las de sus afluentes.

Además MURRAY y GARDNER (1.948) citan el paso migratorio en Ayerbe, el 12.04.47.

Ave propia de las marañas de vegetación y matorrales cerrados, independiente del arbolado; se halla por lo tanto en sotos fluviales, setos, jardines y bordes de bosque, sobre todo en zonas húmedas y, salvo ejemplares fuera de la época de reproducción, por debajo de los 1.000 m. s/M.

Desde el momento de su llegada, o pocos días después se escucha su canto de celo y es la ocasión de poderlo observar en posaderos visibles fuera de los matorrales. Su canto, más llamativo de noche, se emite con mayor frecuencia durante el día. A finales de junio o en julio cesan definitivamente los cantos.

Los pollos sólo empiezan a observarse en la primera quincena de julio, lo que hace suponer que únicamente hagan una nidificación.

Los ruiseñores llegan a la Jacetania en abril (día 18, primera observación) y en agosto se dispersan fuera de las localidades de reproducción, comenzando la emigración (San Juan de la Peña, 12.08.75) que terminará los primeros días de septiembre (última observación el día 6).

La alimentación es fundamentalmente invertebratófaga y se enriquece en otoño con numerosos frutos. Los resultados de los análisis de seis contenidos gástricos han sido los siguientes:

1º Hembra capturada en Jaca, el 19.07.66: 10 larvas de díptero, de 13 mm.; dos larvas de coleóptero, mayores de 17 mm.; un lepidóptero; 2 estafilínidos de 15 mm.; un formícido de 10 mm.; un fragmento vegetal y masas no identificadas.

2º Macho capturado en Jaca, el 08.08.66: semillas, no digeridas, sin identificar; 15 formícidos; una forcípula de dermáptero; pequeños élitros de coleóptero y fragmentos de quitina.

3º Macho capturado en Jaca, el 21.08.66: una forcípula de dermáptero; dos hormigas; fragmentos de un carábido; 14 semillas de *Sambucus sp.*; fragmentos de quitina.

4º Ejemplar capturado en Jaca, el 27.07.67: un saltamontes (*Tettigonidae*), sin patas, antenas, ni alas; dos patas de coleóptero y fragmentos de curculiónidos, abundantes formícidos y quizás un crisomélido.

5º Ejemplar capturado en Jaca, el 03.09.68: tres curculiónidos de 6 mm.; 2 frutos de *Cornus sanguinea*; dos frutos de *Rubus sp.*; fragmentos de quitina.

6º Ejemplar capturado en la carretera Zaragoza - Jaca (sin más datos), el 09.06.70; fragmentos de 5 himenópteros.

299 Luscinia svecica (Linn.); pechiazul.

Unicamente de paso. Muy raro. Paleártico.

Una observación, cerca de Abay, el 06.09.75, MURRAY y col. lo citan en el embalse de la Nava, el 11.04.58 y en Montmesa, el mismo día.

Paso migratorio escaso o poco conspicuo en la Jacetania. Al parecer y según los escasos datos, el paso primaveral sería en abril y el otoñal a finales de agosto y principios de septiembre. La conducta del individuo observado por nosotros era muy esquiva, escondiéndose en las marañas del soto fluvial en que se hallaba. Su plumaje invernal, impidió la determinación subespecífica.

300 Erithacus rubecula (Linn.); petirrojo.

Sedentario y nidificante. Abundante. Del montano - seco al subalpino. Europeo.

Ciento cincuenta y dos observaciones, que se reparten a lo largo del año del siguiente modo: enero, 9; febrero, 13; marzo, 19; abril, 13; mayo, 7; junio, 7; julio, 13; agosto, 10; septiembre, 12; octubre, 18; noviembre, 9; diciembre, 22.

Las localidades de observación han sido: Jaca, Boalar de Jaca, Áscara, Castiello, Las Blancas, San Juan de la Peña, Formigal de Tena, Barós, Asieso, Guasillo, Larra, Abay, Novés, Ipas, Peña Oroel, Aratorés, Larbesa, Rodellar y embalse de la Nava.

Desde los quejigales submediterráneos, hasta los abetales y pinares de *Pinus sylvestris* y *Pinus uncinata*, a condición que tengan sotobosque suficientemente desarrollardo, son los lugares elegidos por el petirrojo durante la época de reproducción, siendo rara su presencia en sotos fluviales o setos.

Hasta tal punto es vital el estrato arbustivo para esta especie, que en bosques contiguos de San Juan de la Peña, una parcela con subvuelo censada los años 1.972 - 73 dio un promedio de 5,9 parejas en 10 Has., mientras que en otra con aquel talado, sólo se hallaron 1,5 parejas en 10 Has. Anidando bajo raíces, grietas y agujeros, etc., el sotobosque le es necesario, más que nada, para su protección y en segundo lugar como fuente de alimento tanto por las bayas que produce, como por los insectos que mantiene. Se le observa alimentándose en el suelo o en las ramas de los arbustos, pero raras veces en las de los árboles y aún acude a estos últimos, en general, más que en busca de alimento como posaderos ventajosos desde donde emitir sus cantos territoriales.

Si bien los bosques constituyen medios preferentes para nidificar, a partir de los 1.000 ,. s/M. el frío los expulsa de ellos, por lo menos desde noviembre a febrero. Entonces coloniza en gran múmero los sotos fluviales, pequeños setos y marañas de zarzas, bujedos y jardines de la Canal de Berdún y otras depresiones de clima más benigno y en parte trashuma a zonas más cálidas del dominio mediterráneo, al sur de la Jacetania, así como las orillas de los embalses y lagunas donde halla el alimento necesario (La Nava, 11.12.74).

En enero, pero sobre todo el febrero, comienza a oirse su canto de celo, desde antes del amanecer; en marzo - abril, se acantonan las parejas en sus territorios y comienza la nidificación. Los cantos seguirán sonando hasta que los pollos saltan del nido, en junio y volverán a oirse en septiembre, una vez acabada la muda y octubre. Desde noviembre hasta enero, sobreviene de nuevo una época de relativo silencio.

Durante la nidificación su comportamiento es extraordinariamente prudente. He seguido a un individuo con cebo en el pico durante más de una hora y hasta que me desorientó totalmente; estuvo llevándome de un lado para otro de su territorio sin ir a cebar a sus pollos. Debido a dicha prudencia no he podido localizar ningún nido, pero los pollos aparecen súbitamente muy abundantes a finales de junio (27.06.68, El Boalar de Jaca y el 19.06.72 San Juan de la Peña) o principios de julio (03.07.73, San Juan de la Peña); nidadas de reposición atrasarían la salida de los pollos.

Carezco de datos sobre su desarrollo ponderal, que pueden consultarse en el trabajo de BALCELLS y FERRER (1.968), para una nidada de San Juan de la Peña. La alimentación se compone de invertebrados y frutos diversos, sobre todo lo último en otoño - invierno (el 25.09.72 observado un ejemplar en San Juan de la Peña, comiendo frutos de *Rubus sp.*).

El análisis de siete contenidos gástricos ha dado los resultados siguientes:

1º Macho capturado en Jaca, el 02.10.67: 5 orugas de lepidóptero, de más de 15 mm.; 2 frutos de *Cornus sanguinea*.

2º Macho capturado en Jaca, el 02.10.67: una forcípula de dermáptero; fragmentos de un coleóptero; abundantes restos de frutos no identificados.

3º Ejemplar capturado en Jaca, el 31.10.68; una forcípula de dermáptero; otros restos quitinosos no identificados.

4º Hembra capturada en Jaca, el 04.01.69: un carábido; un curculiónido, restos de un fruto no identificado.

5º Ejemplar capturado en la pardina de Sasal, el 14.12.69: 2 ó 3 cabezas de curculiónidos (5%); fragmentos de un fruto con textura de almendra (95%); abundantes piedrecillas.

6º Ejemplar capturado en San Juan de la Peña, el 17.10.71: una larva de coleóptero; un formícido; fragmentos muy triturados de insectos y arácnidos.

7º Ejemplar capturado en San Juan de la Peña, el 04.11.71: 15 semillas de

Rubus ¿caesius?; un forfícúlido de 5 mm.; 2 culícidos; unos 4 formícidos, uno alado; fragmentos quitinosos no identificables.

301 Phoenicurus phoenicuros (Linn.); colirrojo real.
Únicamente de paso. Muy frecuente. Europeo.

Treinta y siete observaciones: abril, 10; mayo, 3; agosto, 9; septiembre, 12; octubre, 3.

Las localidades de observación han sido: Jaca, El Boalar de Jaca, Asieso, Banaguás, San Juan de la Peña, Abay, Ipas, Barós y Pardina Larbesa.

Además MURRAY y col. (1.959) lo citan muy abundante en Ayerbe - Montmesa, el 11.04.58.

En sus pasos migratorios, el colirrojo real invade prácticamente toda la Jacetania, allí donde tenga un posadero desde donde otear la llegada de sus presas o bien en otoño preferentemente en los lugares en que los arbustos le ofrecen frutos que en esa época son una parte no despreciable de su alimentación. En todo caso, la estancia primaveral, en tiempo más frio, lo acumula en las zonas bajas y cálidas, mientras que en otoño es frecuente observarlo a 1.200 m. s/M. en San Juan de la Peña y probablemente a mayores altitudes.

Los pasos son amplios en el tiempo y numerosos en individuos. Se destaca más el otoñal que el primaveral. El paso primaveral se ha acotado entre el 12 de abril (primera observación) y el 17 de mayo (última observación) mientras que el paso otoñal comienza el 19 de agosto (primera observación) para continuar denso durante septiembre y muy escaso en octubre a pesar de haberse observado ejemplares hasta el día 27 de dicho mes (última observación).

La alimentación a partir de los análisis de tres contenidos gástricos es fundamentalmente invertebratófaga. Los resultados de dichos análisis han sido:

1º Hembra capturada en Jaca, el 22.09.67; un curculiónido de 4 mm.; un estafilínido de 8 mm.; un cantárido de 3 mm.; otros fragmentos de coleóptero.

2º Ejemplar capturado en Jaca el 22.09.67: 12 semillas de *Rubus sp.*; 1 forcípula de dermáptero. Pulpa de vegetal no identificada.

3º Macho capturado en Jaca el 25.09.67: un heteróptero de 4 mm.; fragmentos de coleóptero y vestigios de frutos no identificados.

302 Phoenicurus ochruros (Gm.); colirrojo tizón.
Quizás sedentario, pero principalmente estival, nidificante. Abundante. Del submediterráneo al alpino. Paleo - xeromontano.

Noventa y cinco observaciones, con la siguiente distribución anual: febrero, 3; marzo, 10; abril, 12; mayo, 9; junio, 9; julio, 15; agosto, 13; septiembre, 11; octubre, 11; noviembre 2.

Las localidades de observación han sido: Jaca, Pardina Larbesa, Atarés, Barós, Boalar de Jaca, Ipas, Santa Cruz de las Serós, barranco de Culivillas, Selva de Oza, Ibones de Anayet, Formigal de Tena, San Juan de la Peña, Ibón de Piedrafita, Candanchú, Canal Roya, Larra, Valle y embalse de Pineta, Las Blancas, Peña Oroel, Ibón de Ip, Tortiellas Altas, Visaurín, Ibón de los Asnos, Riglos, Rodellar, Aragüés del Puerto, Peña Telera.

Al parecer, el colirrojo tizón presenta únicamente dos requerimientos en sus lugares de nidificación: el primero sería la ausencia de árboles, pudiendo ser la vegetación ya herbácea (prados naturales, cultivos, etc.) ya arbustiva (aliagares, bujedos) o bien no existir vegetación (ciudades); la segunda la presencia de orificios y repisas en gleras, roquedos, ruinas o simples amontonamientos artificiales de piedra donde situar su nido, cuando no en el interior de las habitaciones humanas, incluso habitadas (San Juan de la Peña, verano de 1.973). Aparte de lo dicho anteriormente es ubiquista en la altitud, pudiendo anidar desde las zonas más bajas de la Jacetania, hasta por encima de los 2.000 m. s/M (Barranco de Culivillas e Ibones de Anayet, julio 1.968; Formigal de Tena, 27.08.68; Pico de Anie, 25.10.72; refugio de Las Blancas, 06.07.73; Ibón de Ip, 29.07.75; Tortiellas Altas, 08.08.75; Visaurín, 17.08.75; Ibón de los Asnos 20.08.75; Peña Telera, 24.04.75).

La duración de su estancia varía con la altitud, mientras que al nivel de Jaca (800 m. s/M.) únicamente falta en diciembre y enero, en San Juan de la Peña (1.222 m. s/M.) falta desde noviembre hasta marzo y muy posiblemente en las zonas más cálidas del sur jacetano sea sedentario, a pesar que la falta de prospección en dichos lugares haya impedido demostrarlo.

Los machos preceden a las hembras en la ocupación de los territorios y desde abril puede oirse su canto de celo. Los territorios se defienden como unas ciertas áreas de muro o roquedo alrededor del nido, pero en los lugares donde consiguen su alimento se entrecruzan las parejas sin luchar. Por lo tanto el límite en número de parejas anidando lo da la extensión y número de lugares a propósito para anidar. En San Juan de la Peña, la densidad de nidificación en el claro del bosque, con las ruinas del Monasterio Nuevo, era de 4,7 parejas en 10 Has. en 1.972 y 5,6 en 1.973. A principios de mayo comienza la contrucción del nido, que es rápida (unos cuatro días). Primero acumulan gran cantidad de material diverso (ramitas, musgo, raicillas) hasta formar una amplia base de sustentación si la repisa donde se apoya es grande o bien una base que rellena todo el orificio donde está situado el nido, si tal es el lugar elegido. Luego construye una cazoleta con raicillas, plumas y borra animal. Los nidos acostumbran a hallarse a escasa altura sobre el suelo, teniendo en cuenta que algunos de interiores de edificios estarán a escasa altura del suelo del lugar, pero a gran altura (20 m. o más, sobre la base del edificio en las torres del Monasterio Nuevo de San Juan de la Peña). Las alturas de cinco nidos eran respectivamente 1,80 m.; 1,13 m.; 1,90.; 1,34 m.; 1,80 m. Las dimensiones de dos de los nidos eran: altura total 6,5 y 6 cms.; diámetro máximo 17 y 14 cms.; altura de la cubeta 3,5 y 4 cms.; diámetro de la cubeta 7 y 6 cms. El nido puede quedar terminado y abandonado un par de días hasta que la hembra pone el primer huevo. Los huevos (color blanco uniforme, diámetro máximo 18,10 mm., diámetro mínimo 15,00 mm., peso 2,47 grs.; medias de tres huevos); en número de cinco (tres puestas); las hembras ponen uno cada día, para ello, acompañada del macho, pasando ambos día y noche lejos del nido, llega por la mañana (sobre las 9 h.) y en poco tiempo pone, para marcharse seguidamente; a partir del tercer huevo la hembra empieza a incubar, abandonando frecuentemente los huevos; a partir del último o penúltimo día se fija sobre ellos, salvo pequeños intervalos, en que quedan al descubierto; el macho cuida entonces del avituallamiento. Después de trece días de incubación nacen los pollos, en general tres; el primer día y el resto a la mañana siguiente. De las tres puestas mencionadas, de cinco huevos, nacieron respectivamente cinco, cuatro y tres pollos. Los primeros días la hembra continúa dando calor a los pollos y posteriormente los deja, primero de día, luego día y noche, descubiertos. En general se efectuan dos puestas (a veces tres), siendo las de reposición frecuentes y rápidas. Habitualmente para la segunda puesta se construye un nuevo nido, sin embargo fue observada en una ocasión la puesta de reposición en el mismo nido en que habían muerto dos pollos, que fueron retirados por los padres (San Juan de la Peña, verano de 1.973).

Al nacer los pollos tienen las comisuras y el interior de la boca de color amarillo y plumón gris oscuro sobre cabeza, dorso y húmeros; piel de vivo color naranja. A los dos días se transparentan a través de la piel los cañones de las plumas en todos los pterilios. A los cinco o seis días abren los ojos. Entre los catorce y los dieciseis días de edad, los pollos saltan del nido y continúan siendo alimentados por ambos progenitores primero, sólo por el padre cuando la hembra comienza una nueva nidada; el desarrollo, controlado en tres nidos de San Juan de la Peña, dio los siguientes datos:

Fecha	Peso	Pico	Tarso	Mano	Cúbito	4ª 1ª	Rect.	Nº pollos
300472	2,20	3	6,83	7,00				3
010572	4,13	4,36	8,33	8,00				3
030572	7,86	6,06	12,90	11,50				3
050572	11,16	7,00	17,83	13,00		4,83	1	3
070572	14,33	7,46	22,50	16,33		13,83	4,16	3
110572	16,43	10,06	23,83	19,33		30,33	14,00	3
130572	16,93	10,66	23,66	19,83		36,16	21,66	3
150572	16,43	10,66	23,33	19,83		41,83	25,33	3
130772	5,23	4,66	9,00	7,56	7,83			3
150772	7,10	7,76	12,10	9,66	10,03			3
170772	11,56	7,50	17,56	15,00	15,50	3,43		3
190772	15,03	8,30	21,43	15,50	20,33	12,80	3,66	3
210772	16,10	9,00	23,33	16,66	21,76	21,50	8,83	3
230772	15,80	9,50	23,56	17,30	23,50	29,76	13,40	3
250772	15,60	9,50	23,05	19,00	23,00	34,50	18,75	2
140673	2,43	3,40	6,83	6,83	6,90			3
160673	4,10	4,62	8,25	8,12	7,62			4
180673	7,90	5,50	13,27	11,37	10,75			4
200673	12,30	7,00	19,02	16,00	16,30	5,50	1,12	4
220673	15,85	8,85	22,82	19,92	21,50	15,75	5,62	4
250673	16,82	8,37	23,90	20,37	24,10	29,09	13,87	4
270673	17,25	9,37	24,12	20,47	24,00	37,50	22,37	4

(peso en grs., dimensiones en mm.).

Las dimensiones medias de los adultos, son:

Ala (mano + 4ª 1ª)	Tarso	Cúbito	Pico	4ª 1ª	Rect.	Peso
85,21 (14)	24,1 (5)	24,1 (5)	12,2 (5)	68,4 (5)	58,1 (5)	16,9 (13)

(peso en grs., dimensiones en mm.; número de ejemplares medidos entre paréntesis).

La alimentación del colirrojo tizón es sobre todo invertebratófaga, se le ha observado capturando al vuelo, lanzándose desde posadero, numerosos insectos, entre ellos lepidópteros y efemerópteros en las nubes de estos insectos que en otoño se forman en el bosque al transformarse las crisálidas residiendo en pequeños cuencos de agua que se forman en tocones y troncos hendidos y también de insectos no voladores y larvas que capturan en el suelo, entre la hierba. En otoño también se le ha observado abundante en los saúcos *(Sambucus nigra)*, alimentándose de sus frutos. Contenidos gástricos, de época otoñal, solo dan insectos:

1º Ejemplar capturado en San Juan de la Peña, el 21.10.71: fragmentos de tres himenópteros y de otros insectos no identificados.

2º Ejemplar capturado en Jaca, el 25.11.74: estómago casi vacío, únicamente se observan escasas mandíbulas de insecto.

303 Saxicola rubetra(Linn.); tarabilla norteña.

Estival y nidificante. Muy rara salvo en migración. Montano - húmedo. Europeo.

Veintidós observaciones: marzo, 2; abril, 3; mayo, 2; agosto, 5; septiembre, 10.

Las localidades de observación han sido: Abay, Jaca, San Juan de la Peña, Ipas, Arguis, Barós y Guasa.

Al parecer anida en pastizales de alta montaña, pero muy escasa. Sólo se ha observado una vez, una hembra con crías volanderas pedigüeñas, en alambrada de cercado de un prado, en el Barranco de Marcón(Ansó), el 07.08.63, (com. verbal E. BALCELLS), sin embargo es abundante en paso, tanto primaveral como otoñal y entonces se le observa abundante sola, en parejas o en pequeños grupos, por todas las zonas deforestadas, allí donde tenga algún posadero (matorral, cable eléctrico, etc.) desde donde otear sus presas. Llega a la Jacetania durante el mes de marzo (día 23, primera observación), pero algún ejemplar llega muy prematuramente (GÉROUDET, 1.963) y se observó uno el 07.03.75 en Arguís. El paso dura todo abril, hasta mayo (día 8 última observación).

Muy pronto en agosto (día 2, primera observación), vuelve a invadir la Jacetania y en paso menos duradero, pero más numeroso se observan hasta septiembre (día 25, última observación).

El análisis de un contenido gástrico, muestra a esta especie como esencialmente consumidora secundaria, el resultado de dicho análisis es:

Hembra capturada en Araguás del Solano, el 10.09.72: fragmentos muy triturados de quitina, sobre todo de élitros de coleópteros.

305 Saxicola torquata (Linn.); tarabilla común.

Sedentaria, pero principalmente estival y nidificante. Abundante. Submediterráneo y montano seco. Paleártica.

Cincuenta y siete observaciones: enero, 1; marzo, 12; abril, 5; mayo, 8; junio, 2; julio, 5; agosto, 7; septiembre, 9; octubre, 4; noviembre, 2; diciembre, 2.

Las localidades de observación han sido: Barós, Abay, Jaca, Boalar de Jaca, Larbesa, Asieso, Ipas, Caniás, San Juan de la Peña, Peña Oroel, falda del Visaurín, Guasa.

Nidificando en zonas deforestadas cálidas y secas, con o sin matorral, tal como praderas naturales o no, siempre que le ofrezcan posaderos los bordes de cultivo, aliagares y bujedos, hasta los 1.800 m. s/M. (cima de Peña Oroel) o más. Trashuman de las alturas para ocupar las tierras bajas (800 m. s/M.) de la Canal de Berdún, de donde en los meses más fríos desaparece prácticamente, salvo en solanos y lugares abrigados. Es entonces cuando se observa frecuentemente en el Somontano (Ayerbe, 11.12.74).

Se le observa todo el año en parejas o grupos familiares, a veces machos o hembras solitarios. Desde marzo ocupan sus territorios y en abril (primera quincena) comienza la nidificación. Un nido hallado el 07.05.74 en Jaca, contenía cinco pollos de unos tres días; se hallaba sobre el suelo en las márgenes de un cultivo, muy voluminoso, rodeado de altas gramíneas y con escasas ramas de *Rubus sp.*, cubriéndolo. Los pollos tenían plumón blanco grisáceo sobre dorso, húmeros y cabeza; sus comisuras eran de color marfil y el interior de la boca amarillo. Ya apuntaban, pero menores de 1 mm., los cañones de las remeras primarias. Cuatro días más tarde ya abrían los ojos y los cañones habían reventado salvo en la cabeza.

El desarrollo, hasta que saltaron del nido, dio las siguientes medidas:

Fecha	Peso	Pico	Tarso	Mano	Cúbito	4ª 1ª	Rect.	Nº pollos
070574	8,0	5,8	12,0	10,4	9,8			4
090574	10,2	6,6	16,9	13,9	14,3	4,1		4
110574	13,4	7,6	20,2	15,6	17,0	10,9	1,9	4
130574	15,0	9,0	23,1	17,3	20,6	21,4	6,8	4

(peso en grs., dimensiones en mm.).

Las dimensiones de un macho adulto, son: peso, 13,3 grs.; pico, 13 mm.; tarso, 23 mm.; ala, 66 mm.; cúbito, 21 mm.; 4ª 1ª, 50 mm.; y rectrices, 44,5 mm.

Se han observado grupos familiares sobre todo en julio (segunda nidada) en Barós el 29.07.69, en San Juan de la Peña el 24.07.72, pero también más tarde (¿tercera nidada?) en Abay el 03.09.75 y en el mismo lugar el 03..10.75.

Se observa durante el verano capturando, desde posaderos, insectos al vuelo o entre la vegetación. Sin embargo los frutos son una buena fuente alimentaria durante el otoño. El análisis de un contenido gástrico, ha dado los siguientes resultados:

Ejemplar capturado en Jaca, el 12.09.68: 95%, frutos de *Rubus sp.*; 5% fragmentos de formícidos.

306 Oenanthe oenanthe (Linn.); collalba gris.

Estival y nidificante. Abundante. Del submediterráneo al alpino. Paleártica.

Sesenta y seis observaciones: marzo, 3; abril, 7; mayo, 5; junio, 5; julio, 13; agosto, 19; septiembre, 14.

Los lugares de observación han sido: **Los Aspes, Sallent de Gállego, Jaca,** Asieso, barranco de Culivillas, Parque de Ordesa, **Formigal de Tena,** Guasillo, Banaguás, Barós, Piedrafita de Jaca e Ibón de Piedrafita, **monte Sayerri, Candanchú,** San Juan de la Peña, Abay, Caniás, Los Lecherines, **Navasa, Ipas, Aragües del Puerto,** Peña Telera, Peña de Hoz, Pardina Larbesa, Ibón de Ip, **Tortiellas Altas,** Visaurín, Zuriza, Panticosa y Guasa.

Zonas deforestadas de cultivos, pastos o matorral diverso con muros **de piedras,** gleras, montones de piedras artificiales en márgenes de cultivos, roquedos, etc., hasta por encima de los 2.000 m. s/M. son los lugares elegidos por esta especie para nidificar.

En abril fijan sus territorios y los machos los señalan con cantos, posados o, sobre todo, en vuelo y no sin frecuentes luchas entre ellos.

En la alta montaña estas escenas se observan al mes siguiente, retraso sin duda ocasionado por el frío que retarda la llegada de las parejas (Candanchú, 05.05.71, parejas en los prados).

Se halló un nido en Los Lecherines, el 20.07.68. Se hallaba bajo una piedra, en un pequeño cráter excavado en el suelo, en el que se había acumulado unos 3 cm. de espesor de raicillas; la cazoleta se componía de lana y plumas, quizás de chova. Las dimensiones eran: diámetro externo, 12,5 cm.; diámetro interno, 6,5 cms.; profundidad, 5 cms. En su interior se hallaron dos huevos de color azul celeste uniforme, de dimensiones aproximadas 23 x 17 mm.

En julio se observan grupos familiares, con jóvenes pedigüeños y en alta montaña estas escenas se observan durante julio y agosto (Formigal, 27.08.68, Aragüés del Puerto, 03.08.70).

La collalba gris llega a la Jacetania a finales de marzo (día 21, primera observación) para marcharse en septiembre (día 26, última observación). Los pasos migratorios primaveral y otoñal son conspicuos, ocupando lugares deforestados donde no anidan en marzo y desde finales de agosto y septiembre (San Juan de la Peña, marzo 1.972 y septiembre de 1.971).

La alimentación parece totalmente invertebratófaga, no habiéndose observado nunca comiendo frutos u otros alimentos.

El resultado de los análisis de cinco contenidos gástricos ha sido:

1º Macho capturado en Sallent de Gállego, el 01.08.66: fragmentos muy triturados de quitina, entre los que se distinguen sobre todo trozos de élitro. Un himenóptero de 8 mm.

2º Ejemplar capturado en Sallent de Gállego, el 01.08.66: un heteróptero de 4 mm.; fragmentos de dos coleópteros de 5 mm.; 30 ó 40 larvas de díptero.

3º Ejemplar capturado en Sallent de Gállego, el 01.08.66: abundantes fragmentos de curculiónidos, cinco larvas de díptero de 10 mm.

4º Macho capturado en Araguás del Solano, el 10.09.72: diversos insectos, los de mayor tamaño despedazados, entre ellos siete hormigas de 5 mm., dos de 8 mm., un saltamontes de unos 10 mm., resto no determinado.

5º Hembra capturada en Araguás del Solano, el 10.09.72: dos curculiónidos de 7 mm. y otro de 5 mm., resto triturado de otros insectos, en general coleópteros.

308 Oenanthe hispanica (Linn.); Collalba rubia.

Estival y nidificante. Poco frecuente. Submediterráneo. Mediterránea.

Once observaciones: abril, 1; mayo, 3; junio, 1; agosto, 3 y septiembre, 3.

Las localidades de observación han sido: Atarés, Asieso, Jaca, Barós, Novés, Ipas, Baraguás, Formigal de Tena, Riglos e Ibón de Tramacastilla. Además MURRAY y GARDNER (1.948) citan su paso por Ayerbe, el 12.04.47.

Habita en lugares parecidos a *Oe. oenanthe*, pero seleccionando las zonas más áridas y en cotas de altitud inferiores, siendo frecuente en alta montaña sólo en época de migración.

Su escasez en la Jacetania, hace que sean muy pocos los datos reunidos sobre la especie.

Su llegada es más tardía que la de la collalba gris, siendo la primera observación realizada el 29 de abril. En el Somontano MURRAY y GARDNER la observan días antes, el 12 de abril en Ayerbe. A finales de agosto y septiembre emigra de la región, y en esa época es cuando más abundante se observa en alta montaña (pero también en primavera: Formigal de Tena, 04.04.75 e Ibón de Tramacastilla, 29.04.76). La última fecha de observación otoñal recogida es el 8 de septiembre, pero sin duda la emigración ha de ser más duradera, hasta octubre.

El análisis de dos contenidos gástricos, muestran a esta especie como muy insectívora. Los resultados de dichos análisis son:

1º Hembra capturada en Novés, el 26.08.70: fragmentos de artrópodos (dípteros y coleópteros). Una semilla de 4 mm. no identificada.

2º Macho capturado en Novés, el 26.08.70: dos opiliones de 2 - 3 mm.; fragmentos de ortópteros y coleópteros, escamas de alas de lepidóptero (sin otros restos), dos larvas de insecto muy digeridas y otros fragmentos no determinables.

309 Oenanthe leucura (Gm.); collalba negra.

¿Sedentaria y nidificante?. Poco frecuente y muy localizada. Submediterráneo. Mediterránea.

Todas las observaciones en Riglos, marzo, mayo, junio y septiembre (cuatro en total). Otras observaciones en Somontano y Monegros. Además PALAUS (1.960) la cita, también, en Riglos, en marzo de 1.959.

Zonas deforestadas en roquedos, en lugares áridos y cálidos.

Unicamente observada en Riglos, esta especie debe hallarse en la vertiente meridional, de las Sierras Exteriores, desde Agüero hasta Guara, lo que, sin embargo, queda por demostrar con futuras prospecciones, así como su sedentaridad, quizás no existente en el límite norte de su área geográfica y su nidificación, que sin embargo no ofrece dudas.

310 *Monticola saxatilis* (Linn.); roquero rojo.

Estival y nidificante. Poco frecuente. Del submediterráneo al alpino. Paleo-xeromontano.

Veintidós observaciones: abril, 2; mayo, 7; junio, 5; julio, 5; agosto, 3.

Observada en Peña Oroel, Formigal de Tena, Jaca, Ipas, Las Coronas (valle de Roncal), Peña de Hoz, Ibón de Ip, San Juan de la Peña, Portalet de Anea, Los Lecherines, Guarrinza y entre Bernués y Anzánigo.

Desde los 800 a los 2.000 m. s/M. en lugares deforestados, ya sean bujedos y aliagares como prado alpino y allí donde hayan piedras, ruinas o gleras que le ofrezcan refugio para anidar.

En mayo se le observa en canto de celo y las parejas ya están formadas (Ipas, mayo de 1.972).

Los pollos, en alta montaña, saltan del nido tardíamente, en julio (Ibón de Ip, macho cebando un pollo recién salido del nido, el 29.07.75).

La escasez de la especie en la Jacetania, hace que los datos biológicos recogidos sean escasos.

La primera observación primaveral se ha efectuado el 25 de abril, el 29.04.70, se observo, en paso, en San Juan de la Peña, mientras que la última, el 27 de agosto, fecha que no debe coincidir con el final de su estancia en la Jacetania, que probablemente dura hasta finales de septiembre (GÉROUDET, 1.963).

El análisis de un contenido gástrico ha dado por resultado:

Ejemplar capturado en el Puerto de Oroel, el 14.06.68: un diplópodo (*Julus terrestris*) y cinco cabezas de formícido.

311 *Monticola solitarius* (Linn.); roquero solitario.

¿Sedentario y nidificantes?. Poco abundante y localizado. Submediterráneo. Paleo - xeromontano.

Once observaciones: mayo, 4; junio, 4; julio, 1 y septiembre, 2.

Observado en Riglos, foces de Lumbier y Arbayún, Las Tiesas, San Juan de la Peña, y Puerto de Lízara (Valle de Aragüés del Puerto).

Roquedos en las zonas más mediterráneas de la Jacetania, ya en la vertiente sur de las Sierras Exteriores, o bien en enclaves muy termófilos de la Depresión Media (Las Tiesas, 12.06.76, Aragüés del Puerto, 26.05.77). La escasez de datos no permite asegurar sobre su nidificación en la región (de todos modos indudable) o su sedentaridad (quizás algo más dudosa, tratándose del límite geográfico septentrional de la especie).

La observación de San Juan de la Peña, de un ejemplar el 01.09.75, no es habitual, tratándose indudablemente de un individuo alejado de su zona de reproducción, en dispersión postnupcial, ya que en tal lugar, muy explorado, en ninguna otra ocasión se ha observado esta especie.

313 Turdus viscivorus (Linn.); zorzal charlo.

Sedentario y nidificante. Muy frecuente. Del submediterráneo al subalpino. Europeo - turquestaní.

Ciento catorce observaciones, repartidas a lo largo del año del siguiente modo: enero, 10; febrero, 16; marzo, 15; abril, 5; mayo, 6; junio, 4; julio, 8; agosto, 8; septiembre, 10; octubre, 9; noviembre, 9; diciembre, 14.

Las localidades de observación han sido: Botaya, San Juan de la Peña, Asieso, Jaca, Boalar de Jaca, Barós, Peña Oroel, Santa Cruz de la Serós, La Raca, Canal de Izas, Los Lecherines, Ipas, Larbesa, Castiello de Jaca, Áscara y Tobazo.

En época de reproducción se halla en linderos de bosques, alimentándose fundamentalmente en los prados, mientras que anida y se refugia en los árboles, sin penetrar mucho en el bosque si éste es espeso y con matorral, penetrando en él si es claro y con pasto. Se halla desde los bosques de carrascas y quejigos, abetales y pinares de pino silvestre y pino negro, hasta el límite altitudinal forestal.

En invierno, aumenta la población con inmigrantes septentrionales, se independiza en parte del bosque pudiéndosele hallar en amplios llanos deforestados, dedicados al cultivo o en prados naturales, donde pasta en pequeños grupos, en general monoespecíficos, a veces con *T. pilaris*, *T. philomelos* o más raramente con *T. merula*, e incluso en compañia de *Garrulus glandarius*, pero siempre manteniendo una conducta independiente con respecto a las otras especies.

En San Juan de la Peña, la población es sedentaria (recapturas "in situ" de aves anilladas, en diversas épocas del año), independientemente del abundante paso migratorio que puede observarse en los collados y que en ocasiones aporta nuevos individuos a la población en períodos invernales cortos.

El celo en la Jacetania, comienza con numerosos cantos y peleas a finales de febrero y a finales de marzo los nidos están en construcción (Solano de Oroel, 29.03.74). En San Juan de la Peña, los pollos saltan a fines de mayo (31.05.68) o en junio (10.06.72). Los padres siguen cuidando de los pollos, cebándolos fuera del nido y defendiéndolos de posibles enemigos con furia, se han observado en el lugar y fecha mencionados, numerosas peleas con *Garrulus glandarius*, que pretendían acercarse a los pollos.

En agosto y septiembre, sobreviene la muda (San Juan de la Peña, 02.08.72) y entonces son extraordinariamente precavidos, siendo difícil su observación.

El paso, que al parecer no afecta a la población autóctona (salvo quizás en cotas superiores a los 1.500 m.), es multitudinario y muy conspicuo. Parte de los migrantes invernan en la Jacetania, otros siguen hacia el sur siendo abundante en el Somontano (Sotonera, 23.02.13; Puipillín, en carrascal, muy abundante el 13.12.74). El otoñal es tardío, sobre todo a partir de principios de octubre y noviembre; en primavera se efectúa a partir de la primera quincena de febrero y en marzo.

La alimentación es variada, e incluye gran cantidad de insectos capturados entre la hierba, así como variedad de frutos que son fundamentalmente las fuentes alimentarias del invierno, sobre todo cuando el suelo queda tapado por la nieve.

En octubre y noviembre comen fundamentalmente las bayas de *Sambucus nigra* e *Ilex aquifolium* y en menor cantidad de *Viscum album*. Terminadas, en noviembre - diciembre las dos primeras especies, el muérdago seguirá siendo un buen recurso hasta principios de primavera (haciendo honor a su nombre específico). En enero y febrero consumen los cinarrodones de *Rosa sp.*, que no han sido tocados hasta ese mes y que pasa a ser alimento predilecto de varias especies. La dieta se completa con escasos insectos que se consiguen en lugares no cubiertos por la nieve.

Tienen una importancia definitiva en la diseminación de las semillas de las especies vegetales cuyas bayas comen ya que las tragan enteras, digiriendo únicamente la pulpa y defecando las semillas (de *Rosa, Viscum, Sambucus, Ilex, etc.*) con plena capacidad germinativa. Son indudablemente responsables, en los bosques donde habita, de la diseminación del hemiparásito *Viscum*, ya que parte de los excrementos con sus semillas y algo de la pulpa pegajosa son depositados sobre los árboles donde germinan (San Juan de la Peña, primavera de 1.972). El análisis de un contenido gástrico, dio por resultado:

Macho capturado en San Juan de la Peña, el 04.03.72: unas 100 larvas de insecto de 10 mm. de longitud.

314 Turdus pilaris (Linn.); zorzal real.

Invernante. Algo frecuente. Submediterráneo. Siberiano.

Catorce observaciones: noviembre, 1; enero, 5; febrero, 5; marzo, 3.

Los lugares de observación han sido: Jaca, Asieso, Guasillo, Caniás, Bernués, Botaya, Ipas, Arguís y Santa Cruz de la Serós.

No muy abundante, aparece en la Jacetania, durante los meses más fríos, de manera regular. Frecuenta en bandos de distinto número (hasta 30 en Santa Cruz de la Serós el 11.02.76) las zonas deforestadas, prados, huertas o cultivos, de la Canal de Berdún y alrededores, sin haber sido observado a mayor altitud de 1.000 m. s/M. Los bandos son en general monoespecíficos, mezclándose en ocasiones con otras especies (*T. viscivorus, T.philomelos* y *Sturnus vulgaris*).

La primera observación corresponde al 20 de octubre, pero no hay ninguna otra hasta el 4 de enero a partir de la cual se observa regularmente hasta el 17 de marzo. El paso primaveral hacia el norte se observa ya en febrero (Jaca, 25.02.73).

Pasta en los prados y cultivos y también se concentra en los setos que tienen aún frutos, que constituyen buena parte de su alimentación. El análisis de un contenido gástrico, dio:

Hembra capturada en Bernués, el 17.01.71: 15% dos caracoles de 4 y 5 mm. de diámetro y fragmentos de quitina de coleópteros, 85% semillas y restos de dos frutos de *Arctostaphylos uva-ursi*.

315 Turdus philomelos (Brehm.); zorzal común.

Sedentario y nidificante. Frecuente. Del montano seco al subalpino. Europeo.

Cincuenta y tres observaciones: enero, 4; febrero, 7; marzo, 10; abril, 4; mayo, 1; junio, 3; julio, 4; agosto, 1; septiembre, 1; octubre, 9; noviembre, 5; diciembre, 4.

Las localidades de observación han sido: Jaca, Santa Cilia de Jaca, Araguás del Solano, Pardina de Rasal, San Juan de la Peña, Formigal de Tena, Piedrafita de Jaca, Guasa, Áscara, Barós, Pardina Larbesa, El Boalar de Jaca, Las Tiesas, Larra, Ipas, Peña Oroel y Vadiello.

Nidificante en bosques con abundante subvuelo (pinares y abetales) desde los 900 m. s/M hasta el límite del arbolado. En invierno sigue en parte federado a los bosques, pero también se observa frecuente en bandos por cultivos y otras zonas deforestadas, los bandos pueden ser monoespecíficos, pero muy frecuentemente se mezclan con otros túrdidos o estúrnidos (*T. merula, T. iliacus* y *Sturnus vulgaris*, frecuentemente, más raramente con *T. viscivorus*).

Así como *Turdus viscivorus* selecciona los bosques desprovistos de matorral, con la mayor visibilidad posible, *T. philomelos* elige los bosques de más cerrado matorral, donde pasa perfectamente desapercibido, salvo los machos con sus brillantes cantos en manifestación del celo. A partir de mediados de marzo, desde que apunta el alba, los machos cantan en posaderos, en general desde los ápices de los árboles, señalando su territorio. La densidad en San Juan de la Peña, en bosque de *Pinus sylvestris* con abundante matorral de acebo se mostró muy variable, así en 1.972 nidificaron 3,81 parejas en 10 Has. mientras que en 1.972 sólo lo hicieron 1,27 parejas, dependiendo probablemente del clima atmosférico reinante en el momento en que han de anidar y que les permite ocupar o no bosques en cotas altitudinales más elevadas.

A finales de abril se construyen los nidos, en general a baja altura (seis nidos hallados entre 1,60 y 2,30 m.) y en matorrales (de siete nidos, 5 en *Ilex aquifolium*, uno en *Buxus sempervirens* y otro contra el tronco de un pino, sostenido por una rama lateral y escondido por ramas de acebo). El material utilizado es para el recipiente exterior ramas y acículas de pino, gramíneas secas y abundante musgo; la cazoleta interior se prepara con un mortero de arcilla y madera podrida que al secarse no se resquebraja. Las dimensiones de cuatro nidos fueron:

Diámetro máximo	Altura máxima	Diámetro cazoleta	Profundidad de la cazoleta
16 x 13	7	10 x 7	4,5
13	10	8 x 9	5
12,5 x 15	10	9,5 x 8	6
15	9	9	5,5

(dimensiones en cms.).

Las primeras puestas deben comenzar los primeros días de mayo, ya que se hallan nidos con pollos a mediados de dicho mes. Las puestas son de cuatro huevos (en siete nidos). Los huevos son de color azul verdoso, con un moteado muy concreto de color pardo oscuro, casi negro. Las dimensiones de los huevos son:

Diámetro máximo	Diámetro mínimo	Peso
26,69 mm.; 0,68 desviación (11 datos)	20,40 mm.; 0,59 (11)	6,20 grs.; 0,26 (4)

En siete nidos controlados, nacieron y volaron respectivamente cuatro pollos en un nido, tres pollos en cuatro nidos, dos pollos en un nido y un pollo en otro.

En dos ocasiones se hallaron pollos muertos y abandonados en el nido, una de ellas a raíz de fuertes nevadas que quizás por disminuir el alimento disponible, de tres pollos sólo creció normalmente uno de ellos y los otros dos murieron o bien fueron abandonados; en el segundo caso se halló un nido con un pollo ya muerto en su interior, sin que se sepan las causas.

Mientras la hembra incuba, al aproximarse el observador al nido, adopta una posición críptica, totalmente inmóvil, arrebujada dentro del nido y con la cabeza vertical de tal menera que con el pico señala al cénit; cuando la proximidad es excesiva (2 - 3 m.), salta del nido muy silenciosa y se aleja vigilando. En cambio cuando ya han nacido los pollos y acentuándose a medida que crecen, aguanta mucho más, en la posición indicada, la proximidad humana (un metro) y cuando salta del nido lo hace ruidosamente con gritos de alarma y aproximándose al supuesto depredador, en ocasiones haciendo picados agresivos, en otras simulando estar herida y arrastrándose en las proximidades.

Al nacer los pollos tienen plumón pardo claro, las comisuras amarillo marfil y el interior de la boca amarillo vivo. El desarrollo es rápido, unos trece o catorce días.

El control de un nido, empezando con pollos nacidos hacia unas 24 horas, es el siguiente:

Fecha	Peso	Pico	Tarso	Mano	Cúbito	4ª 1ª	Rect.	N°pollos
130672	7,20	6,00	8,00	9,25	8,50			2
150672	14,15	8,00	11,75	13,99	12,25			2
170672	24,56	9,00	18,25	17,25	17,00	3,75		2
190672	39,30	11,25	24,25	22,90	24,50	11,75		2
210672	53,00	14,00	31,25	23,25	31,25	26,00	4,5	2
230672	53,20	14,50	33,75	25,25	34,00	35,75	7,75	2
250672	55,50	15,25	34,50	28,25	35,25	44,50	13,50	2

(peso en grs; dimensiones en mm.).

Las dimensiones de los adultos son:

Ala (mano + 4ª 1ª)	Tarso	Cúbito	Pico	4ª 1ª	Rect.	Peso
113,0 (3)	32,6 (3)	34,2 (3)	20,0 (3)	87,7 (3)	77,3 (3)	84,3 (3)

(peso en grs., dimensiones en mm.; entre paréntesis, número de ejemplares medidos).

A pesar de ser sedentario en los lugares de reproducción, los efectivos de la población se ven muy aumentados en invierno con aves de procedencia más septentrional sin ninguna duda. Los pasos migratorios son conspicuos y como en otros migradores parciales europeos se dan tardíamente en otoño y muy temprano en primavera (observado el paso en San Juan de la Peña, entre el 17 y el 25.10.71; en Jaca el 25.02.73 y en Vadiello el 26.03.75).

La alimentación es muy variable, como en otras aves del mismo género. El análisis de siete contenidos gástricos ha dado por resultados:

1º Ejemplar capturado en Jaca, el 31.10.66: 7 frutos de *Crataegus monogyna*.

2º Macho capturado en Jaca, el 19.11.66: ocho semillas de *Crataegus monogyna*.

3º Macho capturado en Jaca, el 09.11.67: 99% restos de un fruto no determinado; 1% fragmentos de quitina.

4º Ejemplar capturado en Jaca, el 04.11.68: fragmentos de frutos no identificados.

5º Macho capturado en Jaca, el 12.03.71: un araneido de 3 mm., un dermáptero de 15 mm. un coleóptero (carábido) fragmentado, restos de otro coleóptero (curculiónido) de quizás 3 - 5 mm., un caracol de 2 mm. de diámetro y restos de otro mayor (fragmentos de concha y masas carnosas de 15 mm.), restos de tierra y fibras vegetales.

6º Hembra capturada en Jaca, el 12.03.71: 65% fragmentos de concha de caracol, una larva de insecto de 12 mm., fragmentos de pequeños carábidos, tres forcípulas de dermáptero; 35 % tierra, raicillas y piedras.

7º Ejemplar capturado en San Juan de la Peña, el 21.10.71: fragmentos de 2 ó 3 frutos de *Arctostaphylos uva-ursi*.

316 Turdus iliacus (Linn.); zorzal alirrojo.

Invernante. Algo frecuente. Submediterráneo y montano - seco. Siberiano.

Treinta y seis observaciones: octubre, 7; noviembre, 8; diciembre, 4; enero, 5; febrero, 5 y marzo, 7.

Observado en: Jaca, Boalar de Jaca, Bernués, San Juan de la Peña, Larra, Abay, Ipas, Guasa y Castiello.

Invernante regular que, dependiendo de los recursos alimentarios, invade en bandas tanto los bosques (hasta el de *Pinus uncinata*, Larra 25.10.72), como los llanos deforestados dedicados a cultivos.

Los bandos, en ocasiones numerosos (más de 50 en San Juan de la Peña, el 31.10.73) pueden ser monoespecíficos o bien poliespecíficos y, en este último caso, se mezcla preferentemente con *T. philomelos, T. merula* y *Sturnus vulgaris,* reunidos más por coincidencia trófica en un determinado lugar, que por un gregarismo real como podría suceder en los páridos.

No es la Jacetania un término de migración para la especie, de tal manera que si alguno de ellos inverna en la región, numerosas bandadas en cospicua migración pasan por los collados en busca de otros cuarteles de invierno o de los de reproducción en primavera (San Juan de la Peña, 17 al 25.10.71 y Jaca, 25.02.73).

La llegada de *Turdus iliacus* a la Jacetania empieza en octubre (día 17, primera observación), para durar su estancia hasta marzo (día 22 última observación).

La alimentación depende de la abundancia en el momento, de determinados recursos alimentarios. El análisis de dos contenidos gástricos ha dado los resultados siguientes:

1º Macho capturado en Jaca, el 11.03.71: un curculiónido de 3 mm. y fragmentos de otro coleóptero, un díptero de 4 mm., restos de un caracol, escasas piedrecillas.

2º Ejemplar capturado en San Juan de la Peña, el 17.10.71: 3 frutos de *Ilex aquifolium*, dos de *Arctostaphylos uva-ursi* y fragmentos de otros dos.

El papel diseminador de determinadas especies vegetales es importante en esta especie al igual que en la anterior.

317 Turdus torquatus (Linn.); mirlo capiblanco.

Principalmente estival y nidificante. Poco frecuente. Subalpino y alpino. Paleomontano.

Veinte observaciones: enero, 1; marzo, 3; abril, 9; mayo, 1; julio, 2; octubre, 2 y noviembre 2.

Observado en: Peña Foratata, barranco de Culivillas, Piedrafita de Jaca, Boalar de Jaca, Candanchú, Aragüés del Puerto, Rioseta, La Raqueta (Candanchú), Jaca, Larra, San Juan de la Peña, Canal de Izas, Barós y Collado del Bozo (Aisa).

Además MURRAY y col. (1.959), observan uno en paso por el embalse de la Nava, el 11.04.58.

Nidifica en las Sierras Interiores y Pirineo Axil, por encima de los 1.500 m. s/M. en pinares claros o bien en el prado alpino. Fuera de la época de reproducción se extiende por niveles más bajos (sin abandonar totalmente la zona donde cría). Desde diciembre a febrero, muy raro en la Jacetania, habiéndose visto una sola vez (Jaca, 04.01.73).

Desde marzo se puede observar en el área de reproducción, cantando en celo desde los ápices de los pinos (Canal de Izas, 29.03.74). Al mismo tiempo, durante marzo y aún abril, las zonas bajas de la Canal de Berdún están ocupadas por no escasas aves de esta especie, quizás europeas, quizás esperando que las zonas altas queden limpias de nieve (Boalar de Jaca, 06.04.70, Jaca, grupo de 7 el 29.03.72; San Juan de la Peña, 19.03.73, Barós, 06.04.74).

Las manifestaciones de celo en alta montaña pueden observarse durante abril (Canal de Izas, 04.04.74) y mayo (Rioseta, parejas el 08.05.74). Probablemente en dicho último mes comienza la reproducción (ciclo de aproximadamente un mes; 14 días incubación y 14 desarrollo nidícola según WITHERBY, 1.965) y las nidadas, en número de dos (según el autor antes citado) terminan en julio (individuo con cebo en el pico el 27.07.69, en Piedrafita de Jaca).

A pesar de que, se ha indicado anteriormente, abandonan el área de reproducción en octubre - noviembre (San Juan de la Peña, 31.10.73 y 10.11.73), parte de la población queda ahí, hasta que las primeras nevadas los expulsan (La Raqueta, 01.11.71; Larra, 25.10.72). Quizás lo anteriormente expuesto sea más complicado, contando con los migrantes de Europa septentrional, de distinta subespecie. La falta de capturas ha impedido solucionar este punto.

318 Turdus merula (Linn.); mirlo común.

Sedentario y nidificante. Abundante. Del submediterráneo al montano - húmedo. Paleártico.

Ciento noventa y tres observaciones, repartidas del siguiente modo: enero, 17; febrero, 19; marzo, 23; abril, 12; mayo, 17; junio, 11; julio, 17; agosto, 18; septiembre, 17; octubre, 12; noviembre, 13; diciembre, 17.

Las localidades de observación han sido: Jaca, Araguás de Solano, Boalar de Jaca, Abay, Asieso, Las Blancas, Pardina Larbesa, Aisa, Atarés, Barós, Piedrafita de Jaca, Áscara, Puente la Reina, San Juan de la Peña, Larra, embalse de Pineta, Ipas, Peña Oroel, Canfranc, Ansó, Banaguás, embalse de la Nava y Castiello de Jaca.

Sotos fluviales, setos, jardines y todo tipo de bosque, con o sin matorral, hasta el nivel del abetal. En bosques de *Pinus uncinata*, al parecer, no se reproduce (PURROY, 1.974), pero si los frecuenta fuera de la época de reproducción (Larra, 25.10.72). La necesidad de buscar protección en marañas de vegetación, cuando no en árboles, hace que no frecuente ni los prados alpinos ni las grandes extensiones de cultivos sin setos.

Los primeros cantos de celo, aún incompletos y escasos se escuchan a partir de feberero (Jaca, 02.02.74) y ya comienzan a luchar los machos entre sí (San Juan de la Peña, 27.02.72). Sin embargo es en marzo cuando se generaliza el celo y la territorialidad va acentuándose (Jaca, 15.03.69 y 19.03.74; San Juan de la Peña, 20.03.72; Ipas, 17.03.74, etc., machos en canto de celo), pero aún dura el relativo gregarismo invernal (04.03.72; en San Juan de la Peña, varios junto a *T. viscivorus* y *T. iliacus* pastando en prado; Jaca, grupos de 3 el 080372; Ipas sólo, parejas y tríos el 170374), los cantos de celo seguirán oyéndose hasta avanzada la época de reproducción, en junio, pero cada vez más escasos (Barós, el 160669).

A mediados de abril comienza la reproducción, saltando los pollos desde mayo (Aisa, 190569; Atarés, 200569) hasta avanzado julio, dependiendo estas fechas de la altitud (San Juan de la Peña, 230772; 020773; 240773).

En San Juan de la Peña, anidan abundantes en el pinar de *Pinus sylvestris*, independientemente de que haya matorral o no. En una parcela, provista de abundante matorral se censaron 5,5 parejas en 10 Has. en 1.972 y 1.973, en otra parcela, sin dicho matorral las densidades fueron 5,5 y 4,7 respectivamente y en una zona de claro, con algo de seto y sin arbolado 0,9 ambos años (v. también GIL-DELGADO *et al.* 1.977).

Los territorios son marcados con el canto, en general desde los posaderos más elevados, y defendidos con frecuentes peleas. Sin embargo las zonas no aptas para anidar (prados en claros del bosque) y con alimento abundante constituyen zonas de avituallamiento comunitario en toda época (San Juan de la Peña, 310572, etc.) (fenómeno ya observado por RIBAUT, 1.964) o bien se puede perder la territorialidad para hacer frente a un enemigo común (dos parejas de territorios contiguos fueron vistas atacando juntas a un *Strix aluco*, en San Juan de la Peña, el 060672).

Los nidos hallados en San Juan de la Peña, entre 1.972 y 1.973, presentaban las siguientes características:

Asiento del nido	Altura sobre el suelo	Diámetro máximo	Altura máxima	Diámetro cazoleta	Profundidad cazoleta
Ilex aquifolium	170	14,5	9	9	5,7
"	?	14,5	9,5	9	5,7
"	190	16	10	8	6,9
"	164	18	10	10	6
"	?	19 x 13	11	9,5	6,5
"	25,8	18	10	10	5
"	180	18	9	9	5
Pinus sylvestris	110	15	8	9	6
Ilex aquifolium	130	16	12	9	3,5
"	130	19	9	9	5
"	172	16	9	9	6

(dimensiones en cm.).

También se han observado nidos en ramas horizontales, adheridos al tronco, de *Populus tremula* (uno) y sobre *Pinus sylvestris*, en el follaje denso, cuando no sobre su tronco abatido, en unas cuatro ocasiones más.

Los materiales de construcción del nido son, para la parte exterior ramitas de pino, acículas, raicillas, gramíneas y cortezas flexibles y abundante musgo, dentro de la primera capa, viene una segunda de tierra y la cubeta se recubre con gramíneas secas, hojas descompuestas y alguna acícula de pino.

Las puestas oscilan entre dos y cuatro huevos (de 8 puestas, dos de cuatro, cinco de tres y una de dos). Los huevos de color azul claro con manchas difusas pardo rojizas, en número variable, tienen las siguientes dimensiones (medias de dos huevos): diámetro máximo, 29,1 mm.; diámetro mínimo, 21,6. El número de pollos nacidos es normalmente dos o tres, sólo en una ocasión se observaron cuatro.

Los pollos al nacer tienen plumón de color gris sobre el dorso, cabeza y alas, se observan cañones, en todos los pterilios, muy oscuros bajo la piel; las comisuras son de color marfil, mientras que el interior de la boca es amarillo - anaranjado vivo. A los tres días abren los ojos a los cinco días revientan los cañones en todos los pterilios y a los siete días pigmentan las patas, que hasta el momento son de color rosa. El desarrollo, en tres nidadas fue muy rápido, saltando los pollos del nido a edades distintas, pero siempre prematuramente y no en presencia del observador. La primera nidada fue hallada con pollos de unas 24 - 48 horas de edad.

Fecha	Peso	Pico	Tarso	Mano	Cúbito	4ª 1ª	Rect.	Nº pollos
090772	13,25	6,85	10,75	10,75	11,00			2
110772	20,75	8,50	16,50	15,00	13,65			2
130772	46,50	11,50	25,00	21,25	22,50	8,75		2
150772	55,50	12,70	31,00	24,10	29,75	19,05	2,75	2
170772	13,35	14,30	34,00	26,75	36,50	33,60	7,00	2
190772	69,50	16,10	35,00	27,75	38,00	45,25	13,00	2
220673	8,60	6,50	10,00	10,16	9,83	—	—	3
250673	24,63	9,00	19,00	17,68	17,73	2,83	—	3
270673	—	12,13	26,26	22,23	23,20	14,00	1,16	3
290673	45,66	13,00	30,03	27,33	29,76	23,70	3,76	3
220673	6,82	5,57	8,50	8,87	8,82			4
250673	23,80	9,15	18,37	17,22	15,80	1,00		4
270673	—	12,12	26,35	22,27	23,75	11,77		4
290673	51,25	13,32	31,20	27,75	29,25	21,75	2,87	4
020773	51,66	17,66	33,83	30,66	35,33	40,03	10,83	3

(peso en grs., dimensiones en mm.).

Más información sobre el desarrollo nidícola de *T. merula* puede verse en BALCELLS, 1.965.

Las dimensiones de los adultos son:

Ala (mano + 4ª 1ª)	Tarso	Cúbito	Pico	4ª 1ª	Rect.	Peso
127,6 (18)	34,9 (3)	37,6 (4)	22,9 (13)	95,5 (4)	105,2 (3)	98,9 (15)

(peso en grs., dimensiones en mm.; entre paréntesis se indica el número de individuos que componen la muestra).

Terminada la época de la reproducción, sobreviene la muda (San Juan de la Peña, 200871), y se muestran recelosos en extremo, no sólo no dejándose ver, sino que incluso no emiten el habitualmente tan frecuente canto de alarma.

En otoño e invierno son algo gregarios, tanto en los dormideros (dos grupos de seis, al anochecer, en bojes, San Juan de la Peña 090971), como durante el día, pero lo habitual es encontrarlos solos o en parejas. En ocasiones se juntan a otras especies de zorzales (con *T.iliacus* y *T.philomelos*, cerca de Jaca, pastando en prado el 210270; comiendo bayas junto a las especies antes mencionadas el 251071 en San Juan de la Peña; con *T. viscivorus* y *T.iliacus* pastando en San Juan de la Peña el 040372; en Ipas junto a *T. philomelos* el 200274).

La alimentación es variada, desde invertebrados a bayas, cuando no depreda nidos de otros paseriformes más pequeños (visto como robaba un pollo casi emplumado de un nido que yo había destapado de *Petronia petronia*, el verano de

1.973 en San Juan de la Peña). El análisis de trece contenidos gástricos dio los siguientes resultados:

1º Ejemplar capturado en Jaca, el 081266: pulpa y restos vegetales, semillas de *Rosa sp.*, y otras no identificadas.

2º Joven capturado en Jaca, el 150766: 15 frutos de *Sorbus ¿aria?*.

3º Macho (juv.) capturado en Jaca, el 150866: 21 semillas y frutos de *Viburnum ¿Llantana?*

4º Ejemplar capturado en Jaca, el 231266: un carábido de unos 10 mm., una forcípula de dermáptero, dos frutos de *Crataegus monogyna*.

5º Ejemplar capturado en Sinués, el 040167: 3 forcípulos de dermáptero, fragmentos de coleóptero, dos semillas de *¿Rosa sp.?*.

6º Ejemplar capturado el 150767, sin más datos: una almendra de 15 mm., otros restos no identificados.

7º Macho capturado en Novés, el 260870: escasos restos de escarabeido, 6 gasterópodos y restos no identificables de origen vegetal.

8º Hembra capturada en Jaca, el 110371: 40 %, 3 gasterópodos, un dermáptero y un isópodo; 60 % 12 semillas de *Rosa sp*.

9º Hembra capturada en Jaca, el 130371: 90 % materia vegetal verde (gramíneas); 10 % un estafilínido de 6 mm., un formícido de 3 mm. y fragmentos quitinosos de coleópteros y quizás otros insectos.

10º Hembra capturada en Puente la Reina, el 07.06.71: anillos de un artrópodo vermiforme (larva de insecto o miriápodo), restos de un coleóptero, tierra.

11º Ejemplar capturado en San Juan de la Peña, el 171071: 90 % 5 semillas de *Crataegus monogyna*; 10 % 3 isópodos, una oruga de lepidóptero.

12º Ejemplar capturado en San Juan de la Peña, el 070272: un dermáptero, tres gasterópodos, tres cinarrodones de *Rosa sp.* disgregados, un isópodo y una piedra de 6,5 x 3,5 mm.

13º Hembra capturada en San Juan de la Peña, el 040372: 28 larvas de insecto de 1 cm., 3 semillas de *Rosa sp.* y fragmentos de un curculiónido y un isópodo.

Además observaciones directas amplían la lista de alimentación: un macho capturando lombrices en el Boalar de Jaca, el 15.05.70; varios comen bayas de *Sambucus nigra* y *Crataegus monogyna* en San Juan de la Peña, el 25.01.71; comiendo cinarrodones de *Rosa* sp. en San Juan de la Peña, el 25-01-72 y el 07.02.72; pastando junto a *T. viscivorus* y *T. iliacus* en prado de San Juan de la Peña el 04.03.72, se ve como dejan el pasto arremolinado, formando pequeños conos, lo que comen corresponde al análisis nº 13; en San Juan de la Peña, el 13.11.72 se observaron comiendo bayas de *Sambucus nigra* e *Ilex aquifolium*; cerca de Jaca, el 27.12.75, comían cinarrodones de *Rosa sp*.

Es importante su papel como diseminadores de los arbustos del manto marginal forestal, ya que sus excrementos contienen, con plena capacidad germinativa, semillas de todos aquellos arbustos en los que comen.

Troglodytinae

319 Troglodytes troglodytes (Linn.); chochín.

Sedentario y nidificante. Abundante. Del submediterráneo al subalpino. Holoártico.

Ciento dieciséis observaciones, distribuídas a lo largo del año del siguiente modo: enero, 10; febrero, 13; marzo, 12; abril, 6; mayo, 6; junio, 5; julio, 12; agosto, 9; septiembre, 9; octubre, 9; noviembre, 10; diciembre, 16.

Las localidades de observación son: Jaca, Boalar de Jaca, San Juan de la Peña, Barós, Asieso, Guasillo, Ipas, Larra, Abay, Añisclo, Canfranc, Ordesa, Ansó, embalse de la Nava, Puerto de Oroel, Castiello de Jaca.

Nidifica en malezas, independientemente del estrato arbóreo, que no explota, ya sean sotos fluviales, setos, jardines o bosques con abundante matorral, hasta el límite altitudinal de ellos, a pesar que en niveles altos su densidad disminuye (observado en bosques de *Pinus uncinata*, en Canfranc, el 28.07.75; en Ordesa, el 22.08.75; además PURROY, 1.972 y 1.974, lo cita en diversos abetales y pinares de *P. uncinata*).

Fuera de la época de reproducción, se dispersa ya no sólo en zonas con matorral, sino que también se le ha observado explotando montones de ramas, procedentes de talas (San Juan de la Peña, 02.09.71) o bien bajo acúmulos de piedras (Ipas, 03.05.70; BALCELLS, 1.964). A medida que avanza el invierno y sobre todo bajo el efecto de la nieve la densidad disminuye en las zonas altas del Pirineo Axil y Sierras para aumentar notablemente en la Canal de Berdún e incluso en lugares más bajos y cálidos, como las orillas cubiertas de carrizos de lagunas y embalses (La Nava, 11.12.74).

Canta sobre todo durante la época de reproducción, entre marzo y julio; después hasta octubre y sin duda debido a la muda, guarda silencio y ocasionalmente se vuelve a oir su canto en diciembre; enero y febrero representan otra época en que domina el silencio.

En marzo ganan sus territorios, salvo en alta montaña, donde la nieve obliga a un cierto retraso.

La densidad se ve afectada directamente por el estrato arbustivo, de tal manera que en San Juan de la Peña, en el pinar con sotobosque de acebo, anidaron en 1.972, 4,66 parejas por 10 Has. y en 1.973, anidaron 5,08, mientras que en el pinar donde dicho estrato arbustivo fue destruido, aprovechando el escaso crecido posteriormente, anidaron esos mismos años solamente 1,58 y 0,79 parejas por 10 Has. respectivamente.

Desde mediados de abril, el macho construye en su territorio numerosos nidos de los cuales únicamente uno de ellos, seleccionado por la hembra, será terminado mediante la colocación de un revestimiento interno de plumas.

Los nidos son de forma elipsoidal, con una abertura lateral en la mitad superior. Los hallados en San Juan de la Peña se encontraban en espesuras del matorral, muchas veces con plantas espinosas (*Rubus* u otras) protegiéndolos y a baja altura; únicamente uno de ellos se halló construído en la bifurcación de un tronco de pino sin ninguna protección, salvo su elevada cripsis.

Sus característica eran:

Localización	Altura sobre el suelo	ϕ máx. externo	ϕ mín. externo	ϕ máx interno	ϕ mín. interno	Clase de nido
bifurcación en tronco de pino	140	24	10	8,5	6	refugio
Juniperus communis	90	15,5	11	7	6	reproducción
Ilex aquifolium	70	12,5	10	8	7	refugio
Ilex aquifolium y *Clematis sp.*	90	12,5	10	8	7	refugio

(dimensiones en cms.).

El material de construcción es, para el recipiente exterior musgo o musgo y líquenes; en la superficie adhieren hojas secas de las especies vegetales proximas *(Ilex aquifolium, Populus tremula)* o bien líquenes, lo que en general consigue que el nido sea muy críptico. El interior, cuando se utiliza para reproducción, se guarnece con plumas, se han hallado plumas de *Loxia curvirrostra, Turdus merula, Strix aluco* y *Dendrocopos major*. El diámetro del orificio de entrada, medido en un nido, tenía 3 cms.

El número de huevos hallados en los nidos, fueron, en uno dos (¡pero parasitado por *Cuculus canorus*!), en otro tres y en otro cuatro; el número de huevos es bajo, pero no raro en esta especie (WITHERBY, 1.965). Los huevos son de color blanco, finamente moteados de pardo rojizo y las dimensiones de dos de ellos fueron:

ϕ longitudinal	ϕ transversal	Peso
18,0	13,0	2,0
16,8	12,3	1,8

(dimensiones en mm., peso en grs.).

Los primeros pollos, saltan del nido a primeros de junio (San Juan de la Peña, 10.06.72) y en junio y julio se dan las segundas nidadas. Los pollos más tardíos (saltando en San Juan de la Peña, los últimos días de julio) pueden ser debidos a nidadas de reposición; quizás debido a ello se observó hembra cebando en el barranco de Marcón (al N. de Ansó), el 07.08.63).

Al nacer, los pollos presentan escaso plumón gris en cabeza y dorso; las comisuras son blancas, mientras que el interior de la boca es de un pálido color amarillo rosado.

Un ejemplo de desarrollo nidícola sería el siguiente:

Fecha	Peso	Pico	Tarso	Mano	Cúbito	4ª 1ª	Rect.	Nº pollos
180773	1	2,50	4,60	4,70	4,60			1
210773	3,3	4,50	8,16	7,40	6,36			3
230773	4,60	5,16	10,80	9,73	8,46	1,83		3
250773	7,06	5,93	14,16	11,33	10,56	6,80	0,33	3
270773	7,96	7,06	16,40	12,83	12,60	11,90	2,60	3

(dimensiones en mm., peso en grs.).

El día 30.07.73, el nido estaba vacío, por lo que se puede calcular en 10 - 12 días la estancia en el nido. Las dimensiones del adulto son:

Ala (mano + 4ª 1ª)	Tarso	Pico	4ª 1ª	Rect.	Peso
49 (3)	17,8 (2)	12,5 (2)	37,3 (3)	31,0 (3)	10,8 (2)

En otros casos la salida del nido se retrasa considerablemente. Otro nido hallado con los pollos en un estado semejante a la última medida del anterior tardaron aún seis días en saltar. En ese caso el desarrollo fue:

Fecha	Peso	Pico	Tarso	Mano	Cúbito	4ª 1ª	Rect.	Nº pollos
190772	8,40	6,57	15,90	10,47	12,57	13,42	3,45	4
210772	8,70	7,22	17,02	11,12	13,42	19,25	6,55	4
230772	9,33	8,30	17,50	11,16	14,50	24,23	9,43	3
250772	9,30	9,00	17,50	12,00	14,50	26,50	12,00	1

(dimensiones en mm., peso en grs.).

El día 23.07.72, escapó ya uno de los pollos, mientras que el 25.07.72 la desbandada fue general y sólo pudo recuperarse uno. Cabe pensar en la posibilidad que los pollos del primer nido mencionado en vez de saltar de él, fueran depredados, a pesar que no se halló rastro ninguno que permitiese pensar tal cosa.

Sobre esta especie se carece de datos sobre alimentación.

Cinclinae
320 Cinclus cinclus (Linn.); mirlo acuático.

Sedentario y reproductor. Frecuente. Del submediterráneo al alpino. Paleomontano.

Cuarenta observaciones, repartidas a lo largo del año del siguiente modo: enero, 3; marzo, 5; abril, 4; mayo, 5; junio, 3; julio, 4; agosto, 5; septiembre, 2; octubre, 2; noviembre, 3; diciembre, 3.

Las localidades de observación han sido: río Aragón, en Canfranc, Castiello de Jaca, Jaca y sus afluentes Gas, Atarés, Aragón Subordán, cerca de Siresa, Veral, cerca de Ansó, Esca y subafluente barranco de Biniés; barranco de Mascún, río Vellós, barranco de Culivillas y barranco de Arás; embalse de la Peña e ibones de Ip, Bachimaña y Piedrafita.

Experto nadador y buceador, el mirlo acuático prefiere los ríos de corrientes rápidas, antes que los lugares de aguas quietas, a pesar que frecuenta los ibones de alta montaña (Bachimaña, 12.10.72; Piedrafita, 23.07.69; Ip, 29.07.75) donde quizás ocasionalmente se reproduzca, a pesar de no haberse demostrado. Se ha observado hasta los 2.200 m. s/M. Es muy sedentario, manteniéndose las parejas habitualmente en sus territorios de reproducción durante todo el año. Sin embargo la total congelación de las corrientes en alta montaña, obliga a los que allí se reproducen a efectuar determinadas trashumancias; debido a ello se observan concentraciones de estas aves durante los meses invernales al pie de la montaña (Canfranc, invierno de 1.972) o bien más al sur (embalse de la Peña, 11.12.74).

Comienza el celo muy tempranamente, habiéndose observado paradas nupciales ya en diciembre (Castiello, 30.12.75). La parada nupcial es larga y llamativa, manteniéndose uno de ellos (hembra?) con el pico dirigido hacia arriba y con las alas desplegadas y la cola rozando el suelo mientras que la pareja danza a pequeños saltos frente a él; no se llegaron a observar cópulas.

Se ha observado aportar material para construir el nido desde marzo (Jaca, 19.03.74) y a finales de mayo aún continúa la nidificación, indudablemente ocupados ya en la segunda nidada.

El nido, esférico y voluminoso, contruído con musgo y algas, se halla en general en lugares inaccesibles (compuertas de presa, bajo cascadas) y muy frecuentemente escondido bajo caídas de agua, lo cual, en ríos de caudal irregular, como los jacetanos, compromete en ocasiones el buen fin de la nidada. Así se observó la construcción de un nido bajo la cascada de una presa, en marzo y con muy poco deshielo, de manera que las aves cruzaban la cortina de agua con facilidad; en cambio, al sobrevenir el deshielo, la cortina de agua tenía tal potencia que sumergía y arrastraba a uno de los progenitores, que fue observado acarreando cebo, de tal modo que tuvo que repetir la operación seis o siete veces hasta poder pasar.

La alimentación del mirlo acuático es puramente acuática y siempre se observa buceando incluso en corrientes muy rápidas para conseguir sus presas. Dentro del agua debe ser un nadador excepcional, ya que las fuertes corrientes en zonas profundas no lo desplazan nada y a pesar que pueda sujetarse al fondo con sus patas (provistas de largas y fuertes uñas), durante el recorrido hacia el fondo, si no pudiera oponer una considerable resistencia contra la fuerza del agua, sería indudablemente arrastrado.

El análisis del contenido gástrico de una hembra de *Cinclus cinclus*, desgraciadamente sin datos de lugar ni fecha de captura, dio por resultado el reconocimiento de fragmentos de más de cuarenta larvas de tricóptero.

Prunellidae

321   Prunella modularis (Linn.); acentor común.

Sedentario y nidificante. Algo frecuente. Del montano - seco al subalpino. Europeo.

Sesenta y una observaciones, que a lo largo del año se distribuyen del siguiente modo: enero, 5; febrero, 4; marzo, 8; abril, 6; mayo, 4; junio, 5; julio, 5; agosto, 5; septiembre, 6; octubre, 4; noviembre, 2; diciembre, 7.

Las localidades de observación han sido: Abay, Jaca, Boalar de Jaca, Acín, Canfranc, umbría del monte Rapitán, San Juan de la Peña, Las Batiellas, Pardina Larbesa, Peña Oroel, embalse de la Peña, Castiello de Jaca.

Ocupa indiscriminadamente las marañas de matorral, independientemente del arbolado. Se ha hallado nidificante en pinares y abetales a partir de los 800 - 1.000 m. s/M. (pero en las umbrías) y hasta el límite de los bosques de *Pinus uncinata.*

En invierno se extiende a niveles más bajos, dependiendo del clima y sobre todo la innivación, abandonando temporalmente los niveles superiores a 1.000 m. s/M. para invadir zonas de matorrales más cálidos (embalse de la Peña, 11.12.74) e incluso los jardines de las ciudades. Raramente forma pequeños bandos (San Juan de la Peña, 01.03.72) o se une a bandos de granívoros como *Fringilla coelebs* (San Juan de la Peña, 10.03.72).

Desde marzo se oye abundante su canto de celo, en ocasiones ocupando ya los territorios de nidificación (en los niveles más bajos) o bien aún en las zonas de invernada, a la espera del tiempo atmosférico propicio para la entrada en lugares de altitud.

A mediados de abril, en San Juan de la Peña, comienza la construcción de los primeros nidos, Construye un gran nido a escasa altura, en general bien escondido. Los materiales de construcción son: ramillas y raíces, pero predominantemente musgo en el recipiente exterior; lana o fibras vegetales (restos de raicillas, hojas descompuestas, etc.) en la cazoleta. Las dimensiones y características de dos nidos de San Juan de la Peña, son:

Soporte	Altura sobre suelo	Diámetro máximo	Profundidad máxima	Diámetro mínimo	Profundidad mín.
Maraña de *Rubus* y *Rosa*	80	11	6	6	4,5
Buxus sempervirens	120	11	6	5,5	3,5

Los huevos de color azul turquesa, son puestos en número de 3 (tres puestas) o cuatro (una puesta) en San Juan de la Peña. Las dimensiones de uno fueron 18,40 x 14,40 mm.

Teniendo en cuenta que es de unos 23 días el tiempo que separa la puesta del primer huevo, hasta que los pollos saltan del nido, las primeras puestas se efectuarían los últimos días de mayo (San Juan de la Peña, pollos que saltan del nido el 22.06.72; pollos a punto de saltar el 22.06.73, pollos de unos seis días el 14.06.73). Al cabo de 8 ó 9 días de haber saltado los pollos del primer nido, el segundo ya está construído y sobreviene la segunda puesta, que por lo tanto será en los primeros días de Julio. La incubación duró 11 ó 12 días en un nido en que se pudo controlar la puesta (intervalo de puesta, 24 h.); los pollos nacidos el día 15.07.72, presentaban un denso recubrimiento de plumón negro en la cabeza, algo más claro en el dorso, alas y base de las patas; tenían las comisuras de color blanco rosado y el interior de la boca naranja vivo, con tres puntos negros, uno en el extremo de la lengua y los otros dos en su base. El día 19 (cuatro días), ya abrían los ojos y los cañones apuntaban en todos los pterilios. Su desarrollo fue el siguiente:

Fecha	Peso	Pico	Tarso	Mano	Cúbito	4ª 1ª	Rect.	Nº pollos
150772	2,00	3	5,5	5,5	5,5			2
170772	3,86	4,50	7,80	7,30	6,40			3
190772	8,06	6,33	12,66	9,20	9,16	2,33		3
210772	12,76	7,16	17,30	12,93	14,16	9,00	1,83	3
230772	16,33	9,50	20,26	14,16	17,86	18,46	6,46	3
250772	17,53	8,86	21,16	14,80	19,20	24,33	11,16	3

(peso en grs., dimensiones en mm.).

Las dimensiones medias de algunos adultos capturados en San Juan de la Peña, son:

Ala (mano + 4ª 1ª)	Tarso	Cúbito	Pico	4ª 1ª	Rect.	Peso
69,8 (8)	21 (6)	20 (1)	11,8 (6)	51 (1)	52 (1)	20,5 (7)

(peso en grs., dimensiones en mm.; entre paréntesis, número de ejemplares medidos).

La alimentación de *Prunella modularis* es intermedia entre granívora e invertebratófaga, según las disponibilidades alimentarias, viéndose afectado en gran manera por la nieve ya que el estrato que, fundamentalmente explota, es el suelo y sus trashumancias son fundamentalmente debidas a dicho fenómeno. Los resultados de tres análisis de contenidos gástricos, han sido:

1ª Hembra capturada en Canfranc, el 31.08.69, abundantes semillas (de 5 especies distintas, no determinadas) y abundante pulpa vegetal; 4 formícidos, un araneido menor a 1 mm. y otro de 1 mm., un véspido. Abundantes piedrecillas.

2º Macho capturado en la ermita de Santa Orosia, el 10.09.69: semillas de tres especies, no determinadas y pulpa y restos de origen vegetal; escasos fragmentos de artrópodo, entre los que se reconocen coleópteros.

3º Ejemplar capturado en Jaca, el 02.10.73: 80 % diversas semillas, entre 1 y 3 mm.; 20 % 3 dípteros braquíceros (de 6,5 y 3 mm. respectivamente) 1 nemátodo de 2 mm., 1 himenóptero de 1 mm. y otros dos (formícidos) de 3 mm. Piedrecillas.

322 Prunella collaris (Scop.); acentor alpino.

Sedentario y nidificante. Frecuente. Subalpino y alpino. Paleomontano.

Veinticuatro observaciones: febrero, 3; abril, 2; mayo, 1; junio, 1; julio, 4; agosto, 8; octubre, 2; noviembre, 2; y diciembre 1.

Ha sido observado en: Sallent de Gállego, Ibón de Ip, collado de Aisa, canal de Izas, San Juan de la Peña, Larra, puerto de Somport, Los Lecherines, peña Foratata, Ibón alto de Tortiellas, ibón de los Asnos e ibón de Piedrafita.

Anida en zonas rocosas por encima del límite del arbolado y hasta los 2.500 m. s/M. o más, en general en colonias laxas, quizás formadas únicamente por la existencia limitada de lugares preferenciales de nidificación. En invierno resiste mucho tiempo en alta montaña (La Moleta, 2.200 m. s/M. el 05.12.68) aprovechando las zonas rocosas que el viento limpia de nieve, pero también trashuma, en pequeños bandos, hacia las Sierras Exteriores, donde, muy gárrulos, buscan su alimento en los roquedos (San Juan de la Peña, bando de unos 15 el 21.02.72, otro bando el 28.02.72).

Desde abril ocupa las áreas de reproducción (refugio militar de Las Blancas el 14.04.75, peña Foratata, el 26.04.75) y las primeras puestas, teniendo en cuenta que la incubación más el período nidícola dura algo más de un mes (WITHERBY, 1.965), deben efectuarse a finales de dicho mes (pollos volanderos en Somport a unos 1.800 m. s/M. a finales de mayo o principios de junio de 1.974).

Normalmente existe una segunda puesta en junio y julio (Los Lecherines, pollo recién salido del nido, el 01.07.73; Ibón de Ip, tres pollos en nido sobre repisa de roca, a 2 - 3 m. del suelo, el 03.08.63; pollo recién salido del nido, el 01.07.73; Los Lecherines, ceba el 23.07.74; Tortiellas Alto, pollos en nido a 2.200 m. s/M. el 14.07.75; ibón de Ip a 2.200 m. s/M., pollos volanderos, aún cebados el 29.07.75; Puerto de El Bozo (Aisa), pollos en nido el 19.07.67).

La alimentación, conseguida en general en zonas rocosas, cuando no propiamente en acantilados, varía también entre semillas y diversos invertebrados, siendo el alimento vegetal más importante en invierno, mientras que el animal lo es durante la buena estación. El análisis de cinco contenidos gástricos, ha dado:

1º Ejemplar capturado en Sallent de Gállego, el 01.08.66: 50 % fragmentos muy triturados de artrópodos (coleópteros, araneidos, puestas); 50 % semillas y restos foliosos. Piedrecillas.

2º Hembra capturada en Ip, el 04.08.66: 50 % coleópteros (curculiónidos, algún carábido y quizás tenebriónidos); 50 % semillas diversas no identificadas.

3º Macho capturado en la Pala de Ip, el 04.08.66: 70 % fragmentos quitinosos (se reconocen abundantes curculiónidos y un carábido); semillas de unas tres especies de vegetales no identificadas.

4º Macho capturado en el ibón de Ip, el 19.08.66: 80 % semillas y fibras vegetales no identificadas; 20 % fragmentos triturados de insectos, entre ellos hay escamas de lepidóptero, fragmentos de élitros de coleóptero, alguna pata de ortóptero. Piedrecillas abundantes.

5º Ejemplar capturado en La Moleta, el 05.12.68: 100 % semillas no identificadas.

Motacillidae

323 *Anthus pratensis* (Linn.); bisbita común.
Invernante. Poco frecuente. Submediterráneo. Europeo.
Diez observaciones: enero, 2; marzo, 5; abril, 1; y diciembre 2. Las localidades de observación han sido: Jaca, Ipas, Navasa y Abay.
Quizás más difícil de ver, que poco frecuente, el bisbita común pasa muy desapercibido entre los alfalfares y prados donde se ve habitualmente.
En general forma pequeños bandos laxos de hasta 15 individuos. Su llegada y paso otoñal, nos ha pasado desapercibida y la primera observación se ha realizado en diciembre (25.12.75, Jaca). En cambio su abundancia es más notable en marzo, probablemente coincidiendo con el paso primaveral. El último ejemplar, algo tardío (BERNIS, 1.971), se observó el 17.04.76 en las proximidades de Abay.

325 *Anthus campestris* (linn.); bisbita campestre.
Estival y ¿nidificante?. Raro. Submediterráneo. Paleártico.
Siete observaciones: mayo, 1; junio, 1; julio, 1; agosto, 1 y septiembre 3.
Las localidades de observación han sido: Asieso, Guasillo, Caniás, Ipas, Leire, Yesa, Guasa y Abay.
Probablemente nidificante, aunque escaso, en los solanos cálidos, con cultivos o con aliagares, donde se le observa durante toda la estación estival. Su abundancia aumenta algo hacia las zonas más mediterráneas de Leire y Yesa, pero la escasa prospección de esos lugares no ha permitido mayores conocimientos sobre la especie.
La máxima abundancia, en septiembre, debe corresponder con el paso de migradores más septentrionales, sin embargo la migración se evidencia más que en dicho aumento de observaciones, en que éstas lo son de grupos laxos y no de individuos solitarios, como sucede en los meses anteriores. La primera observación se ha realizado en Ipas (07.05.74) y la última el 09.09.70 en Caniás.
El análisis de un contenido gástrico dio el resultado siguiente:
Ejemplar capturado en Caniás, el 09.09.70: fragmentos o individuos enteros de *Coccinella septempunctata* (7 - 8 en total).

327 *Anthus trivialis*(Linn.); bisbita arbóreo.
Principalmente de paso, ¿raro nidificando?. Abundante en el paso otoñal, raro en el primaveral. Europeo - turquestaní.
Veintidos observaciones: abril, 1; mayo, 1; julio, 3; agosto, 3, septiembre, 13; octubre, 1.
Las localidades de observación han sido: Jaca, Boalar de Jaca, Navasa, Abay, Banaguás y San Juan de la Peña.
Además PURROY (1.974) lo cita en época de reproducción en Bigüezal.
Se observa abundante en otoño en prados con arbolado poco denso o en

bosques sin subvuelo arbustivo (San Juan de la Peña, de julio a septiembre) o bien en cultivos rodeados de setos o con frutales.

No ha sido localizado nidificando, a pesar de la estancia duradera, en canto de celo, de un ejemplar en San Juan de la Peña a finales de mayo de 1.972, pero que terminó por irse; o bien de las prematuras apariciones el 04.07.73 y siguientes en el mismo lugar y aun en canto de celo, pero ya, sin lugar a dudas, en dispersión postnupcial, ya que son numerosas las parejas que sólo realizan una puesta (WITHERBY, 1.965). Sin embargo PURROY (1.974) lo halla en época de reproducción (pero sin comprobarla) en Bigüezal a unos 1.000 m. s/M. en pinar de *Pinus sylvestris*.

El paso primaveral es muy poco conspicuo, habiéndose realizado únicamente dos observaciones, que como primera y última son en San Juan de la Peña, el 18.04.74 y el 18.05.72. En cambio el paso otoñal se manifiesta intensamente sobre todo en septiembre, siendo la primera observación el 04.07.73 en San Juan de la Peña y la última el 19.10.68 en el Boalar de Jaca.

Según el análisis de tres contenidos gástricos, es principalmente invertebratófago, no despreciando como parte de su dieta alimentos de origen vegetal. Los resultados de los análisis son:

1º Ejemplar capturado en Navasa, el 15.09.70: casi vacío, fragmentos de quizás un coleóptero.

2º Ejemplar capturado en Banaguás, el 17.09.70: dos curculiónidos de 4 mm., un himenóptero y fragmentos de artrópodo no identificable.

3º Ejemplar capturado en Jaca, el 30.09.70: abundantes semillas de gramínea; fragmentos de un coleóptero. Piedrecillas.

329 Anthus spinoletta (Linn.); bisbita ribereño.

329 a. Anthus spinoletta spinoletta (Linn.); bisbita ribereño alpino.

Sedentario y nidificante. Abundante. Subalpino y alpino. Paleártico.

Cuarenta y cuatro observaciones, repartidas del siguiente modo: enero, 1; febrero, 5; marzo, 4; abril, 4; mayo, 1; junio, 1; julio, 7; agosto, 9; septiembre, 1; octubre, 1; noviembre, 8; diciembre, 2.

Las localidades de observación han sido: Sallent de Gállego, ibones de Anayet, Lapazuzo, Culivillas, Piedrafita e Ip, Formigal de Tena, Tobazo, Collado del Bozo, puertos de Somport y Portalet de Anea, Guarrinza, Los Lecherines, peña Telera, Tortiellas Altas, Visaurín, Zuriza, Panticosa (a 1.880 m. s/M.), Jaca, El Boalar de Jaca y Abay.

Anida en los prados, por encima del arbolado desde los 1.600 m. s/M. (Ibón de Piedrafita) hasta los 2.200 m. s/M. probablemente más. Frecuenta en tales lugares las zonas más húmedas y orillas de ibones y torrentes.

Desde marzo comienza a ocupar, parte de la población, las áreas de cría (Formigal de Tena, 21.03.69), mientras el resto continúa en sus cuarteles de invierno aún en plumaje invernal (hasta abril, El Boalar de Jaca, 02.04.70). Los únicos datos de nidificación recogidos son: adultos cebando pollos en nido el 29.07.75, en el ibón de Ip, y puesta a punto de eclosión en Formigal de Tena el 07.07.73. Los mencionados datos corresponden sin duda a segundas puestas, comenzando las primeras probablemente en mayo y variando con la altitud.

En invierno y a partir de noviembre (aún en Formigal de Tena, el 10.10.68, mientras que ya se observan en Jaca el 01.11.73) alcanzan las zonas bajas donde, en compañía de lavanderas u otros bisbitas, se observan en prados (algunas veces), pero sobre todo cerca de los ríos, recorriendo el límite del agua por las orillas de cantos. Todavía a principios de abril, mientras algunos han ganado ya las zonas altas, son muy frecuentes en tales lugares.

Su alimentación, es tanto de origen animal como vegetal, predominando la primera según los resultados de tres análisis de contenidos gástricos recogidos en agosto.

1º Ejemplar capturado en Sallent de Gállego, el 01.08.66: 60 % fragmentos de artrópodos entre los que se reconocen coleópteros, dermápteros, lepidópteros y arácnidos; 40 % fragmentos muy finos de gramíneas.

2º Ejemplar capturado en Sallent de Gállego, el 01.08.66: 80 % fragmentos de artrópodos, entre los que se reconocen dominando los de curculiónidos y araneidos, 20% muy finos fragmentos de vegetales graminoides. Escasas piedrecillas.

3º Ejemplar capturado en Sallent de Gállego el 01.08.66: 90 % fragmentos de acrídidos, de coleópteros y de rádula de gasterópodo; 10 % pequeños fragmentos de gramíneas. Escasas piedrecillas.

329 b. Anthus spinoletta petrosus (Mont.); bisbita ribereño costero.
Invernante. Raro. Submediterráneo. Paleártico.

Dos observaciones en la Jacetania, una en Jaca, el 08.10.75 y otra en el embalse de la Peña, el 11.12.74. Además sendas observaciones en Somontano y Monegros, la primera en el embalse de la Sotonera, el 23.02.73 y la segunda, más de 10 individuos en las lagunas de Sariñena, el 14.12.74.

Las escasas observaciones, siempre a partir de octubre y a orillas de ríos y demás recipientes acuáticos. La invernada parece mucho más abundante en la zona sur de la Jacetania y Depresión del Ebro, quizás más por la calidad de los biotopos que por las condiciones climáticas.

330 Motacilla alba (Linn.); lavandera blanca.
Sedentaria y nidificante. Muy abundante. Del submediterráneo al montano-húmedo. Paleártica.

Ciento nueve observaciones, que se reparten a lo largo del año del siguiente modo: enero, 6; febrero, 7; marzo, 16; abril, 5; mayo, 12; junio, 3; julio, 6; agosto, 9; septiembre, 13; octubre, 11; noviembre, 9; diciembre, 12.

Las localidades de observación han sido: Jaca, Boalar de Jaca, Abay, Asieso, Guasillo, Barós, San Juan de la Peña, Tobazo, Ipas, Áscara, Guasa, Larbesa, Banaguás, embalse de la Peña y Castiello de Jaca.

Anida en proximidad de corrientes de agua o en prados naturales aunque sea lejos de ellas. En ocasiones demuestra una marcada antropofilia, anidando abundante en ciudades (Jaca) y consiguiendo su alimento ya en prados y jardines, ya papando insectos desde tejados y otros aventajados posaderos de manera similar a *Phoenicurus ochruros*.

No alcanza a colonizar los prados alpinos salvo excepcionalmente y fuera de la época de reproducción (Tobazo, 13.07.69). De hecho no tenemos certeza de que anide por encima de los 1.000 m. s/M.

Fuera de la época de reproducción se desliga aún más del agua y toma costumbres más antropófilas, si cabe. De este modo es muy frecuente ver bandos tras los tractores buscando invertebrados en las tierras recién removidas (El Boalar, 22.09.69, grupo de 3 - 4; Abay, 03.09.75) siguiendo los rebaños y posadas sobre el ganado desparasitándolo o bien estableciendo dormideros comunales en el interior de las ciudades, en jardines, y en tejados (Jaca, 09.02.74, 06.03.74, 15.03.74, 25.03.74, 07.05.74, 19.05.75, 24.09.75; grupos de hasta 30 individuos y desde septiembre hasta recomenzar la reproducción, con grupos tardíos hasta principios de mayo).

A pesar de ser sedentario, se observa un fuerte paso migratorio en otoño, quizás proveniente de allende los Pirineos (San Juan de la Peña, 25.10.71). Asimismo ocupa durante el invierno zonas en las que no anida y no especialmente cálidas, sino que a veces son más frías y elevadas que las de reproducción; en San Juan de la Peña, en el prado del claro de bosque donde se halla enclavado el Monasterio Nuevo, no falta una pareja de ellas desde septiembre hasta marzo.

Desde marzo, ya presentando plumaje estival, se observan rivalidades entre los machos (Boalar de Jaca, 01.03.70) y a principios de mayo se encuentran los primeros nidos (nido con 6 huevos en el puente de Áscara, el 09.05.74). A mediados de dicho mes deben nacer los primeros pollos (adultos con cebo en el pico, las Batiellas, 13.05.74) y los primeros pollos volanderos se ven a finales del mismo mes (pollos rabicortos atacados por *Pica pica* y auxiliados por un adulto el 24.05.74 en Jaca). En junio siguen observándose pollos (adulto cebando a dos de ellos el 18.06.69, cerca de Jaca) y la reproducción (probablemente terceros nidos) dura hasta bien entrado agosto (pollo aún incapaz de volar, el 08.08.74 en Jaca y cebas a pollos pedigüeños cerca de Jaca el 29.08.75).

La alimentación por lo menos estival es insectívora, según observación directa y análisis de dos contenidos gástricos; los resultados de dichos análisis son:

1º Macho capturado en Jaca, el 27.09.67: fragmentos triturados de insectos, sólo se reconocen coleópteros.

2º Ejemplar capturado en Jaca, el 29. 09.67: estómago casi vacío, fragmentos quitinosos de artrópodos.

La subespecie que anida e inverna en la Jacetania, es *M. a. alba*; sin embargo en dos ocasiones se ha observado la subespecie *M. a. yarrellii*, una de ellas un grupo de 4 - 5 en Puente la Reina, quizás en enero de 1.975 y otra vez un individuo solitario en las proximidades de Jaca, el 26.08.75.

331 Motacilla cinerea (Tunst.); lavandera cascadeña.

Sedentaria y nidificante. Abundante. Del submediterráneo al alpino. Paleártica.

Setenta y cinco observaciones: enero, 3; febrero, 4; marzo, 11; abril, 7; mayo, 9; junio, 2; julio, 6; agosto, 8; septiembre, 7; octubre, 6; noviembre, 5; diciembre, 7.

Las localidades de observación han sido: Jaca, Boalar de Jaca, Ipas, Castiello de Jaca, Villanúa, Asieso, Barós, Abay, San Juan de la Peña, Santa Cruz de la Serós, Guasa, Rodellar, embalse de Pineta e ibones de Ip y Culivillas.

Mucho más federada a los cursos de agua que *M. alba*, frecuenta campos sólo en sus proximidades. Alcanza, nidificante, los 2.200 m. s/M. (ibón de Ip, grupo familiar el 29.07.75).

Fuera de la época de reproducción puede alejarse de los cursos de agua, pero sólo de manera esporádica (San Juan de la Peña, 15.09.72, 13.11.72, 04.12.72, 19.10.73).

Desde marzo se observan manifestaciones de celo y probablemente debe efectuar dos nidificaciones por año (pollos recién salidos del nido en Jaca, el 29.07.69). No es raro observar rivalidades, durante la época de reproducción, con *M. alba*.

Los pasos migratorios no son conspicuos, a pesar de su casi indudable existencia.

332 *Motacilla flava* (Linn.); lavandera boyera.
Unicamente de paso. Muy raro. Paleártico.
Tres únicas observaciones: En San Juan de la Peña, el 18.04.74; cerca de Abay, el 31.04.74 algo frecuente y el 14.05.74 una.
Nunca se ha observado durante la migración otoñal.

Laniidae
333 *Lanius excubitor* (Linn.); alcaudón real.
Sedentario y nidificante. Frecuente. Submediterráneo. Holoártico.
Treinta y cinco observaciones: enero, 5; febrero, 3; marzo, 3; abril, 1; agosto, 4; septiembre, 6; octubre, 2; noviembre, 2; diciembre, 9.

Las localidades de observación han sido: Aragüás del Solano, Jaca, Boalar de Jaca, Áscara, Novés, Banaguás, Pardina Larbesa, Las Tiesas, Caniás, San Juan de la Peña, Barós, Ipas, Vadiello y Abay.

Se halla en zonas deforestadas con o sin cultivos o grandes claros de bosque, en general a altitudes no superiores a los 1.000 m. s/M. y en parajes cálidos.

Poseemos escasos datos en época de reproducción, debido a la falta de prospección en esa época de los lugares de cría, sin embargo se han visto nidadas aún no volanderas provenientes de Ena.

Fuera de la época de reproducción se muestra muy sedentario, quizás defendiendo los machos sus territorios todo el año. Así lo parecia demostrar la actitud de un macho en canto de celo que intentó colonizar un claro de bosque en San Juan de la Peña, donde permaneció desde el 04.09.71, hasta que lo arrojaron los temporales de nieve el 06.12.71.

Su alimentación se compone de pequeñas presas, en general insectos o bien pequeños vertebrados. En una despensa establecida en los pinchos de un *Prunus sp.* se halló una *Lacerta hispanica* (San Juan de la Peña, 03.12.71) y el 06.12.71, en el mismo lugar se le observó acarreando en el pico una presa de buen tamaño (probablemente *Pitymys sp.*).

Los análisis de contenidos gástricos realizados, demuestra que fundamentalmente es insectívoro, aún en invierno. Los resultados de dichos análisis son:

1º Macho capturado en Novés, el 08.01.69: fragmentos de 2 curculiónidos, un formícido, 5 mandíbulas de ortóptero, una oruga de lepidóptero de 25 mm.

2º Macho capturado en Jaca, el 22.01.69: 2 curculiónidos (élitros de 5,4 mm.), una forcípula de dermáptero, un carábido, plumas de paseriforme, 2 ó 3 diplópodos.

3º Macho capturado en Banaguás, el 30.01.69: un *Grillus campestris*, un estafilínido, una oruga de lepidóptero, una mandíbula de ortóptero y fragmentos de coleóptero.

4º Ejemplar capturado en Caniás el 25.12.69: fragmentos muy triturados de insectos. Se reconocen élitros de carábidos y escarabeidos.

335 Lanius senator (Linn.); alcaudón común.

Estival y nidificante. Algo abundante. Submediterráneo. Mediterráneo.

Treinta y cinco observaciones repartidas del siguiente modo: abril, 1; mayo, 3; junio, 1; julio, 8; agosto, 14; septiembre, 8.

Las localidades de observación han sido: Jaca, Atarés, Banaguás, Caniás, Asieso, Barós, Boalar de Jaca, Bernués, Puerto de Oroel, Abay, Pardina Larbesa e Ipas.

Anida en zonas con arbolado disperso (bosques muy claros, huertas con frutales), o bien ocupa setos con amplias zonas deforestadas (cultivos) ya que requiere por un lado la existencia de árboles o arbustos espesos donde esconder su nido al tiempo que como cazadero necesita zonas abiertas.

Comienza la nidificación (sólo una nidada) tardíamente, a principios o aún mediados de junio y los pollos vuelan a finales de julio y en agosto.

Un nido hallado en Jaca, el 26.06.74 contenía cuatro pollos de peso entre 6,8 y 11 grs. (unos cuatro días de vida). Tales pollos volarían a mediados de julio, sin embargo es muy frecuente ver pollos pedigüeños hasta muy avanzado agosto, debido sin duda al largo aprendizaje que necesita una técnica de alimentación como la suya. Así, el 09.08.69 en Barós, se observó una pareja con tres jóvenes pedigüeños; en Atarés, pareja con dos jóvenes también pedigüeños el 22.08.69; más temprano, en Jaca, el 16.07.75 una pareja con un único pollo y en Ipas el 02.08.75, se observó un grupo familiar con 3 ó 4 jóvenes.

La llegada de esta especie a la Jacetania es tardía (primera observación el 27 de abril) marchándose temprano, cuando los pollos ya han aprendido a cazar solos (último observado, el 22 de septiembre).

La alimentación, a partir del análisis de seis contenidos gástricos, es al parecer puramente invertebratófaga. Los resultados de tales análisis han sido:

1º Macho capturado en Jaca, el 10.08.66: forcípulas de 4 dermápteros, fragmentos de 3 ó 4 formícidos, de carábido y otros no determinados.

2º Hembra capturada en la Jacetania el 28.08.66 (sin más datos): fragmentos de grandes hormigas aladas y de un carábido. Otros restos de quitina no identificados.

3º Macho capturado el 28.08.66 (sin más datos): fragmentos de artrópodos, entre los que se reconocen coleópteros e himenópteros.

4º Macho capturado en Jaca, el 21.08.67: fragmentos de coleópteros y otros artrópodos no reconocidos.

5º Macho capturado en Jaca, el 16.08.70: fragmentos de más de 6 acrídidos, de un carábido y de un heteróptero.

6º Ejemplar capturado en Araguás del Solano, el 10.09.72: un acrídido entero (25 mm.), un mantoideo fragmentado y restos quitinosos no identificados.

336 *Lanius collurio* (Linn.); alcaudón dorsirrojo.
Estival y nidificante. Algo frecuente. Montano - húmedo. Paleártico.
Ocho observaciones: julio, 2; agosto, 5; septiembre, 1.
Las localidades de observación han sido: Biescas, Jaca, embalse de Pineta, Pardina Larbesa, Fanlo y valle de Ansó.

Típico de las zonas de praderías de siega del montano - húmedo, en los valles pirenaicos, puede observarse, también nidificante, en algunos enclaves de la Canal de Berdún, en general expuestos al norte y con vegetación planocaducifolia, indudablemente semejante a la anteriormente mencionada.

En los setos de separación entre los prados o en pequeños árboles o arbustos establece su nido y sus posaderos (a veces también en cables eléctricos) desde donde otea y se lanza sobre sus presas.

Se han observado pollos volanderos pedigüeños, en la Pardina Larbesa, el 22.07.74 y en Fanlo el 07.08.76.

Carecemos de otros datos de reproducción por falta de prospección en los lugares adecuados.

En agosto - septiembre, la dispersión postnupcial permite verlo con mayor frecuencia en zonas más mediterráneas de la Canal de Berdún.

El análisis de un contenido gástrico dio: Macho capturado en Biescas, el 29.07.66: 4 semillas de *Bryonia dioica* (15 %); resto (85%) compuesto por fragmentos de coleópteros.

Certhiidae
338 *Certhia familiaris* (Linn.); agateador norteño.
Sedentario y nidificante. Raro. Montano - húmedo y subalpino. Holoártico.
Cinco observacione, en La Raca, el 04.07.71; en Ordesa, el 28.12.73, en Zuriza, el 18.08.75, en San Juan de la Peña, el 31.05.68 y en abetal de Peña Oroel, el 02.08.63.

Además, PURROY (1.972, 1.973 y 1.974), lo cita nidificante en Villanúa en abetal, en La Cazania en Plan en bosque de *Pinus uncinata*, en Belagua, Zuriza, Oza y Ordesa en hayedo mixto (con *Abies alba*) y en Leyre en abetal puro.

Al parecer la especie, muy escasa, se concentra en abetales y hayedos principalmente, donde es prácticamente sedentaria y de modo más esporádico en los pinares subalpinos y robledales navarros. De todos modos, la frecuencia muy pequeña de canto, con la que demuestran su presencia, permite pensar que quizás un estudio más profundo, provocando el canto mediante reclamos (con magnetófono), permitiría tener una visión más real y quizás sorprendente de su abundancia, tal como pudieron demostrar en Luxemburgo SCHMITT y SCHOOS, en el coloquio ornitológico celebrado en Bruselas en 1973.

339 Certhia brachydactyla (Brehm.); agateador común.
Sedentario y nidificante. Abundante. Del submediterráneo al subalpino. Europeo.

Ciento trece observaciones, que se reparten del siguiente modo: enero, 9; febrero, 13; marzo, 13; abril, 8; mayo, 10; junio, 5; julio, 9; agosto, 10; septiembre, 11; octubre, 8; noviembre, 6; diciembre, 11.

Las localidades de observación han sido: Jaca, San Juan de la Peña, Boalar de Jaca, Balneario de Panticosa, Peña Oroel, Canfranc, valle de Ordesa, Castiello de Jaca.

Nidificante ubiquista en todo tipo de formaciones arbóreas naturales o no, independientemente del matorral, presenta su óptimo en los pinares de *Pinus sylvestris* del submediterráneo montano. En San Juan de la Peña anida con una densidad (media de dos años) de 5,29 parejas en 10 Has. en el pinar con sotobosque y de 5,55 en el pinar desbrozado; según PURROY (1.972, 1.974) sólo habría una pareja cada 10 Has. como promedio en varios abetales pirenaicos y 1,2 parejas cada 10 Has. en promedio de varios pinares de *Pinus uncinata* también de los Pirineos. En invierno es muy sedentario, existiendo de todos modos una escasa trashumancia que se revela por el aumento de su densidad en zonas inferiores a los 1.000 m. s/M.

La entrada en celo, con abundantes cantos territoriales, se da en marzo y a principios de abril construye su nido. La falta de árboles muertos con la corteza semidespegada, lugar típico de nidificación de la especie, en los pinares montanos (*Dryocopus martius* y *Dendrocopos major* se encargan de hacer desaparecer bien pronto la corteza en los árboles muertos) les obliga a anidar en otros lugares. Así, en San Juan de la Peña, lugar que se repobló con *Pinus sylvestris*, presenta gran cantidad de árboles que, si bien tienen un único tronco en la base, se bifurca en dos a una altura de un metro aproximadamente formando ángulo muy agudo. La lluvia acumulada en la zona de bifurcación pudre parte de la madera, formando cazoletas donde se acumula el agua hasta que se abre un drenaje; dicho momento es aprovechado por *Certhia brachydactyla* para ubicar su nido; se han registrado cinco en tal situación. Otros nidos se han hallado en San Juan de la Peña en muros de construcciones humanas, en ruinas o no (tres); otro entre el tronco de un pino y restos de ramas muertas, procedentes de tala y amontonados contra él y otro en el orificio hecho por un pícido, en un pino en parte destruido por rayo. Las alturas de los diez nidos variaban entre 40 cms. y 6 m. (media: 179,1 cms.). Las dimensiones del único nido que se pudo obtener no deformado por efecto de los pollos son: diámetro de la cazoleta 5 cms., profundidad 4 cms., las dimensiones externas se ajustan al lugar que contiene el nido. Los materiales de construcción son: una base estrecha que rellena el orificio formando la plataforma donde se asentará el nido, compuesta en general de ramitas de pino y a veces musgo y líquenes; la cazoleta se forma con un fieltro constituido por lana y plumas.

Las puestas en general tienen cinco huevos (tres de cinco, una de tres, en San Juan de la Peña) y los huevos son blancos con grueso moteado pardo rojizo que se concentra hacia el polo basal formando una corona oscura; las dimensiones de un huevo fueron 15,5 x 12 mm. Las primeras puestas se realizan sobre el 15 de abril (15.04.74 en Jaca; 11.04.72 en San Juan de la Peña) y los pollos nacen a primeros de mayo (14 - 15 días de incubación, GÉROUDET, 1.963).

Los pollos al nacer presentan plumón gris oscuro en la cabeza; las comisuras son amarillas, con el interior de la boca amarillo-naranja. Su desarrollo nidícola quedaría representado por las siguientes dimensiones:

Fecha	Peso	Pico	Tarso	Mano	Cúbito	4ª 1ª	Rect.	Uñas	Nº Pollos
250673	1,51	4,50	6,00	5,66	5,50			1	3
270673	3,50	5,80	8,83	8,16	7,53			2	3
290673	5,35	7,00	12,25	11,00	10,50	2,9	1,25	3	2
020773	7,65	8,05	15,75	14,15	14,25	11,75	6,25		2
040773	8,30	9,45	16,50 (?)	14,50	16,75	17,60	10,75	5	2
070773	8,65	10,50	16,00	14,50	16,60	27,75	20,50	6,20	2

(peso en grs., dimensiones en mm.).

Antes de volar, ya trepan por el tronco alejándose de los posibles depredadores; probablemente, sin las molestias que se les ocasiona al medirlos, el desarrollo nidícola se prolongaría uno o dos días más.

Las dimensiones de los adultos son:

Ala (mano + 4ª 1ª)	Tarso	Cúbito	Pico	4ª 1ª	Rect.	Peso
64,6 (9)	16,6 (5)	18,8 (3)	18,2 (5)	51,7 (3)	56,0 (2)	9,0 (10)

(peso en grs., dimensiones en mm.; entre paréntesis número de ejemplares medidos).

Pasada la primera nidificación, la primera quincena de junio, sobreviene la segunda y con ella termina la reproducción a mediados de julio. Nidadas de reposición pueden prolongarla.

Desde principios de agosto vagan en bandos poliespecíficos de aves forestales (San Juan de la Peña, 06.08.71; 20.08.71, etc. hasta 24.02.70 a partir de cuya fecha ya no se observan tales sociedades). Las aves con las que se asocia, en diversas combinaciones y proporciones son *Parus ater, P. caeruleus, Phylloscopus collybita, Ph. bonelli, Aegithalos caudatus, Sitta europaea, Regulus ignicapillus* y *R. regulus.* Sólo en una ocasión se observó en Jaca (el 28.01.74) un pequeño grupo laxo monoespecífico, con tres o cuatro agateadores.

Ejemplares en muda de coberteras se han capturado en San Juan de la Peña el 24.09.71.

A pesar de su elevada especialización, presenta una gran variabilidad en su comportamiento, lo que le permite explotar tróficamente diversos lugares y permanecer sedentario en épocas de escasez de alimento. Se ha observado pendiendo de ramas como hacen los páridos (San Juan de la Peña, 22.09.71), comiendo en el suelo (San Juan de la Peña, 07.02.72), buscando insectos trepando en paredes y ruinas (mismo lugar, 29.02.72, 10.03.72).

Su alimentación parece puramente invertebratófaga. Los resultados de los análisis de dos contenidos gástricos dan:

1º Ejemplar capturado en San Juan de la Peña, el 07.02.72: una larva de heteróptero, cuatro curculiónidos fragmentados, restos de ♂ y ♀ de dermáptero.

2º Ejemplar capturado en San Juan de la Peña, el 07.02.72: restos de ♂ y ♀ de dermáptero, tres pares de quelíceros de araneidos, restos de un curculiónido, una cabeza de heteróptero y fragmentos de una larva de ¿coleóptero?.

340 *Tichodroma muraria* (Linn.); treparriscos.

Sedentario y nidificante. Poco frecuente. Alpino. Paleomontano.

Veintinueve observaciones: febrero, 3; marzo, 8; mayo, 2; junio, 3; julio, 1; agosto, 4; septiembre, 1; octubre, 3; noviembre, 3 y diciembre, 1.

Las localidades de observación han sido: Puerto de Somport, solano del Tobazo, Peña Oroel, Candanchú, solano de Ip, Broto, Riglos, collado de Aisa, San Juan de la Peña, Peña Telera, Tortiellas, Rioseta, Peña de Hoz de Jaca, Rodellar, Peña Foratata, Los Lecherines y macizo de las Tres Sorores. Otras localidades son citadas por BERNIS *et al.* (1.955) y ARAGÜÉS (1.958 y 1.971).

Especialista de los roquedos calizos, nidifica por encima de los 1.500-1.800 m. s/M. en las Sierras Interiores e inverna en las Sierras Exteriores a niveles más bajos, no habiendo sido visto nunca por debajo de los 800 m. s/M. (Rodellar, 31.03.75).

En invierno, frecuentemente, busca también su alimento trepando por las construcciones humanas (San Juan de la Peña, 03.03.72; 09.03.72, 20.03.72, etc. y Peña Foratata, 10.10.74).

Conocemos poco sobre su ciclo reproductor, al parecer las parejas invernan juntas y comienza el celo en las zonas de invernada (Peña Oroel una pareja en plumaje estival, canto de celo y acrobacias aéreas), a partir del mismo mes empiezan a ocupar las áreas de reproducción y en Rioseta (1.800 m s/M.), el 22.06.75 se halló un nido en funcionamiento (pero inaccesible y por tanto sin saber su estado), mientras que en el macizo de las Tres Sorores, a 2.500 m. s/M., se halló otro nido en funcionamiento el 04.08.76, en el que uno de los progenitores cebaba frecuentemente.

La trashumancia efectuada entre Sierras Interiores y Sierras Exteriores parece muy regular y se realiza en marzo y en octubre, según indica el siguiente gráfico de observaciones:

febrero   O O O
marzo   + + O O O O O O
abril   + +
mayo   + + +
junio   +
agosto   + + +
septiembre   +
octubre   + + O
noviembre   O O O
diciembre   O

(+: observaciones en localidades de las Sierras Interiores; O: observaciones en Sierras Exteriores).

Determinadas observaciones en las provincias de Zaragoza y Teruel podrían tener su origen en aves pirenaicas, pero quizás sean nidificantes en altas cumbres del Sistema Ibérico (ARAGÜÉS, 1.971).

El análisis de un contenido gástrico dió los siguientes resultados: Macho capturado en el solano de Ip, el 20.09.69: 1 lepidóptero heterócero mayor de 10 mm. alas de un ¿himenóptero?, una semilla no identificada, otros pequeños fragmentos quitinosos.

Sittidae

341 Sitta europaea (Linn.); trepador azul.

Sedentario y nidificante. Raro. Montano - húmedo. Paleártico.

Setenta y cuatro observaciones repartidas a lo largo del año, del siguiente modo: enero, 5; febrero, 6; marzo, 8; abril, 5; mayo, 6; junio, 3; julio, 9; agosto, 11; septiembre, 9; octubre, 4; noviembre, 6; y diciembre, 5.

Observado únicamente en San Juan de la Peña, hayedo de Zuriza, barranco de Marcón (Ansó), Las Tiesas, Selva de Oza, pinar - abetal de la umbría de Oroel.

PURROY (1.974) cita su nidificación en Bigüezal, en bosque de *Pinus sylvestris*, con hayas, a unos 1.000 - 1.100 m. s/M.

Es indudable que un mayor nivel de prospección nos dará más localidades donde habita el trepador azul, ave típica centroeuropea pobladora de bosques planocaducifolios que ocupa en la Jacetania las escasas (y poco exploradas) zonas que reciben la húmeda influencia del Atlántico y en niveles medios de altitud. Según las abundantes observaciones de San Juan de la Peña (setenta observaciones) el desarrollo abundante de los líquenes en troncos y ramas de los pinos le dá la posibilidad trófica de colonizar tal zona, mientras que los escasos caducifolios más que como fuente de alimentación son utilizados para anidar (en los multiples orificios que los pícidos excavan en ellos). Quizá los frutos de las hayas sean un buen recurso alimentario en los meses invernales (observado comiendo hayuco en San Juan de la Peña en 25.09.72). La densidad de nidificación, en San Juan de la Peña, de una pareja cada 10 Has. es baja, pero normal en muchos lugares (GEROUDET, 1.963, anota densidades extremas desde una pareja cada 1 - 2 Has. hasta una media de 30 - 40 Has. por pareja según autores).

Desde finales de febrero o principios de marzo, se oyen sus cantos de celo (muchas parejas se observan unidas durante todo el invierno) y la puesta debe comenzar (considerando 15 días de incubación y 24 de nidicolismo según FITTER, 1.959 y WITHERBY, 1.965) a mediados de mayo, teniendo en cuenta que pollos, escasamente volanderos, se observaron el 22.06.72 en San Juan de la Peña.

Parejas unidas pueden observarse todo el año, pero también individuos solos o en compañia de los bandos multiespecíficos de aves forestales como en Selva de Oza en VII - VIII 1.964 (¿individuos nacidos en el año?).

Referente a su alimentación ya se ha mencionado la posibilidad que tienen, sobre todo en los meses invernales, de ser consumidores primarios, pero parece que en San Juan de la Peña son consumidores secundarios durante todo el año. Cabe señalar la observación repetida (San Juan de la Peña, 09.08.71, etc.) de individuos comiendo en el suelo después de las tormentas (los insectos derribados de los árboles por el agua?). El análisis de un contenido gástrico ha dado: Ejemplar capturado en San Juan de la Peña, el 17.10.71: fragmentos muy pequeños de insectos y arácnidos. Piedrecillas.

Paridae

342 Parus caeruleus (Linn.); herrerillo común.

Sedentario y nidificante. Abundante. Del submediterráneo al montano húmedo . Europeo.

Ciento diecisiete observaciones, que se reparten del siguiente modo: enero, 8; febrero, 14; marzo, 17; abril, 12; mayo, 10; junio, 5; julio, 9; agosto, 7; septiembre, 9; octubre, 5; noviembre, 8; diciembre 13.

Las localidades de observación han sido: Jaca, Boalar de Jaca, San Juan de la Peña, Barós, Asieso, Pardina Larbesa, Ipas, valle de Pineta, Abay, embalse de la Nava, Banaguás y Castiello de Jaca.

Localizado sedentario en arboledas, independiente del matorral, preferentemente de planifolios (sotos fluviales, quejigales y bosques mixtos; en ocasiones y con pobres densidades, en pinares con escasa mezcla de caducifolio, como en San Juan de la Peña, donde anida irregularmente y con densidades inferiores a 1 pareja en 10 Has.

Desde marzo, independiente ya de los bandos poliespecíficos de aves forestales, forma parejas muy algareras. En abril se han observado cópulas (San Juan de la Peña, 23.04.74 y comienzan las prospecciones de orificios donde establecerán nido (Jaca, 07.04.72; Ipas, 07.05.74). La construcción del nido se hace a continuación, los primeros días de mayo (Ipas, acarreando mechones de lana, el 03.05.72) y seguidamente ponen (San Juan de la Peña, nido con huevos, el 20.05.72 y nido con pollos ya emplumados el 11.06.72).

Uno de los factores que puede influir en la pobreza de *Parus caeruleus* en San Juan de la Peña, es la escasez de orificios adecuados para establecer nido, de tal modo que los dos nidos hallados, uno de ellos estaba situado algo alejado del bosque, en un orificio del tronco de un quejigo, a 214 cms. de altura y otro en un orificio de la pared del Monasterio Nuevo, a 205 cms. de altura. En su construcción utilizan grandes cantidades de musgo con el que rellenan el orificio y sobre el cual confeccionan la cubeta con pelo y plumas fundamentalmente.

Los huevos, en número de ocho, en uno de los nidos, son de color blanco con moteado pardo que se concentra formando una estrecha corona alrededor del polo basal. Las medidas de dos huevos fueron: diámetro máximo, 16,35 y 15,50 mm., diámetro mínimo, 12,30 y 11,20 mm. y el peso de uno de ellos 1,1 grs. No se observaron en ningún caso segundas puestas y los pollos, cebados en el nido por ambos progenitores, continúan del mismo modo durante varios días siendo volanderos. Posteriormente se unen a los bandos poliespecíficos que recorren el bosque, hasta la siguiente época de celo.

Uno de los dos nidos mencionados en San Juan de la Peña, fue depredado por *Strix aluco*, que mató a la hembra mientras incubaba los huevos.

En la Jacetania no se observan ni tan siquiera trashumancias importantes en los días más duros del invierno. Unicamente como dato de cuartel de invierno típico está la observación en los carrizales del embalse de la Nava de dos parejas el 11.12.74; la importancia de los carrizales en la alimentación invernal de *Parus caeruleus* es bien conocida desde antiguo (RICHARD, 1.920 citado en GÉROUDET, 1.963).

Los datos reunidos sobre alimentación son escasos: se ha observado a ambos padres aportar grandes orugas de lepidóptero al nido y los resultados de tres análisis de contenidos gástricos revelan la importancia que pueden tener los alimentos de origen vegetal durante el invierno. Dichos análisis son:

1º Ejemplar capturado en Pardina Larbesa, el 23.08.70: 100 % papilla vegetal.

2º Ejemplar capturado en San Juan de la Peña, el 07.02.72: 70% restos vegetales; 30% orugas semidigeridas de unos 6 mm. de longitud.

3º Ejemplar capturado en San Juan de la Peña, el 13.07.72: finos fragmentos de insectos y orugas de ellos, no identificados.

343 *Parus major* (Linn.); carbonero común.

Sedentario y nidificante. Abundante. Del Submediterráneo al montano húmedo. Paleártico.

Ciento sesenta y una observaciones, repartidas del siguiente modo: enero, 13; febrero, 17; marzo, 16; abril, 11; mayo, 20; junio, 8; julio, 14; agosto, 13; septiembre, 10; octubre, 12; noviembre, 11; y diciembre, 16.

Las localidades de observación han sido: Boalar de Jaca, Jaca, Asieso, Acín, San Juan de la Peña, Pardina Larbesa, Barós, Centenero, Ipas, Aratorés, Canfranc, Abay, Guasa, Banaguás, Castiello de Jaca, Áscara.

PURROY (1.972, 1.974) lo cita anidando en abetal de Irati (Navarra) y en pinar de *Pinus sylvestris* de Bigüezal, escaso y localizado.

Habita en biotopos similares a los de *P. caeruleus*, con el que habitualmente se asocia. Presenta las máximas densidades en formaciones arbóreas caducifolias (quejigales, sotos fluviales) y parques, disminuyendo notablemente ante los bosques de coníferas, a pesar de ser más abundante en ellos que su congénere (densidad en San Juan de la Peña, hasta 2,3 parejas en 10 Has.). PURROY (1.972) lo halla nidificante (muy raro) en abetal. No se ha observado por encima de los 1.500 m. s/M.

Desde finales de enero comienzan a oirse sus cantos de celo, en ocasiones ya contestados por otros machos (Oroel, 31.01.74). El celo va acentuándose y alcanza el máximo en marzo. El comienzo de la reproducción es variable, pero al parecer un poco tardío al menos en San Juan de la Peña. La observación de una pareja intentando hacer nido sobre los huevos o pollos de un nido de *Picus viridis* el 26.05.72, permite pensar en la escasez de orificios apropiados para anidar que les ofrecen los pinares (otro nido hallado, estaba situado en la pared del Monasterio Moderno) y ello puede atrasar la nidificación. La construcción del nido corre a cargo de la hembra, siendo acompañada constantemente por el macho, que sin embargo no colabora.

En el mencionado lugar, el 15.05.72, habia ya pollos en nido, mientras la otra pareja aún no había conseguido hacerlo, dichos pollos volaron el 06.06.72. Los pollos, torpes al principio, son acompañados mucho tiempo por ambos progenitores, que continúan cebándolos. Al parecer segundas puestas son muy raras, no habiéndose recogido nunca datos que puedan demostrarlo, salvo las observaciones en Aratorés, de un grupo familiar el 19.07.75 y en la ribera del Aragón, en Jaca, de un grupo familiar con pollos pedigüeños, el 08.08.63, muy tardías para tratarse de la primera nidada.

A mediados de julio, los jóvenes se unen a los bandos poliespecíficos de aves forestales y con ellos continuarán hasta el celo siguiente en que tendrán que encontrar un territorio de nidificación.

Parus major es una de las pocas aves capaces de comer orugas con sedas tóxicas. Se ha observado comiendo orugas de *Aglais urticae* (San Juan de la Peña, 30.05.72) y muy frecuentemente de procesionaria (*Thaumatopoea pityocampa*); al no tener mecanismo de defensa contra la toxicidad de las orugas grandes la técnica utilizada en comerlas es compleja: se ha observado colgando de las bolsas de procesionaria para extraer una oruga del interior, acarrea la oruga con el pico hasta una rama próxima y con movimientos bruscos de la cabeza la golpea contra la rama hasta matarla, luego ayudado de patas y pico desgarra la piel comiendo el interior (San Juan de la Peña, 03.03.72; 13.04.72 y Jaca 03.01.76).

Sin embargo parece que cuando dichas orugas son muy pequeñas las ingiere enteras, el análisis de un contenido gástrico dio el resultado siguiente:

Ejemplar capturado en Botaya, el 08.12.71: una cabeza de curculiónido, dos quelíceros de araneido, hemiélitros de heteróptero u homóptero y 2 - 3 pequeñas orugas peludas.

En todo caso fue imposible determinar tales orugas y cabe la posibilidad de que aún teniendo sedas, no fueran tóxicas y por ello las tragara enteras.

344 *Parus ater* (Linn.); carbonero garrapinos.

Sedentario y nidificante. Abundante. Del submediterráneo al subalpino. Paleártico.

Ciento quince observaciones que se distribuyen del siguiente modo: enero, 8; febrero, 11; marzo, 11; abril, 9; mayo, 8; junio, 7; julio, 14; agosto, 12; septiembre, 11; octubre, 8; noviembre, 8; y diciembre, 8.

Las localidades de observación han sido: Jaca, Boalar de Jaca, San Juan de la Peña, Peña Oroel, Canfranc, Candanchú, Larra, Valle de Pineta, Los Lecherines, Aratorés. Aragüés del Puerto, Zuriza, Ordesa, circo de Cotatuero y Peña Telera.

Ave típica de los bosques de coníferas desde los niveles submediterráneo montanos hasta los subalpinos, llegando hasta el límite altitudinal del arbolado.

Efectúa trashumancias, por lo menos desde los niveles subalpinos hasta los submediterráneo montanos, en los que la densidad aumenta en invierno (como en San Juan de la Peña), pero hace pensar que existe un aporte de aves de allende los Pirineos, debido a que el paso otoñal hacia el sur de la mencionada área de invernada es importante.

Está mejor adaptado a la vida en bosques de coníferas que los páridos antes tratados, ya que su plasticidad a la hora de elegir lugar de nidificación le permite mantener densidades elevadas aún en bosques relativamente jóvenes y por tanto carentes de orificios en el arbolado. En San Juan de la Peña, ocupa los pinares sin grandes diferencias entre las parcelas que poseen subvuelo o no y con una densidad media de 7,05 parejas cada 10 Has., densidad que disminuye en abetales y pinares de *Pinus uncinata* (PURROY, 1.972, 1.974).

Los cantos de celo comienzan a oirse abundantes en febrero (Jaca, 12.02.74) y empiezan a perseguirse entre ellos, en marzo se mantienen acantonados en sus territorios y el máximo de cantos y luchas se da en abril (San Juan de la Peña, pelea entre cuatro el 10.04.72). A finales del mismo mes o ya en mayo, comienza la construcción del primer nido (San Juan de la Peña, 18.04.72, 16.05.72; Jaca, 15.05.74). Los nidos, semejantes a los de todos los páridos (acúmulo de musgo rellenando el orificio y en la plataforma resultante, la cazoleta) se hallan en diversos lugares; la siguiente tabla muestra la altura y lugar escogidos en 7 nidos hallados en San Juan de la Peña.

	1	2	3	4	5	6	7
altura	200 cms.	56 cms	130 cms.	450 cms.	210 cms.	0 cms.	50 cms.
lugar	muro ladrillos	bifurcación tronco pino	muro ladrillo	pared piedra	pared piedra	orificio suelo	montón piedras

Los primeros pollos vuelan a partir de junio (San Juan de la Peña, 19.06.72) y seguidamente comienza con bastante regularidad una segunda puesta, a veces en el mismo nido (San Juan de la Peña 06.07.72 construcción de nido, 10.07.69 cebando pollos volanderos, 16.07.72 cebando en nido; valle de Pineta, acarreando cebo al nido el 01.07.73).

Dos puestas halladas contaban respectivamente con 8 huevos (primera nidificación) y 7 huevos (segunda nidificación). Un huevo huero que se recogió media

15,35 x 11,45 mm. y es de color blanco con concretas y finas manchas pardorrojizas que se concentran alrededor del polo basal formando una corona de gran densidad, pero no continua. En el primer nido mencionado la mortalidad fue elevada y sólo volaron dos pollos, en cambio en el segundo volaron seis.

Los pollos presentan escaso plumón de color gris claro en cabeza y dorso. Las comisuras son de color amarillo claro, y el interior de la boca amarillo naranja. Son cebados cuando ya pueden permanecer solos en el nido, por ambos adultos. El desarrollo nidícola, de una nidada controlada, desde el tercer día después de la eclosión es el siguiente:

Fecha	Peso	Pico	Tarso	Mano	Cúbito	4ª 1ª	Rect.	Nº pollos
050772	4,52	4,60	9,70	8,40	9,04			5
070772	5,78	5,14	12,42	10,94	11,20	3,60	1	5
090772	8,35	6,00	15,26	12,41	14,83	10,55	4,28	6
110772	9,66	6,60	16,50	12,60	16,15	18,28	8,83	6
130772	10,33	7,21	17,53	13,03	17,93	25,00	12,83	6
150772	10,36	7,58	17,50	12,91	18,33	31,30	17,75	6
170772	10,68	7,96	17,22	13,66	17,70	36,17	22,40	5
190772	10,10	8,65	17,47	13,87	18,17	39,75	27,00	4

(peso en grs., dimensiones en mm.).

Al volar los pollos torpes y confiados, continúan aún varios días cebados por ambos progenitores.

Los adultos presentan las dimensiones siguientes:

Ala (mano + 4ª 1ª)	Tarso	Cúbito	Pico	4ª 1ª	Rect.	Peso
61,9 (14)	16,6 (11)	17,1 (6)	9,8 (11)	48,8 (7)	44, 6 (7)	7,8 (11)

(peso en grs., dimensiones en mm.; entre paréntesis número de ejemplares medidos).

Terminada la reproducción, y primero los jóvenes, se unen a los bandos poliespecíficos de aves forestales, que recorren los bosques de coníferas hasta la siguiente época de celo.

La muda sobreviene a partir de agosto (dos ejemplares jóvenes en muda de coberteras el 02.08.72 en San Juan de la Peña).

Con los primeros fríos y nevadas se observa en los collados migraciones importantes (San Juan de la Peña, 12.11.73).

Lo ecléctico en los materiales de que se alimenta, así como su conducta alimentaria, le permiten invernar en lugares de donde otras aves deben trashumar. Así se le ha observado en San Juan de la Peña, tanto comiendo en el suelo (02.09.71), como trepando por los troncos y arrancando cortezas con el pico como lo puede hacer *Sitta europaea* (12.11.71) o por el suelo y paredes de un pozo utilizado como vertedero y comiendo residuos (15.09.71). Así como una notable fuente alimentaria la tiene en los piñones de *Abies alba*, a cuyas piñas arranca las escamas para obtener los piñones (25.10.71) o bien de *Pinus sylvestris*, de cuyos conos se cuelga cuando éstos se abren, para extraer los piñones (20.03.72 y 11.02.76).

Los análisis de contenidos gástricos dan resultados medianos ya que los estómagos aparecen casi siempre semivacíos, además de que contienen piedrecillas en general por lo menos en invierno y los restos se hallan extraordinariamente triturados. El resultado de seis de tales análisis ha sido:

1º Macho capturado en San Juan de la Peña, el 13.06.69: escasos fragmentos de élitro de coleóptero.

2º Ejemplar capturado en San Juan de la Peña, el 17.10.71: fragmentos de coleópteros y otros insectos; piedrecillas.

3º Ejemplar capturado en San Juan de la Peña, el 24.10.71: piedrecillas.

4º Ejemplar capturado en San Juan de la Peña, el 24.10.71: escasos fragmentos de artrópodos. Abundantes piedrecillas.

5º Ejemplar capturado en San Juan de la Peña, el 04.11.71: escasos fragmentos de origen animal y abundantes piedrecillas.

6º Ejemplar capturado en San Juan de la Peña, el 18.11.71: 70 % insectos triturados; 30 % fragmentos de piñones de *Abies alba*. Abundantes piedrecillas.

345   *Parus palustris* (Linn.); carbonero palustre.
¿Sedentario y nidificante?. Muy raro. Montano - húmedo. Paleártico.

Siete observaciones, dos en San Juan de la Peña, el 10.11.71 y 25.03.74, una en la umbría de Oroel el 12.04.76, una en Soaso, el 03.08.76, una en el barranco de Marcón, el 07.08.63, una en la Selva de Oza, el 31.07.64 y una en El Boalar de Jaca, el 07.03.66. Se ha creido ver —con frío invernal—, refugiado en el Parque de Jaca (invierno de 1.966).

Además PURROY, lo cita nidificante, fuera de la Jacetania, en bosque de *Pinus sylvestris* con *Fagus sylvatica* en Remendia (Navarra) a 1.200 m. s/M. y en bosques de *Abies alba* en Baricauba (Valle de Arán), 1.250 m. s/M., también en Valle de Arán, en Les Bordes, lo he observado el 15.09.74.

Al parecer es ave propia del montano húmedo, de bosques planifolios y su abundancia es mayor en ambos extremos del Pirineo, con mayor influencia oceánica, así como en la vertiente septentrional. La escasez de tales biotopos en la Jacetania puede ser la causa de su rareza, pero puede suponerse, casi sin dudas, como nidificante.

Durante la invernada, sus trashumancias al submediterráneo y montano seco, más explorado y quizás con aporte de aves septentrional, sería causa de mayor frecuencia de observaciones.

346   *Parus cristatus* (Linn.); herrerillo capuchino.
Sedentario y nidificante. Abundante. Del submediterráneo al subalpino. Europeo.

Noventa y siete observaciones: enero, 8; febrero, 12; marzo, 6; abril, 5; mayo, 7; junio, 3; julio, 12; agosto, 10; septiembre, 11; octubre, 7; noviembre, 8; y diciembre, 8.

Las localidades de observación han sido: Jaca, Boalar de Jaca, La Moleta de Ip, Peña Oroel, San Juan de la Peña, Larra, Valle de Añisclo, Canfranc, Col de Ladrones, Valle de Ordesa, circo de Cotatuero, Los Lecherines y Pardina Larbesa.

Escaso en quejigales, anida preferentemente en los bosques de coníferas independientemente del matorral y hasta el límite del arbolado, de modo semejante a *Parus ater*, con un máximo en pinares de *Pinus sylvestris* (2,88 parejas cada 10 Has. en promedio en San Juan de la Peña; 2,9 según PURROY, 1.974, como promedio de varios pinares pirenaicos). Su densidad desciende en abetales y pinares de *Pinus uncinata* (0,9 y 1,1 parejas en 10 Has. respectivamente, como promedio de varias formaciones de tal tipo pirenaicas).

Al parecer existen ligeras trashumancias entre alta montaña y los pinares submediterráneo - montanos de *Pinus sylvestris* actúan como área de invernada.

La entrada en celo se hace notable en marzo (San Juan de la Peña, 20.03.72 y Oroel, 27.03.74) época en la que comienzan a defender los territorios. La nidificación comienza en la primera quincena de abril y a mediados de mayo nacen los primeros pollos.

Los nidos se sitúan preferentemente en orificios de ramas o árboles muertos y con su madera en descomposición, no pareciendo que posean plasticidad en este caso, ya que nunca se han hallado nidos que no correspondan a esta situación. Tres nidos hallados tenían las siguientes características:

Soporte	Lugar	Altura	Orificio entrada
Populus tremula tronco seco	nido de pícido	440 cms.	lateral y superior
Salix caprea rama seca	nido de pícido	305 cms.	lateral
Valla de troncos de pino	interior descompuesto	130 cms.	superior

Con cierta frecuencia, la hembra, cuando la madera está lo suficientemente descompuesta arranca fragmentos de las paredes del orificio hasta darle las dimensiones deseadas (San Juan de la Peña, 27.03.74).

Uno de los nidos, con las características habituales en los nidos de páridos, o sea recipiente relleno de musgo, sobre el que se construye la cazoleta con borra, lana y alguna pluma, presentaba las siguientes dimensiones (sólo de cazoleta): diámetro 50 mm., profundidad 70 mm. En la primera nidificación pusieron 7 huevos en dicho nido.

Los pollos nacieron el 13 ó 14.05.72 y presentaban plumón gris sobre la cabeza y las comisuras y el interior de la boca amarillos. Desde el segundo o tercer día los pollos permanecen solos en el nido y ambos padres los ceban con una frecuencia poco superior a los 4 minutos. El día 20.05.72 ya reventaban todos los cañones y el 24.05.72 ya casi no se veían los apterios. El día 28.05.72 saltaron del nido.

Los datos de desarrollo fueron los siguientes:

Fecha	Peso	Pico	Tarso	Mano	4ª 1ª	Nº pollos
160572	5,78	4,76	12,56	10,66		6
180572	8,17	5,30	15,72	13,50	5,87	4
200572	9,80	5,55	17,15	13,25	11,77	4
220572	11,02	5,55	19,12	15,00	18,37	4
240572	11,82	6,37	18,80	15,55	24,87	4
260572	11,82	6,97	19,17	15,80	30,77	4
280572	11,66	7,33	19,16	15,00	35,80	3

(peso en grs., dimensiones en mm.).

Las dimensiones de los adultos son:

Ala (mano + 4ª 1ª)	Tarso	Cúbito	Pico	4ª 1ª	Rect.	Peso
68,4 (7)	18,5 (5)	18,8 (4)	10,1 (5)	51,0 (5)	47,4 (5)	10,9 (6)

(peso en grs., dimensiones en mm.; entre paréntesis, número de ejemplares medidos).

El 31.05.72, se observó el macho en las proximidades del nido abandonado ya; en una nueva prospección el día 12.06.72 se hallaron cuatro huevos. El día 15 ya había 6 y éste fue el número definitivo. Desgraciadamente el día 25, antes de la eclosión de los huevos, el nido fue depredado. En todo caso, la segunda nidada y la época de reproducción terminan sobre mediados de julio. Pocos días después, independizados ya los pollos, se forman, sobre todo a cargo de los jóvenes, los bandos erráticos poliespecíficos de aves forestales, habiendo observado en San Juan de la Peña, el 20.07.72, a esta especie junto a *Parus ater, P. caeruleus, P. major, Regulus ignicapillus, Phylloscopus collybita* y *Aegithalos caudatus*. Los bandos mixtos durarán hasta la siguiente época de celo. La muda sobreviene desde los primeros días de agosto (dos ejemplares mudando coberteras en San Juan de la Peña, el 02.08.72).

Parus cristatus, presenta una cierta variabilidad en los alimentos que toma y su modo de conseguirlos, de tal manera que su subsistencia en épocas poco favorables es más fácil que en especies más especializadas. Se le observa con cierta frecuencia alimentándose en el suelo (San Juan de la Peña, 25.01.72 y 25.02.72) así como en los troncos de los árboles o extrayendo a final de invierno las semillas de los conos de *Pinus sylvestris* (San Juan de la Peña, 11.02.76).

El análisis de los contenidos de tres estómagos ha dado:

1º Ejemplar capturado en La Moleta de Ip, el 20.11.68: abundantes fragmentos de insectos (formícidos y coleópteros); escasos restos vegetales sin determinar.

2º Ejemplar capturado en San Juan de la Peña, el 21.10.71: 9 homópteros, 2 curculiónidos, 2 - 3 huevos de artrópodo.

3º Ejemplar capturado en San Juan de la Peña, el 24.10.71: 7 cabezas de homóptero y fragmentos de coleóptero.

347. *Remiz pendulinus* (Linn.); pájaro moscón.

Sedentario y nidificante. Raro. Submediterráneo. Paleártico.

Una única observación en la Jacetania: adulto cebando a dos pollos el 05.07.74 en el embalse de La Nava. Poco más al sur, en el Somontano y los Monegros es más abundante ocupando de hecho todo el Valle del Ebro (ARAGÜÉS, 1.963b). Observaciones propias en Somontano y Monegros son: embalse de la Sotonera, 23.02.73 y 15.08.74 y laguna de Sariñena, 16.07.75.

349. *Aegithalos caudatus* (Linn.); mito.

Sedentario y nidificante. Abundante. Submediterráneo y montano - seco. Paleártico.

Ochenta y ocho observaciones repartidas del siguiente modo: enero, 7; febrero, 8; marzo, 15; abril, 6; mayo, 7; junio, 5; julio, 2; agosto, 5; septiembre, 11; octubre, 7; noviembre, 7; diciembre, 8.

Las localidades de observación han sido: Jaca, El Boalar de Jaca, Asieso, Castiello de Jaca, Acín, Barós, San Juan de la Peña, Ipas, Oroel, Abay, Foz de Biniés y Banaguás.

Nidifica preferentemente en el manto marginal de bosques submediterráneos, hasta 1.200-1.500 m. s/M. Si bien explota el arbolado forestal todo el año, los nidos hallados siempre lo han sido en matorrales y en la linde o fuera del bosque.

El mito es el paseriforme que más tempranamente empieza a nidificar, antes de terminar el invierno. Su celo no es muy manifiesto, observándose simplemente a medida que avanza el mes de marzo, la disgregación de los bandos al tiempo que, cada vez con mayor frecuencia, se observan parejas solas. La larga construcción del nido comienza a mediados de dicho mes (San Juan de la Peña, 18.03.74 y 09.03.75; nidos en diversos grados de construcción; Jaca, 30.03.74 nido casi terminado, faltando algo de su revestimiento interior), o quizás antes (BELHACHE, 1.970). En la primera quincena de abril las puestas se completan y la incubación puede comenzar. Al parecer, un brusco cambio del tiempo que ocasione un notable empeoramiento de las condiciones tróficas, puede retrasar el comienzo de la incubación. En San Juan de la Peña (1.200 m. s/M.) se observó el 18.03.74 una pareja construyendo nido, el cual, en 01.04.74, ya estaba totalmente acabado; el 18.04.74 habían en su interior seis huevos fríos y no se observaban los padres en los alrededores, días antes una fuerte nevada había cubierto el paraje y se pensó que el nido había sido abandonado; efectivamente el día 23.04.74 seguía todo en las mismas condiciones y se pensó en retirar el nido para coleccionarlo, dando por seguro su abandono; afortunadamente no se hizo y en una nueva visita, el 01.05.74 se vio, con sorpresa, que había un ave incubando. Los seis pollos nacieron el día 13.05.72, lo que supone, contando entre 14 y 18 días de incubación (WITHERBY, 1.965) un abandono de la puesta, por lo menos, entre siete y once días, acompañado del abandono del territorio. Puede suponerse incluso que el mal tiempo obligó al abandono del paraje antes de completar la puesta, perdiéndose de dos a seis huevos si se consideran normales las puestas de ocho a doce huevos (WITHERBY, 1.965).

En otro nido, cercano a Jaca a 800 m. s/M. el comienzo de la incubación no se retrasó. Los pollos, ocho en total, nacieron el 28.04.74. Al nacer están totalmente desnudos; las comisuras son de color amarillo marfil y el interior de la boca amarillo. Se obtuvieron los siguientes datos sucesivos de desarrollo:

Fecha	Peso	Pico	Tarso	Mano	Cúbito	4ª	1ª	Rect.	Nº pollos
300474	1,1	2,8	4,8	4,9	4,4				5
020574	2,1	3,2	6,3	7,3	5,9				5
040574	2,6	3,4	7,4	7,4	6,7				6
060574	3,3	3,9	9,2	8,9	8,8	0,3		0,1	5
080574	5,3	4,7	12,6	11,6	11,2	6,7		4,8	5
110574	6,1	4,6	15,1	13,9	13,5	17,3		13,6	5
130574	5,4	4,7	15,7	13,4	14,3	22,7		17,1	5

(peso en grs., dimensiones en mm.).

El día 15.05.74, todos los pollos se hallaron muertos menos uno que escapó el mismo día 13.05.74. Quizás los padres atendiendo al que estaba fuera del nido, abandonaron a los otros, incapaces aún de volar; en todo caso se puede dudar de la validez del desarrollo, quizás influido por alguna enfermedad que causase la muerte de los pollos, a pesar que ello es poco probable.

Las dimensiones de los adultos son:

Ala (mano + 4ª 1ª)	Tarso	Cúbito	Pico	4ª	1ª	Rect.	Peso
60,5 (10)	16,9 (7)	15,0 (1)	7,1 (6)	48,5 (1)		78,4 (1)	7,2 (10)

No se han observado segundas puestas, ni nidadas tardías de reposición. Terminada la primera nidificación se observan bandos monoespecíficos, probablemente formados por familias (El Boalar, 17.06.68), en julio se incorporan a los bandos mixtos de aves forestales (San Juan de la Peña, 20.07.72), pero también es fácil observar durante todo el invierno bandos monoespecíficos, en zonas de matorrales menos frecuentados por el resto de especies de los bandos (El Boalar, 11.10.68; San Juan de la Peña, 25.01.72; Jaca 31.01.74, etc.). Los bandos monoespecíficos constan desde 3-4 a unos 15 individuos: La muda sobreviene en septiembre (San Juan de la Peña, 22.09.71, mudando pennas y coberteras).

No se ha observado trashumancias ni migraciones concretas, aparte del erratismo normal fuera de la época de reproducción.

En general busca su alimento en las ramas de árboles y arbustos, pero alguna vez, se han observado cogiendo insectos sobre la nieve y rebuscando en grietas de edificios y ruinas (San Juan de la Peña, 24.01.72). El análisis de dos contenidos gástricos ha dado los siguientes resultados:

1º Macho capturado en Jaca, el 08.01.69: huevos de artrópodo, fragmentos de alas y partículas quitinosas muy trituradas.

2º Ejemplar capturado en San Juan de la Peña, el 04.11.71: una puesta de artrópodo, fragmentos muy finos de insectos y araneidos.

Fringillidae

350 Miliaria calandra (Linn.); triguero.

Sedentario, pero principalmente estival y nidificante. Abundante. Submediterráneo. Europeo - turquestaní.

Treinta y cinco observaciones: febrero, 2; marzo, 8; abril, 1; mayo, 5; junio, 3; julio, 7; agosto, 2; septiembre, 2; octubre, 2; noviembre, 2; diciembre, 1.

Las localidades de observación han sido: Jaca, El Boalar de Jaca, Abay, Asieso, Barós, San Juan de la Peña, Novés, Pardina Larbesa, Ipas, Aratorés y Banaguás.

Lugares deforestados, con o sin cultivos y con arbustos o setos que utiliza, ya como posadero de canto, ya para esconder su nido. Hasta los 900-1.000 m. s/M. en época de reproducción, observado a 1.200 m. s/M. (San Juan de la Peña, 25.10. 71) fuera del celo. Su canto se escucha habitualmente desde febrero hasta julio, agosto y septiembre permanece silencioso y algún canto vuelve a oirse en octubre - noviembre.

Desde marzo es frecuente observarlo guardando sus territorios de nidificación, cantando desde posaderos. Sus territorios conciernen únicamente y de forma relativa al conjunto de arbustos donde anida, siendo los amplios llanos deforestados próximos, terrenos neutrales de alimentación.

Los datos recogidos de nidificación deben corresponder a segundas nidadas: adulto con cebo en el pico, Jaca, 18.07.75; grupo familiar en Larbesa, 26.07.75.

Terminada la nidificación, en agosto se reunen en bandos numerosos (Abay, 27.08.75) que recorren de manera errática los campos de cereal ya segados y que permanecerán unidos todo el invierno (Abay 03.09.75; 29.12.75, etc.).

Sobre todo las fuertes nevadas, cubriendo el suelo, lugar donde encuentran su alimento, les obligan a efectuar trashumancias hacia zonas más meridionales; se observan en grandes bandos muy abundantes en el Valle del Ebro, durante los meses más crudos.

La alimentación, estival, única de la que poseemos datos, es fundamentalmente insectívora. Se le ha observado acarreando como cebo saltamontes (Jaca, 18.07.75) y el análisis de un contenido gástrico dio:

Hembra capturada en cercanías de Jaca, el 19.05.70: 1% muy escasas semillas de 1 mm. de ϕ (leguminosa?); 99 % dos caracoles de 5 y 2,5 mm. de ϕ; más de 20 orugas de lepidóptero de 10 mm.; 2 forcípulas de dermáptero, fragmentos de élitros de un coleóptero de unos 3,5 mm. de longitud, patas de un ¿blatoideo?, una cabeza de 2 mm. de homóptero.

351 *Emberiza citrinella* (Linn.); escribano cerillo.

Sedentario y nidificante. Abundante. Montano - húmedo y subalpino. Paleártico.

Cuarenta y tres observaciones: enero, 5; febrero, 3; marzo, 9; abril, 7; julio, 6; agosto, 2; octubre, 2; noviembre, 3; diciembre, 6.

Las localidades de observación han sido: Jaca, Banaguás, Barós, pardina Larbesa, Piedrafita de Jaca, Boalar de Jaca, Candanchú, San Juan de la Peña, embalse y valle de Pineta, Abay, Ipas, Novés, Asieso, Navasa, collado de El Bozo (Aisa), Los Lecherines, Peña Telera, Aratorés y Zuriza.

Nidifica en lugares abiertos con o sin setos, de carácter montano húmedo, tal como prados de siega, bujedos elevados y prados y pastos alpinos por encima de los 800-900 m. s/M. y hasta los 2.200 m. s/M. o más.

En la Canal de Berdún alguna pareja anida en húmedos sotos fluviales orientados al N. pero lo normal es hallarlos en los valles pirenaicos, a partir de las estribaciones de las Sierras Interiores y de ahí hasta su cabecera, por ejemplo en el valle del Aragón, no se observa nidificante antes de Castiello de Jaca.

En las zonas de prados permanece desde abril (Candanchú, 13.04.71; collado de El Bozo, 28.04.74; Peña Telera, 24.04.75, etc.), hasta octubre (Candanchú,

06.10.71). Sin embargo, alguno en dispersión postnupcial alcanza a verse en agosto en la Canal de Berdún (Abay, 27.08.75), pero lo normal es que invadan dicha comarca a partir de octubre en que los pasos se observan con cierta claridad (San Juan de la Peña, 12.11.71). Así como las zonas altas del área de nidificación son abandonadas de octubre a abril, en las zonas bajas son sedentarios y en el submediterráneo montano únicamente invernante de noviembre a marzo - abril, fomándose ya las parejas en esta zona.

El único dato de nidificación recogido, es el de un pollo apenas volandero en Pineta, el 01.07.73, quizás de la primera nidificación, pudiendo prolongarse la segunda hasta avanzado agosto en niveles altos (Sierra Custodia, 1.800 m. s/M., pollo recién salido del nido, el 05.08.76).

Después de la época de reproducción se vuelve gregario, quizás al principio formando bandos familiares (Piedrafita de Jaca, el 23.07.69 varios bandos de 4 a 6 individuos en prados a 1.700 m. s/M.; Candanchú, grupos el 14.07.71), luego durante la invernada formando grandes bandos poliespecíficos (Banaguás, el 28.02.69, con *Fringilla coelebs*, *Emberiza cirlus*, *Petronia petronia*, *Passer montanus* y *P. domesticus;* en Jaca, el 13.02.74, con *Emberiza cirlus;* en Abay el 26.12.75, con *Fringilla coelebs*, *Emberiza cia* y *E. cirlus;* en Abay, el 03.01.76, con *Fringilla coelebs* y *F. montifringilla*, etc.).

Un único dato de alimentación invernal, basado en un análisis de contenido gástrico, es el siguiente: Macho capturado en la Jacetania, el 28.08.66: 18 granos de trigo.

352 Emberiza cirlus (Linn.); escribano soteño.

Sedentario y nidificante. Abundante. Del submediterráneo al montano - húmedo. Mediterráneo.

Ciento sesenta y cinco observaciones: enero, 11; febrero, 13; marzo, 20; abril, 15; mayo, 15; junio, 8; julio, 17; agosto, 20; septiembre, 14; octubre, 14; noviembre, 9; diciembre, 9.

Los lugares de observación han sido: Jaca, el Boalar de Jaca, Atarés, Asieso, Guasillo, Abay, Barós, pardina Larbesa, Bernués, Castiello de Jaca, Novés, San Juan de la Peña, Ipas, Ascara, Aratorés.

Nidifica en sotos fluviales y zonas de cultivos y prados con abundantes setos, hasta los 1.500 m. s/M. (Rioseta). Precisa abundancia de matorral espeso y no rehuye los árboles claros, siendo más mediterráneo que la especie anterior, con la que convive en el límite de sus áreas de nidificación.

Su canto de celo se oye todo el año, pero entre agosto y febrero muy escaso. Es en febrero cuando comienza a aumentar notablemente la frecuencia de los cantos y los machos presentan plumaje estival (San Juan de la Peña, 25.02.72). En marzo los bandos van deshaciéndose y cada vez son más frecuentes las parejas aisladas; los machos cantan muy abundantemente y querellan entre ellos con frecuencia, disputándose la posesión de pareja y territorio (Jaca, 26.03.74; Boalar, 24.03.70). En abril se asientan definitivamente en sus territorios y la nidificación comienza en mayo, siendo junio el mes en que vuelan los pollos de la primera nidada (San Juan de la Peña, 20.06.73; Barós, 10.06.69).

Los nidos son voluminosos y se construyen cerca del suelo, bien escondidos. Dos nidos hallados en San Juan de la Peña presentaban las siguientes características:

Soporte	Altura sobre suelo	Diámetro máximo	Profundidad máxima	Diámetro mínimo	Profundidad mínima
Clematis sp.	65 cms.	12 cms.	6 cms.	7 cms.	3,5 cms.
Pinus sylvestris	110 cms.	13 cms.	8 cms.	7 cms.	4 cms.

Los materiales de construcción son para el recipiente exterior gramíneas, tallos y ramitas secas, en uno de ellos también habían grandes coberteras de gallina doméstica; la cazoleta se construye con materiales vegetales más finos, raicillas, fibras de gramínea y en uno de los dos nidos escasos talos de musgo. Los huevos en número de tres (en dos nidadas) presentan un abigarrado moteado y rayado sobre fondo blanco.

Al nacer los pollos están muy vestidos de plumón, gris oscuro en el dorso y cabeza y blanco a ambos lados del vientre; las comisuras son de color amarillo marfil y el interior de la boca rojo anaranjado.

Los pollos nacidos en el día, tienen los siguientes pesos y dimensiones:

Fecha	Peso	Pico	Tarso	Mano	Cúbito	4ª 1ª	Rect.	Nº pollos
200673	2,00	4,65	5,90	5,90	6,00			2

(peso en grs., dimensiones en mm.).

El desarrollo del anterior nido no se pudo continuar ya que los pollos fueron depredados. Otra nidada, desde la edad aproximada de 2 - 3 días tuvo el siguiente desarrollo nidícola:

Fecha	Peso	Pico	Tarso	Mano	Cúbito	4ª 1ª	Rect.	Nº pollos
120673	4,30	5,75	7,75	7,75	8,75			3
140673	7,35	6,25	9,75	11,50	11,00	2		2
160673	12,55	6,15	14,00	14,75	15,00	8,25	1,00	2
180673	16,95	8,00	18,25	17,75	21,00	17,00	4,50	2
200673	18,05	8,50	19,25	20,75	23,50	26,50	11,00	2

Las dimensiones de los adultos son:

Ala (mano + 4ª 1ª)	Peso	Tarso	Pico
78,7 (7)	24,5 (7)	18 - 19 (x)	10,5 - 11,5 (x)

(peso en grs., dimensiones en mm.; entre paréntesis, número de ejemplares, (x) según WITHERBY, 1.965).

La hembra incuba sola y cuando nacen los pollos les sigue dando calor durante varios días. Al acercarnos al nido permanece en él inmóvil hasta la distancia de un metro, luego salta al suelo y allí hace la parodia de ave herida, arrastrando un ala, para distraer la atención del posible depredador. A la semana de edad, los pollos abren los ojos y la madre aún los incuba y lo sigue haciendo hasta los nueve días. El último día de medida los pollos chillaron y a sus voces acudieron ambos progenitores con gran algarabía y haciéndose el herido.

La segunda nidificación es al parecer regular y los pollos nacen en julio (cercanías de Jaca, el 18.07.75, adultos acarreando cebo en el pico). Terminada la reproducción, en agosto, se observan en pequeños grupos, quizás familias (Jaca, 30.08.75).

La muda sobreviene tardíamente, en octubre (San Juan de la Peña, muda de pennas y coberteras, el 18.10.71 y 25.10.71).

A medida que avanza el invierno se van formando grupos más numerosos, en general poliespecíficos, que se apartan de los biotopos habituales para recorrer los cultivos y otras zonas deforestadas (Abay, el 28.02.69, con *E. citrinella, Fringilla coelebs, Petronia petronia, Passer montanus* y *P. domesticus*, Barós, el 24.11.69 y el 23.02.70, con *E. cia;* Jaca, el 13.02.74 con *E. citrinella;* Barós, el 28.12.75 con *E. cia, E. citrinella, Fringilla coelebs* y *F. montifringilla* y Abay el 26.12.75, con *E. cia, E. citrinella* y *Fringilla coelebs*).

Las fuertes nevadas les obligan a trashumar más al sur, dado que al comer únicamente en el suelo, el alimento con la nieve les resulta inaccesible.

La alimentación es al parecer insectívora en época de reproducción (se han observado cebando pollos con saltamontes y fuera de dicha época puramente granívora. Los análisis de contenidos gástricos, con estómagos recogidos entre agosto y marzo parecen indicarlo así; el resultado de cinco de dichos análisis es:

1º Ejemplar capturado en Jaca el 31.10.68: semillas no identificadas. Escasas piedrecillas.

2º Ejemplar capturado en Jaca, el 02.11.68: escasos restos vegetales sin identificar. Abundantes piedrecillas.

3º Ejemplar capturado en Castiello de Jaca, el 04.08.69: 6 granos de trigo.

4º Hembra capturada en Novés, el 17.09.70: 7 granos de trigo.

5º Hembra capturada en San Juan de la Peña, el 04.03.72: un ácaro, abundantes restos de semillas sin identificar. Piedrecillas.

353 *Emberiza hortulana* (Linn.); escribano hortelano.

Estival y nidificante. Poco frecuente. Submediterráneo y montano - húmedo. Europeo - turquestaní.

Veintitrés observaciones: abril, 1; mayo, 4; junio, 8; julio, 6; agosto, 3; septiembre, 1.

Observado en Barós, Bernués, Formigal de Tena, Jaca, Boalar de Jaca, Ipas, pardina Larbesa, Botaya, Guarrinza y el Portalet de Aneo.

Anida en solanas cálidas y secas, entre cultivos o aliagares poco espesos, con árboles o setos dispersos, tanto en el submediterráneo, como en lugares termófilos del montano - húmedo (Formigal de Tena, 11.09.69, Guarrinza, 16.06.70, el Portalet de Aneo, 08.06.68).

Debido a su carácter escondedizo y su poca abundancia, desconocemos prácticamente todos los aspectos de su biología. Los nidos suelen estar en grietas de pequeñas peñas. A mediados de julio ceba pollos en El Portalet de Aneo. Al parecer migra en grupos familiares en septiembre (Botaya, sin más datos) y su llegada es en abril (día 31, primera observación).

354 Emberiza cia (Linn.); escribano montesino.

Sedentario y nidificante. Abundante. Del submediterráneo al montano - húmedo. Paleártico.

Noventa y dos observaciones, repartidas a lo largo del año del siguiente modo: enero, 8; febrero, 12; marzo, 16; abril, 4; mayo, 8; junio, 2; julio, 3; agosto, 4; septiembre, 13; octubre, 6; noviembre, 8; diciembre, 8.

Las observaciones han sido realizadas en Atarés, Boalar de Jaca, Jaca, Asieso, San Juan de la Peña, Barós, Guasillo, Ipas, Áscara, Abay, pardina Larbesa, Rodellar y puerto de Monrepós.

Anida en zonas cálidas deforestadas o con arbolado muy esparcido, pero con matorral (aliagares, erizones, bujedos), preferentemente en lugares rocosos hasta los 1.500 m. s/M. quizás más. Se muestra muy escondedizo y parco en cantos durante la época de nidificación.

Los bandos invernales van convirtiéndose en parejas aisladas desde marzo, para deshacerse totalmente en abril. Carecemos de datos sobre la primera nidada y de la segunda, únicamente la observación de una pareja con dos pollos escasamente volanderos a los que cebaban con saltamontes (San Juan de la Peña, 24.07.72).

A partir de agosto, se dispersan ocupando lugares deforestados que no utilizan para reproducirse (claros de bosque, cultivos), al principio en grupos familiares, luego en bandos cada vez más numerosos que se unirán a los de otras especies durante el invierno (junto a *E. cirlus, E. citrinella, Fringilla coelebs, F. montifringilla, Carduelis chloris, C. citrinella, C. carduelis* y *Pyrrhula pyrrhula* en diversas combinaciones, en San Juan de la Peña, 03.03.72; Barós, el 28.12.75; Abay, el 26.12.75). Como a otras especies que hallan su alimento exclusivamente en el suelo, las grandes nevadas les obligan a trashumar durante la permanencia de la nieve a lugares más cálidos. Se observan movimientos multitudinarios, con bandos de algún centenar de individuos de allende los Pirineos (observado en San Juan de la Peña, el 25.02.72 y 04.03.72 y 12.11.71).

Como se ha indicado anteriormente, se ha observado cebando con insectos a sus pollos, sin embargo fuera de nidificación es al parecer únicamente granívoro como parecen indicarlo los siguientes análisis de contenidos gástricos.

1º Ejemplar capturado en Jaca, el 19.09.67: 3 granos de trigo, piedrecillas.

2º Macho capturado en Jaca, el 10.09.69: abundantes semillas de gramínea de una sola especie, piedrecillas.

3º Macho capturado en San Juan de la Peña, el 04.03.72: un grano de trigo, dos de maíz y otras semillas sin identificar.

357 Emberiza schoeniclus (Linn.); escribano palustre.

Únicamente de paso, entonces abundante pero localizado. Paleártico.

Cuatro observaciones, todas ellas en el río Aragón, cerca de Jaca, el 18.03.74, 19.03.74, 22.03.74 y 26.03.74.

Invernante en las cuencas palustres del sur de la Jacetania (Sotonera, 23.02.73 y Sariñena 14.12.74), su paso primaveral por los cauces de los grandes ríos es conspicuo y multitudinario y se realiza en muy concretas fechas.

El año 1.974 se observó dicho paso, que no duró más allá de unos 10 días, pero con centenares de individuos que avanzaban lentamente en carrizales y sotos del río. Se observó una mayoría de hembras los primeros días, para invertirse la proporción de los sexos en los posteriores. Los machos presentaban aún plumaje invernal.

395 Coccothraustes coccothraustes (Linn.); picogordo.

Invernante. Escaso y localizado. Paleártico.

Quince observaciones: enero, 3; febrero, 7; noviembre, 1; diciembre, 4.
Las localidades de observación han sido: Áscara, Jaca y Aratorés.

Invernante escaso, se observa en jardines, sotos fluviales y setos, más abundante en zonas húmedas, donde la existencia abundante de frutos le permiten hallar alimentos suficiente (Aratorés, 30.12.75). Es muy arborícola, alimentandose muchas veces cogiendo frutos en el mismo árbol mediante diversas acrobacias, pero cuando hay alimento en el suelo no vacila en bajar persiguiendo entonces a otras aves que a él se acercan (Jaca, el 27.01.74, comiendo en el suelo y querellándose con *Fringilla coelebs* y *Passer domesticus*).

A lo largo de su estancia mantienen territorialidad intra e interespecífica, más estricta la primera, adueñándose cada ave de un lugar que defiende con continuas persecuciones. Se alimenta de frutos secos, de dura cubierta, no explotados por otros fringílidos (observado comiendo semillas de *Taxus baccata*, en Jaca el 02.02.74 y frutos de *Acer sp.* en Áscara el 11.02.76).

La estancia en la Jacetania se prolonga desde noviembre (día 1 primera observación), hasta febrero (día 25 última observación).

360 Carduelis chloris (Linn.); verderón común.

Sedentario y nidificante. Algo abundante. Del submediterráneo al montano - húmedo. Europeo - turquestaní.

Treinta y seis observaciones: enero, 3; febrero, 7; marzo, 4; abril, 4; mayo, 3; junio, 3; julio, 3; agosto, 3; septiembre, 1; octubre, 1; noviembre, 1; diciembre, 3.

Las localidades de observación han sido: Jaca, Banaguás, Barós, San Juan de la Peña, Peña Oroel, Aratorés.

Anida en setos, sotos fluviales, jardines y parques, incluso en el interior de ciudades y bordes de bosques.

A pesar de su abundancia, su comportamiento extraordinariamente tímido durante la época de celo ha impedido la obtención abundante de datos sobre su biología.

Su entrada en celo, señalada por el canto, se da en marzo (San Juan de la Peña, 09.03.72) y comienza entonces su época más retraida, perfectamente críptico entre las hojas de los árboles. No conocemos el principio de su nidificación y tampoco su biología, únicamente una fecha de observación de jóvenes colicortos y pedigüeños muy tardía (Jaca, 11.09.68) que nos permite suponer hasta una tercera nidificación por época de celo (WITHERBY, 1.965) o quizás puestas de reposición tardía.

En otoño y hasta la primavera siguiente el verderón común lleva vida social y efectua diversos movimientos bastante regulares en la región.

Sus bandos se mezclan con los de otras especies como *Serinus citrinella, Pyrrhula pyrrhula, Carduelis carduelis, Emberiza cia, Passer montanus* y *Fringilla coelebs* (San Juan de la Peña, 03.03.72; Jaca, 31.01.74 y 13.02.74). Con dichas bandadas poliespecíficas recorre cultivos y campo abierto buscando su alimento.

Con respecto a sus movimientos, se observa un fuerte paso por los collados en otoño (San Juan de la Peña, del 17 al 25.10.71), quizás con aves de allende el Pirineo. También se observan movimientos tróficos regulares, como por ejemplo la ascensión cada año a San Juan de la Peña, en el mes de enero en busca, primero, de los cinarrodones de los rosales silvestres y, a continuación, de la semilla caida de los pinos (San Juan de la Peña, comiendo cinarrodones el 25.01.72, 07.02.72, 26.02.72; comiendo piñones, el 03.03.72).

La alimentación invernal es granívora, se ha observado comiendo, como ya se ha mencionado, la semillas de los cinarrodones de *Rosa sp.* y de *Pinus sylvestris*, tambien sobre las matas de compuestas, umbelíferas, dipsacaceas, etc., cogiendo las semillas de las infrutescencias. En verano al parecer es, por lo menos en ocasiones, insectívoro, como parece indicarlo un análisis de contenido gástrico cuyo resultado es:

Ejemplar capturado en Jaca el 12.09.68: abundantes formícidos alados, escasos coleópteros de 3 ó 4 mm.

361 Carduelis carduelis (Linn.); jilguero.

Sedentario y nidificante. Muy abundante. Del submediterráneo al montano - húmedo. Europeo - turquestaní.

Ciento sesenta y dos observaciones: enero, 14; febrero, 11; marzo, 15; abril, 11; mayo, 15; junio, 6; julio, 10, agosto, 18; septiembre, 16; octubre, 11; noviembre, 16; diciembre, 19.

Las localidades de observación han sido: Jaca, Atarés, Asieso, Guasillo, Barós, El Boalar de Jaca, Abay, San Juan de la Peña, Candanchú, Ipas, Caniás, Botaya, Larra, Áscara, pardina Larbesa, Guasa, Banaguás, embalse de la Peña, embalse de la Nava y Castiello de Jaca.

Anida en bordes y claros de bosque y campo abierto cultivado o no con sotos y setos frecuentes. Observada la nidificación hasta los 1.200 m. s/M., pero de manera irregular y tardía, siendo probablemente estos niveles su límite altitudinal.

Desde marzo se escucha su canto de celo (Jaca, 26.03.74) que durará hasta julio (Jaca, 16.07.75) y se reemprende, pero escaso, durante octubre (Jaca, 08.10. 75), para guardar silencio durante el invierno. La entrada en celo no implica que se deshagan los bandos invernales, que pueden continuar juntos durante todo el año (caso de machos cantando en celo, el 20.04.74; bandos en Ipas el 04.05.72, en San Juan de la Peña, el 10.06.72).

Se ignora el comienzo de la nidificación (probablemente desde mayo) pero en los niveles altos es tardía (nido en construcción en San Juan de la Peña, el 15. 06.72, que posteriormente fue abandonado). Las nidadas de reposición algo tardías han de ser frecuentes, pero casi seguro que tres nidificaciones por época de celo no son raras, así parece indicarlo la observación de pollos pedigüeños en agosto y septiembre (Barós, 26.08.69 y Abay, 03.09.75).

Terminada la reproducción los bandos, adultos y jóvenes juntos, divagan en ocasiones hasta lugares donde no anidan, como los bosques claros de *Pinus uncinata* (25.10.72 en Larra) o los prados alpinos (Candanchú 06.10.71).

La muda parece más temprana en los adultos (Botaya, mudas de pennas el 01.08.72, San Juan de la Peña, muda general el 30.08.72, pero en Jaca, el 03.10. 75 jóvenes aún sin mudar).

Existe un paso migratorio fuerte, en dirección a la Depresión del Ebro donde invernan en grandes cantidades (bandos de más de 100 en la Nava, 11.12.74) durante octubre (San Juan de la Peña, del 17 al 25.10.71).

En general los bandos son monoespecíficos, pero se han observado bandos mixtos con *Serinus serinus, Passer domesticus, Carduelis chloris, Carduelis spinus, Carduelis citrinella, Pyrrhula pyrrhula* y *Emberiza cia* en distintos números y composiciones.

Se observa frecuentemente alimentándose en plantas fruticosas, comiendo la simiente mediante acrobacias que le permiten sus tarsos cotos y fuertes. Dipsacaceas (*Dipsacum acus*), compuestas (*Cardus nutans*, etc.) y umbelíferas son frecuentadas por bandos de jilgueros. A finales del invierno cuando se abren las piñas de *Pinus sylvestris,* se observan en los bordes de los bosques junto a lúganos y páridos extrayendo semillas de los conos (Jaca, 30.03.72, 07.04.72 y San Juan de la Peña 09.02.74). Al parecer sólo es insectívoro durante su desarrollo, cebando a los pollos nidícolas con artrópodos (GÉROUDET, 1.957), pero continúan siéndolo los jóvenes ya volanderos, según se advierte en uno de los siguientes análisis de contenidos gástricos:

1º Macho joven capturado el 18.08.66, en Jaca: 100% fragmentos de artrópodos, se reconocen escarabeidos, carábidos, himenópteros y diversas larvas de insecto.

2º Ejemplar capturado en Jaca, el 17.07.67: fragmentos de semillas muy amilaceas; piedrecillas.

3º Ejemplar capturado en Jaca, el 13.10.68: restos vegetales no identificados; piedrecillas.

4º Ejemplar capturado en Jaca, el 10.11.68: restos vegetales, sin semillas; un fragmento pulposo no identificado; piedrecillas.

5º Ejemplar capturado en Botaya, el 08.12.71: semillas enteras y fragmentos sin identificar; piedrecillas.

6º Macho capturado en San Juan de la Peña, el 04.03.72; pequeñas semillas enteras y fragmentos no identificados; piedrecillas.

362 Carduelis spinus (Linn.); lúgano.

Invernante y sedentario, nidificante esporádico. Algo abundante. Del submediterráneo al montano - húmedo. Paleártico.

Veintiocho observaciones: enero, 4; febrero, 4; marzo, 3; abril, 3; octubre, 4; noviembre, 5; diciembre, 5.

Las localidades de observación han sido: Peña Oroel, Jaca, San Juan de la Peña, Navasa, Las Batiellas.

Además ARAGÜÉS (1.963), lo cita nidificante en la Selva de Oza el 15.07.63, con dos pollos en nido y PURROY (1.972, 1.974) en bosques navarros de *Pinus sylvestris* de Ilundain y Remendía y en el abetal aranés de Les Plans, siempre en época de nidificación, pero en muy baja densidad.

Invernante regular en la Jacetania, frecuenta campos abiertos con abundante vegetación fruticosa, donde a la manera descrita para los jilgueros, y muchas veces en compañía de ellos, se alimenta de sus semillas, pero cuando abundan las semillas de pino, invade también los bosques extrayendo las semillas de los conos medio abiertos pendiendo de ellos como los páridos (San Juan de la Peña, 09.02.74).

Los lúganos invaden los campos jacetanos a principios de octubre (día 3, primera observación) y permanecen hasta abril los últimos ejemplares, muchas veces emparejados y cantando en celo (día 20 última observación).

Algunos años irrumpe en la Península en grandes cantidades (BERNIS 1.960c) y en otras ocasiones anida en las zonas altas de los valles (ARAGÜÉS, 1.963a y PURROY, 1.972 y 1.974), pero al parecer de manera irregular, quizás únicamente cuando determinadas condiciones climáticas o tróficas se lo permiten, hecho observado en menor escala en otras especies (ver *Serinus citrinella*) manifestando un cierto equilibrio entre una necesidad genésica inducida fotoperiódicamente y la posibilidad de acceso a biotopos favorables o por lo menos temporalmente favorables para llevar a buen término los intentos de nidificación.

363 Carduelis cannabina (Linn.); pardillo común.

Sedentario, pero principalmente estival y nidificante. Muy abundante. Del submediterráneo al alpino. Europeo - turquestaní.

Setenta y ocho observaciones: enero, 1; febrero, 4; marzo, 6; abril, 7; mayo, 8; junio, 2; julio, 11; agosto, 25; septiembre, 8; octubre, 4; noviembre 1; diciembre, 1.

Las localidades de observación han sido: Banaguás, embalse de la Nava, Jaca, Asieso, Guasillo, Caniás, Barós, Tortiellas, Boalar de Jaca, Candanchú, San Juan de la Peña, Ipas, Botaya, Larra, Abay, Áscara, pardina Larbesa, Los Lecherines, Ibones de Ip y Piedrafita, Visaurín, Panticosa, Guasa y Formigal de Tena.

Anida en amplios terrenos deforestados, ubiquista en altitud hasta los 2.200 m. s/M. al menos. Se observa pues, en cultivos, pero más abundante en aliagares, bujedos claros, erizones y prados por encima del límite del arbolado; en Somontano y Monegros es también frecuente, en viñedos, estepas, etc.

Los bandos invernales, unidos aún en marzo, se van deshaciendo paulatinamente en parejas durante el mes de abril para desaparecer totalmente en mayo (Bando en El Boalar, el 28.04.70; únicamente parejas en Ipas, el 04.05.72), El canto de celo se escucha desde abril frecuentemente y hasta julio, después de la muda, en octubre-noviembre se vuelve a escuchar esporádicamente, (Jaca, 08.10.75) para volver a guardar silencio todo el invierno.

Los nidos comienzan a construirse en mayo (El Boalar, nido en construcción en aliagar el 05.05.70). Quizás lleguen a efectuar tres nidadas, ya que en ocasiones se observan pollos pedigüeños muy tardíamente (Jaca 19.08.74 y Barós 26.08.69), pero no es norma general, ya que en otras ocasiones bandos pequeños con jóvenes y adultos se observan desde julio (Candanchú, 03.07.71; Botaya, 01.08.72). En alta montaña remontan más allá de los 2.300 m. s/M. terminada la reproducción (Tortiellas, 05.08.75; 08.08.75; Visaurín, 17.08.75, etc.).

A finales de agosto sobreviene la muda (Botaya, 30.08.72).

Después los bandos familiares se unen en otros mayores que en pocas ocasiones se juntan a otras especies que se alimentan en el suelo y pululan por los lugares que más alimento les ofrecen (cultivos, etc.) se han observado junto a *Serinus canaria*, *Fringilla coelebs*, etc.

Se observa en octubre una fuerte migración en los collados (San Juan de la Peña, 17 al 25.10.71; Larra 25.10.72) y es indudable que su número aumenta extraordinariamente en las localidades más meridionales de la Jacetania (La Nava, bandos de más de 100 el 11.12.74) y en toda la Depresión del Ebro. Sin embargo siempre queda parte de la población en la Canal de Berdún, que puede desaparecer mediante trashumancias temporales en el caso de fuertes nevadas que le impidan el acceso a su alimento.

Se le ha observado comiendo semillas de *Psoralea bituminosa* (Jaca, 18.07.75) y el análisis de un contenido gástrico dió el siguiente resultado:

Ejemplar capturado en Jaca, el 25.09.67: diversas semillas no identificadas; piedrecillas.

365 Carduelis flammea (Linn.); pardillo sizerín.

Invernante esporádico. Muy raro. Holártico.

Una observación de un ejemplar en cautividad, capturado en Jaca en enero o febrero de 1.972.

Las citas de esta especie son francamente escasas en España, habiéndose localizado la especie en Santander (BANZO, 1.956), en Barcelona (MALUQUER, 1.960), en Baleares (TATO, 1.960), en Castilla (BERNIS, 1.960b) y en Vizcaya (RUIZ DE AZUA, 1.969).

Se observa un carácter irruptor multitudinario (cita en 1.960, en Cataluña, Castilla y Baleares), en ocasiones poliespecífico, ya que se observó el mismo invierno de la captura que aquí se hace referencia, la irrupción de otras especies (PEDROCCHI, 1.975), probablemente coincidiendo con condiciones climáticas o con el fin de cumplir necesidades tróficas, o ambas, de caracter catastrófico en el érea normal de invernada.

Debido a desgaste anormal de las plumas y crecimiento irregular del pico, ocasionado por la cautividad, no fue posible determinar la subespecie y por lo tanto se desconoce el origen de dicho ejemplar.

366 Carduelis citrinella (Pall.); verderón serrano.
Sedentario y nidificante. Abundante. Subalpino. Paleomontano.

Cuarenta y tres observaciones: enero, 3; febrero, 3; marzo, 12; abril, 5; mayo, 4; junio, 3; julio, 3; agosto, 5; septiembre, 1; octubre, 2; y noviembre, 2.

Las localidades de observación han sido: Ibones de Culivillas, Ip y Piedrafita, La Moleta, San Juan de la Peña, Larra, Peña Oroel, Navasa, Barós, Los Lecherines y Tobazo.

Anida en los bosque subalpinos de *Pinus uncinata*, ya en el interior de bosques claros, como en los bordes y claros de los que poseen arbolado denso, de manera semicolonial, explotando comunitariamente las extensas zonas de prado alpino cercanas a sus nidos. Mostrando un claro equilibrio entre la inducción fototrópica de la época de celo y la posibilidad de selección del biotopo adecuado para nidificar, en ocasiones anida masivamente en los bosques submediterráneo-montanos de *Pinus sylvestris*, como sucedió la primavera del año 1.974, que fue más fria y nivosa de lo normal (LINÉS, 1.975 y datos meteorológicos del Centro Pirenaico), cerrando el acceso a la zona subalpina hasta avanzada la primavera; el acúmulo en San Juan de la Peña y otros pinares montanos, favorecido por una producción extraordinaria de semillas de pino, en espera de condiciones favorables que se iban retrasando, provocó la realización de la primera nidada allí, quedando luego únicamente los pollos volanderos y marchando los adultos a efectuar su segunda nidificación (no comprobada), a la zona subalpina.

En San Juan de la Peña, se oye cantar en celo desde marzo (21.03.72 y 29.03.72) y el 18.04.74 se observó una hembra acarreando una pluma (construcción de nidos). El 20.05.74 el claro del Monasterio Nuevo se colmó de pollos volanderos y con sorpresa cupo percatarse, el 03.07.74 que no se observaba ningún adulto, siendo abundantes los jóvenes del año. En el año 1.975 la invernada de la especie en dicho lugar fue normal, no observándose ningún intento de nidificación y esto implica la selección genética del biotopo de nidificación que anula totalmente la fidelidad a la localidad de nacimiento.

Normalmente permanecen en la localidad de reproducción, hasta avanzado el atoño (La Moleta, 07.08.68, Los Lecherines, 06.09.75 y Larra, 25.10.72) y las primeras nieves, más aún teniendo en cuenta que se alimentan tomando su comida del suelo, les obligan a trashumar. En San Juan de la Peña se observan desde octubre (31.10.73) pero quizás en paso, ya que no se ha observado ni en noviembre ni en diciembre y luego escaso en enero para ser francamente abundante en febrero y marzo comiendo en el suelo en compañia de *Carduelis carduelis, C. chloris, Pyrrhula pyrrhula y Emberiza cia.*

367 *Serinus canaria* (Linn.); verdecillo.

Sedentario, pero principalmente estival y nidificante. Abundante. Del submediterráneo al montano-húmedo. Mediterráneo.

Setenta y cinco observaciones: enero, 1; febrero, 1; marzo, 5; abril, 9; mayo, 8; junio, 6; julio, 16; agosto, 17; septiembre, 5; octubre, 6 y diciembre, 1.

Las localidades de observación han sido: Peña Oroel, Jaca, El Boalar de Jaca, Asieso, Guasillo, Barós, San Juan de la Peña, Ipas, Botaya, embalse de Pineta, Los Lecherines, Santa Cruz de la Serós, Navasa, Aratorés, Pardina Larbesa, Ibón de Ip, circo de Cotatuero, Ibón de Piedrafita, Abay, Guasa, Banaguás y Selva de Oza.

Anida en zonas ajardinadas con alternancia de prados y setos, con árboles dispersos. Es por lo tanto ave común en huertas, jardines cementerios y zonas de prados con abundantes setos. Anida hasta los 1.200 m. s/M. (Selva de Oza), e incluso los 1.700 m. s/M. (Valle de Añisclo), pero es mucho más abundante por debajo de los 1.000 m. s/M.

Su canto de celo empieza a oirse en marzo (Santa Cruz de la Serós, 18.03.74; Barós, 28.03.74), y alcanza su máximo en abril, cuando los machos defienden ya sus territorios (Jaca, 07.04.72). El canto dura frecuentemente hasta julio; en agosto y septiembre se escuchan escasos cantos incompletos (Asieso, 30.08.75; Abay, 03.09.75) y en octubre vuelven a sonar completos (Banaguás, 03.10.75) para luego guardar de nuevo silencio hasta marzo.

La nidificación empieza a mediados o finales de abril y los primeros pollos nacen a principios de mayo.

Se siguió el desarrollo nidícola en un nido próximo a Jaca, establecido a 150 cm. sobre el suelo entre las ramas de un pequeño *Pinus sylvestris*. El nido contenia 4 huevos y nacieron 4 pollos que llegaron todos a volanderos.

El desarrollo de dichos pollos es el siguiente:

Fecha	Peso	Pico	Tarso	Mano	Cúbito	4ª 1ª	Rect.	Nº pollos
070574	1,1	2,5	4,6	5,3	4,8			3
090574	2,4	3,2	6,4	7,3	7,2			4
110574	5,0	4,5	9,7	10,1	10,2			4
130574	7,4	5,1	12,2	12,8	13,1	6,9	0,9	4
150574	9,0	6,0	13,8	14,1	21,6	15,4	5,4	4
170574	10,7	6,2	14,6	15,7	18,8	24,5	10,8	4

(peso en grs., dimensiones en mm.).

La primera medida se efectuó con sólo tres pollos nacidos, con unas tres horas de vida, ya secos y cebados. El alimento, observado a través de la transparente piel del buche, eran pequeñas semillas verdes de 1 - 2 mm., de longitud. Los pollos estaban recubiertos de abundante plumón blanco grisáceo, las comisuras son de color rosa y el interior de la boca rosa claro, después ambas presentan color rojo fresa brillante. Al segundo-tercer día abren los ojos. Durante todo el tiempo que se pudo observar el alimento a través de la piel (hasta el sexto día de edad), sólo se vieron diversas semillas.

Las dimensiones de los adultos son:

Ala (mano + 4ª 1ª)	Tarso	Cúbito	Pico	4ª 1ª	Rect.	Peso
69,3 (14)	14,6 (15)	21 (15)	8,2 (16)	54,2 (15)	36,9 (15)	11,6 (12)

(peso en grs., dimensiones en mm., entre paréntesis, número de ejemplares).

Normalmente efectuan una segunda nidada, pero excepcionalmente hasta tres, pudiéndose ver pollos pedigüeños a finales de agosto (Barós, 28.08.75), aunque lo normal es que a principios de julio se formen bandos numerosos de adultos y jóvenes que ya comienzan a mudar (Botaya, bandos en muda de pennas y coberteras desde el 01.08.72). En este tiempo ascienden más allá de su límite de reproducción, hasta los 2.200 m. s/M. y más (Las Blancas, en pino negro, el 06.07.73; Ibón de Ip, 29.07.75; circo de Cotatuero, 22.08.75).

En octubre se observa en compañia de otros fringílidos migrando masivamente hacia el sur en los collados de las montañas (San Juan de la Peña, 17 al 25.10.71).

En general tales bandos son monoespecíficos, habiéndosele observado únicamente en compañia de *Carduelis cannabina*, en bandos mixtos (Boalar 09.04.70).

369 Pyrrhula pyrrhula (Linn.); camachuelo común.
Sedentario y nidificante. Algo frecuente. Montano-húmedo. Paleártico.
Sesenta y cuatro observaciones: enero, 7; febrero, 11; marzo, 9; abril, 3; mayo, 2; julio, 3; septiembre, 1; octubre, 3; noviembre, 9; y diciembre, 16.

Las localidades de observación han sido: Jaca, El Boalar de Jaca, Candanchú, San Juan de la Peña, Canal Roya, Peña Oroel, Aratorés, Canfranc, Las Blancas, Hecho, Selva de Oza, Pardina Larbesa, Ipas, Abay y Castiello de Jaca.

Además MESTRE (1.969), lo cita anidando en el valle de Estós (Benasque, Huesca), el 19.07.57.

Anida en los hayedos, abetales y bosques de sus etapas de degradación con subvuelo abundante, a unos 1.000-1.200 m. s/M. en el montano húmedo (Selva de Oza, julio 1.974; Aratorés, en soto fluvial complejo, oido el 19.07.75, sin certeza de su nidificación; en Canfranc, en bosque de *Pinus sylvestris*, pero con subvuelo de caducifolios (véase PURROY, 1.974), 28.07.75, también sin certeza de nidificación).

Comienza a cantar en celo en los cuarteles de invierno, en febrero (San Juan de la Peña, 25.02.72), al parecer las parejas permanecen unidas de por vida o se aparean pronto, durante el invierno (GÉROUDET, 1.957). Se desconoce el principio de su primera nidificación, que debe ser tardía, dado que se ha observado aún en mayo en los cuarteles de invierno (Jaca, 05.05.72; San Juan de la Peña, 22.05.72). En julio se han observado pollos escasamente volanderos, quizás de segunda puesta.

Lentamente comienza a ocupar los cuarteles de invierno, (pinares, setos, jardines, huertas con frutales y sotos fluviales, siempre que hayan suficientes bayas, yemas y semillas para su alimentación) en octubre (Umbría de Oroel, 21.10.73) y a medida que avanza el invierno su número aumenta en dichos lugares, pero al parecer no abandona del todo las zonas de reproducción o sus inmediaciones (Hecho, 07.12.75; Aratorés, 30.12.75). Se ha observado en invierno, frecuente, en un carrascal del Somontano (Puipullín, 13.12.74). El elevado número de los efectivos invernales de la especie permite pensar que haya un aporte de aves septentrionales, ya de la otra vertiente pirenaica, ya de origen más lejano. La captura de un ejemplar de la subespecie *Pyrrhula p. pyrrhula* el 03.12.71 en San Juan de la Peña (PEDROCCHI, 1.975) corrobora esta suposición.

La alimentación estival resulta desconocida, pero la invernal parece basada fundamentalmente en bayas, ya secas en esa época del año y que no son utilizadas por otras aves. Se le ha observado en San Juan de la Peña comiendo frutos de *Sambucus nigra*, el 12.11.71; comiendo drupas de *Rubus sp.* (a las que parten el duro endocarpio, digiriéndo también las semillas, con lo que desaparece la posibilidad de endozoocorismo) el 22.11.71, 03.12.71, 06.12.71, 14.02.72, 22.02.72. En el mismo lugar, sobre todo, cuando los arbustos quedan cubiertos por la nieve y sólo asoman fuera de ellas las infrutescencias; también sobre la nieve o sobre el suelo, comiendo semillas caidas en la operación anteriormente descrita o caidas por su normal dehiscencia de los conos de *Pinus sylvestris*, junto a *Fringilla coelebs, Emberiza cia* y *Carduelis carduelis, Carduelis chloris* y *Carduelis citrinella*, el 07.02.72 y 03.03.72. Cerca de Jaca, el 13.02.74, dos machos y una hembra comían yemas en árboles caducifolios de ribera, que no fueron determinados; al parecer las yemas en determinados lugares constituyen la base de su alimentación invernal (NOVAL, 1.971).

El análisis de dos contenidos gástricos dió:

1º Ejemplar capturado en las Tiesas, el 21.12.69: diversas semillas no identificadas.

2º Hembra capturada en San Juan de la Peña, el 21.02.72: 100 % semillas de *Rubus sp.* partidas. En ninguno de los dos estómagos se hallaron piedrecillas.

371 *Loxia curvirrostra* (Linn.); piquituerto (común).

Sedentario y nidificante. Variable según irrupciones. Del montano - inferior al subalpino. Holoártico.

Ochenta y tres observaciones: enero, 7; febrero, 9; marzo, 7; abril, 4; mayo, 4; junio, 5; julio, 8; agosto, 9; septiembre, 5; octubre, 11; noviembre, 8; y diciembre, 6.

Las localidades de observación han sido: circo de Ip, San Juan de la Peña, Jaca, Larra, Peña Oroel, Navasa, Longás, Ordesa y Los Lecherines.

Es ave especialista en coníferas, de cuyas semillas se alimenta exclusivamente. Habita fundamentalmente, en los Pirineos, en bosques de *Pinus sylvestris* y *Pinus uncinata* (entre los que trashuma) y *Abies alba*. Irruptor esporádico desde la taiga, puede, en años de invasión, alcanzar bosques de otras especies de coníferas, hasta los costeros (BALCELLS, et al. 1.951., BERNIS, 1.960 a; FLORES et al. 1.973., PEDROCCHI, 1.975) e incluso invadir jardines para buscar la simiente de coníferas aisladas e incluso exóticas.

La escasa variedad de especies aprovechables por los piquituertos en el Pirineo y dada su estenofagia hace que el equilibrio de la población sea precario, más semejante al funcionamiento de los ecosistemas sencillos, como puede darse en la tundra (LEMEE, 1967) que a los mediterráneos o alpinos, sufriendo fluctuaciones que llegan, prácticamente, a agotar las poblaciones, que periódicamente se ven reforzadas por grandes cantidades de irruptores. Trato con mayor detalle en el trabajo anteriormente citado las implicaciones ecológicas que acarrea.

La época de nidificación también depende del estado de las semillas de los pinos, la madurez de las cuales se alcanza en otoño, llegando la dehiscencia en primavera - verano según especies, por lo que es entre octubre y febrero, en los pinares de *Pinus sylvestris*, cuando la simiente tiene mayor valor nutritivo. En San Juan de la Peña, se ha observado recoger materiales para nido (fibras de bolsas de *Thaumetopoea pityocampa*, líquenes epifitos) el 20.10.72, 03.01.74 y 12.02.74. Siempre es la hembra la que recoge el mateiral, pudiendo estar acompañada por el macho pero que sin embargo no colabora. En Puig de Pano (Longás), a 1.250 m. s/M. se halló un pollo no volandero muerto en el suelo del bosque el 30.04.74; el 11.02.76, en San Juan de la Peña se observó a un macho adulto cebando a un pollo y el 02.12.72 se capturó un joven con el pico aún recto. Se observa una gran dispersión de la época de nidificación (siete meses), pero con una mayor frecuencia en enero y en febrero.

La alimentación, como ya se ha mencionado se compone de piñones de coníferas. El análisis de cinco contenidos gástricos dá el mismo resultado invariablemente.

1º Ejemplar capturado en la Moleta de Ip y sin más datos: piñones y sus tegumentos, piedras.

2º Ejemplar capturado en la Moleta de Ip, el 06.10.68: piñones y sus tegumentos, piedras.

3º Ejemplar capturado en la Moleta de Ip, el 20.11.68: tegumentos de piñones y piedras.

4º Joven capturado en San Juan de la Peña, el 02.12.72: fragmentos de piñones y piedrecillas.

5º Pollo nidícola recolectado en Longás, el 30.04.74: piñones muy pequeños enteros y fragmentados.

Como en otros granívoros, las piedrecillas en la molleja aparecen constantemente salvo en los pollos nidícolas y cabe destacar que muy frecuentemente hacen acopio de ellas trepando acrobáticamente por las paredes de edificios y ruinas (San

Juan de la Peña, 21.08.73). el agua les resulta imprescindible y acuden a beber (y a bañarse en épocas de calor) varias veces al día, en gárrulos bandos. Hasta tal punto les resulta imprescindible que la mayor densidad de piquituertos en San Juan de la Peña viene dada en la única parcela deforestada que se estudió, pero que posee una charca. La técnica de extracción de los piñones merece calificarse de espectacular y vale la pena describirla: el pájaro pende boca arriba sujetándose con una pata en la rama y con la otra en la piña, con el pico corta el pedúnculo de la piña, con la pata se lleva la piña al pico y sujetándola con él vuela a una rama próxima donde se posa. Se posa con ambas patas en la rama y al mismo tiempo coje la piña con ambas patas y haciéndola girar va abriendo las escamas con movimientos laterales de las mandíbulas (observado en ejemplares cautivos) caprichosamente, tirando las piñas con abundancia de piñones en su interior: las bandadas de piquituertos se aquerencian a determinados árboles, donde acuden a comer sus semillas día tras día acumulándose a su pie centenares de conos.

Hemos mencionado anteriormente, las posibles trashumancias existentes entre los bosques de pino silvestre y los de pino negro. Indudablemente en San Juan de la Peña se advierte un descenso en el número de piquituertos desde que las piñas pierden su semilla (febrero - marzo) hasta julio. Una vez caída la semilla, en los pinos quedan las piñas verdes de casi un año de edad, de tamaño externo casi normal, pero con la semilla pequeña y lechosa, de valor nutritivo inferior y que no madurarán hasta el otoño siguiente, (dehiscencia de la semilla a los 24 meses aproximadamente). En cambio el pino negro, con un ciclo muy semejante, no pierde su semilla hasta junio - julio (RUIZ, 1.971), cubriendo, por lo tanto, la etapa en que los pinares montanos ofrecen poco alimento a los piquituertos.

372 Fringilla coelebs (Linn.); pinzón vulgar.
Sedentario y nidificante. Muy abundante. Del submediterráneo al subalpino. Europeo.

Doscientas y una observaciones, repartidas del siguiente modo: enero, 15; febrero, 23; marzo, 26; abril, 11; mayo, 11; junio, 9; julio, 19; agosto, 19; septiembre, 17; octubre, 11; noviembre, 19; y diciembre 21.

Las localidades de observación son: Jaca, Boalar de Jaca, Formigal de Tena, Asieso, Guasillo, San Juan de la Peña, Rioseta, Panticosa (Balneario), Barós, Abay, Ipas, Larra, valles de Pineta, Ordesa y Añisclo, Las Blancas, Peña Oroel, Riglos, Aratorés, faldas de Collarada, Canfranc, Zuriza, pardina Larbesa, Castiello de Jaca, Rodellar, Las Tiesas, Banaguás y Áscara.

Anida ubiquista en altitud y biotopo, pero con clara preferencia por los pinares submediterráneo - montanos, en los que presenta densidades medias de 7,58 parejas en 12 Has. (en San Juan de la Peña; en otros pinares pirenaicos, PURROY, 1.974, da una media de 7), mientras que no llegan a las dos parejas por 10 Has. en abetales y pinares subalpinos (según PURROY, 1.972, 1.974) y a pesar de no haber sido medido con exactitud es también escaso en carrascales, quejigales y hayedos. Un tanto irregular, pero de modo constante anida también en jardines, sotos fluviales, bujedos e incluso aliagares con escasos bojes.

El celo, manifestado por su canto, comienza los primeros días de marzo (canta de marzo a julio) y a finales de dicho mes, los bosques comienzan a ser ocupados por los machos que se distribuyen en sus territorios (San Juan de la Peña, 22.

03.72), superponiéndose al comienzo local de la nidificación, la migración de aves de indudable origen norteño que retornan masivamente a sus cuarteles de reproducción, después de haber invernado parte de ellas en la Jacetania y otra parte más al sur (observada la migración en Riglos, 25.03.75).

La nidificación comienza a principios de mayo a 800 m, s/M. (Ipas, 07.05. 74, nido recién construido) y termina en julio (pollos saltando del nido el 13.07. 72 en San Juan de la Peña).

Dos nidos hallados lo fueron en lugar poco típico, en sendas matas de boj (nidos en bujedos) a 80 y 100 cms. del suelo respectivamente. Los nidos quedaron totalmente deformados al saltar los pollos y no pueden darse por lo tanto sus dimensiones.

El desarrollo nidícola en pollada de San Juan de la Peña, a partir del 5º día de edad sería el siguiente:

Fecha	Peso	Pico	Tarso	Mano	Cúbito	4ª 1ª	Rect.	Nº pollos
060772	10,20	6,62	14,00	13,70	14,90	8,02	1,00	5
070772	11,60	7,02	15,30	14,70	16,80	10,80	2,30	5
090772	15,30	7,80	17,10	17,00	21,94	22,06	6,70	5
110772	15,74	8,02	18,08	17,50	22,96	28,38	10,30	5
130772	17,80	8,50	19,00	19,00	22,50	37,30	19,00	1

(peso en grs., dimensiones en mm.).

Los pollos aún tenían, sobre los cañones de las plumas, abundante plumón de color gris en todos los pterilios; las comisuras presentaban el borde exterior de color blanco y el interior rojo y el interior de la boca era rojo intenso con dos manchas blancas sobre la lengua. El último día (13.07.72), la aproximación al nido provocó la salida de los pollos, volando escasamente y sólo se pudo recuperar y medir uno de ellos.

Las dimensiones de los adultos son:

Ala (mano + 4ª 1ª)	Tarso	Cúbito	Pico	4ª 1ª	Rect.	Peso
87,9 (28)	19,0 (20)	25,3 (6)	12,6 (20)	68,1 (6)	59,4 (6)	22,2 (28)

(peso en grs., dimensiones en mm.; entre paréntesis, número de ejemplares medidos)

Desde los primeros días de agosto comienza la muda (observada en coberteras el 02.08.72 en San Juan de la Peña) y a principios de octubre termina (cañones aún en la cabeza el 19.01.71, en el mismo lugar).

A mediados de agosto comienzan a volverse de nuevo gregarios (San Juan de la Peña, 20.08.72) y progresivamente van independizándose de los bosques para acudir a los cultivos. A la migración norte - sur, —muy conspicua y quizás compuesta por aves de allende el Pirineo (San Juan de la Peña, 25.10.71)—, se superpone más tarde la trashumancia montaña - llano de las aves quizás locales, que invaden en grandes bandos los cultivos de la Canal de Berdún (Jaca, 01.11.73).

Los bandos invernales son en ocasiones enormemente grandes, contando varios millares de aves que se desplazan siguiendo los lugares de mayor riqueza trófica. La nieve, impidiéndoles el acceso al alimento, les obliga a trashumar temporalmente a zonas próximas más cálidas. Dichos bandos pueden ser poliespecíficos y se han observado junto al pinzón común las siguientes especies en grupos de distintas composiciones cuali - cuantitativas:

Carduelis chloris, Carduelis cannabina, Carduelis carduelis, Passer montanus, Petronia petronia, Emberiza cia, Emberiza cirlus, Emberiza citrinella y *Fringilla montifringilla.*

La alimentación de *Fringilla coelebs*, con base granívora, varía notablemente a lo largo del año, no despreciando los insectos en verano, sobre todo durante la época de reproducción, ni los frutos en los meses otoñales (observado comiendo *Sambucus nigra*, en San Juan de la Peña, el 12.11.71 y 13.11.72). El análisis de trece contenidos gástricos ha dado:

1º Hembra capturada en Jaca, el 29.08.67: abundantes restos vegetales entre los que se reconoce un fruto de *Rubus sp.*, escasos fragmentos de quitina; piedras.

2º Hembra capturada en Jaca, el 14.10.67: semillas y pulpa vegetal; piedras.

3º Ejemplar capturado en Jaca, el 16.09.68: una mandíbula de insecto y otros restos indentificables; piedras.

4º Macho capturado en Jaca, el 05.03.69: fragmentos de un fruto y muy abundantes semillas de 1 mm. de ϕ, piedrecillas.

5º Hembra capturada en San Juan de la Peña, el 14.06.69: 5 curculiónidos triturados.

6º Hembra capturada en San Juan de la Peña, el 14.06.69: 2% fragmentos de curculiónidos, 80% semillas de 1 mm. de ϕ.

7º Hembra capturada en San Juan de la Peña, el 17.10.71: semillas.

8º Hembra capturada en San Juan de la Peña, 04.11.71: 12 piñones de ¿*Abies alba*?, abundantes piedras.

9º Macho capturado en San Juan de la Peña, el 12.11.71: abundantes semillas de *Rubus sp.*, alguna de *Sambucus sp.*, un artejo de pata de insecto; piedrecillas.

10º Macho capturado en Botaya, el 08.12.71: 2% 1 díptero branquícero de 2 mm. y fragmentos de 1 curculiónido; 98% semillas no determinadas; piedrecillas.

11º Macho capturado en San Juan de la Peña, el 07.02.72: semillas y piedrecillas.

12º Macho capturado en San Juan de la Peña, el 29.02.72: semillas y piedrecillas.

13º Macho capturado en San Juan de la Peña, el 04.03.72: semillas y piedrecillas.

374 *Fringilla montifringilla* (Linn.); pinzón real.

Invernante. Raro. Siberiano.

Ocho observaciones: octubre, 1; diciembre, 3; enero, 2; febrero, 1; marzo, 1.

Las localidades de observación han sido: San Juan de la Peña, Jaca, Barós, Abay y puerto de Monrepós.

El paso hacia el sur no es muy notable en la Jacetania, a pesar de ser observable (San Juan de la Peña, 22.10.71) y el número de individuos que invernan es muy reducido y quizás no constante todos los años.

Durante su estancia invernal recorren los llanos deforestados con cultivos del submediterráneo o el montano inferior (San Juan de la Peña) en compañía de otras granívoras, en el conjunto de los grandes bandos poliespecíficos invernales. Se ha observado junto a *Fringilla coelebs, Emberiza cia, E. cirlus, E. citrinella* y *Carduelis chloris*. El retorno primaveral desde febrero, es poco conspicuo, habiéndose observado paso migratorio el 26.03.65 en el puerto de Monrepós.

Ploceidae.

375 Passer domesticus (Linn.); gorrión común.

Sedentario y nidificante. Muy abundante. Paleártico.

Noventa y seis observaciones: enero, 10; febrero, 6; marzo, 6; abril, 4; mayo, 5; junio, 5; julio, 13; agosto, 19; septiembre, 8; octubre, 7; noviembre, 6; diciembre, 7.

Las localidades de observación han sido: Jaca, Pardina Larbesa, embalse de la Peña, San Juan de la Peña, Aratorés, Ipas, Barós, Abay, Guasa, Rodellar y Banaguás. Indudablemente, la lista de observaciones es reducida, en relación al número y extensión de la especie, debido a la falta de interés faunístico que tiene. Puede decirse que existe en todas las zonas pobladas, sobre todo cuando hay cultivos de cereal y en todas las épocas del año.

Ave antropófila por excelencia, anida en edificios y ruinas, a veces en orificios de árboles y nidales artificiales de los jardines urbanos, de manera colonial. También se ha observado anidando, parásito de los nidos, en colonias de abejaruco (en Abay y junto a *P. petronia*) y en nidos de *Delichon urbica* (Jaca, 28.06.76). Depende fundamentalmente en su alimentación de los cultivos y normalmente, si bien puede alejarse de las edificaciones, no lo hace de ellos. Acompaña al hombre hasta los 1.500 m. s/M. (Candanchú) pudiendo ser sedentario en relación con los recursos tróficos. Quizás pueda hacerse una diferencia entre los gorriones comunes ciudadanos y los que habitan en zonas rurales. Estos últimos mantienen al parecer un comportamiento más semejante al de las otras aves silvestres. Dos puntos fundamentales apoyan esta hipótesis: el primero es la prolongación de la época de reproducción en las aves de la ciudad, en la que se han hallado pollos nidícolas a principios de abril (Jaca, 04.04.75), habiendo comenzado la nidificación en la primera quincena de marzo, cuando lo normal en la especie es que, la emergencia de los pollos de la primera nidada se realice en junio (Jaca, abundancia de pollos pedigüeños el 06.06.76), comenzando pues la nidificación a finales de abril o principios de mayo. Luego algunas parejas continúan anidando hasta agosto y septiembre (Jaca, 27.08.76, ceba a pollos colicortos).

El segundo punto es la mayor abundancia en las ciudades de aves con alteraciones fenotípicas de color, representadas en general por albinismos parciales que pueden oscilar entre unas pocas plumas a manchas conspicuas. Se supone que la falta de depredación natural es responsable del fenómeno.

Quizás se podría añadir la observación realizada en la pequeña colonia de unas 5 parejas de San Juan de la Peña que, durante el invierno 1.971 - 72 y dadas unas condiciones climáticas especialmente extremadas, trashumaron hasta que se estabilizaron tales condiciones.

Las poblaciones rurales, como la de San Juan de la Peña, presentan de todos modos en su rutina cotidiana una semejanza notable con las de las ciudades. De este modo el gregarismo es notable, el radio de acción mínimo alrededor de los posaderos y nidos, los lugares de bebida, baño y alimentación son constantes y frecuentados por todo el grupo. Muy raras veces se observaron a una distancia superior a 2 - 300 m. de su centro y casi siempre se mantuvieron dentro de un círculo de unos 100 m. de radio.

Mediante tinciones especiales se trató a su vez de evaluar y controlar la población que se alimenta en el jardín zoológico del Centro pirenaico. El experimento, realizado más bien como prueba de técnicas de tinción, no tiene más valor que el cualitativo. En conjunto se tiñeron unos 50 pájaros en dos tandas y se observaron en dicho jardín y sus inmediaciones. Sólo un ave se observó a 300 ó 400 m. del Centro, quedando todas las demás observaciones en un radio inferior a los 150 m. Conteos de aves pintadas y no pintadas en los bandos dio una estima (mediante utilización del índice de Lincoln) de unos 500 pájaros, teniendo en cuenta que el dato puede ser susceptible de un gran error y sólo se menciona como una estimación sin ningún valor.

Parece por lo tanto que las poblaciones de gorriones están divididas en grupos alrededor de sus fuentes de alimentación, que se mezclan poco con los grupos vecinos y son muy estables y sedentarios.

La alimentación de *Passer domesticus* es fundamentalmente granívora, sin embargo, casi durante todo el año, pero más en primavera, se le observa volando torpemente tras grandes insectos que deben formar una parte importante de su dieta cualitativa. En otras ocasiones se le ha observado comiendo bayas (*Sambucus nigra* en San Juan de la Peña, el 13.11.72).

El análisis de seis contenidos gástricos ha dado:

1º Macho capturado en Jaca, el 25.01.69: escasos restos muy triturados de origen vegetal; piedras.

2º Hembra capturada en Jaca, el 28.01.69: 5 granos de trigo, otras semillas no identificadas; piedras.

3º Macho capturado en Jaca, el 02.02.69: restos vegetales muy triturados; piedras.

4º Hembra capturada en el embalse de la Peña, el 24.03.69: 3 granos de trigo enteros y fragmentos; piedras.

5º Macho capturado en Jaca, el 22.05.70: fragmentos de un coleóptero y una pequeña semilla; piedras.

6º Macho capturado en Jaca, el 10.06.70: una semilla de gramínea; arena.

377 Passer montanus (Linn.); gorrión molinero.

Sedentario y nidificante. Abundante. Submediterráneo y montano - seco. Paleártico.

Cuarenta y una observaciones: enero, 6; febrero, 1; marzo, 7; abril, 2; mayo, 3; junio, 1; julio, 5; agosto, 8; septiembre, 1; octubre, 4; diciembre, 3.

Las localidades de observación han sido: Jaca, Ipas, Aratorés, Abay, Barós, Guasa, Pardina Larbesa, Banaguás y Áscara.

Antropófilo, pero mucho menos que *P. domesticus*; en las ciudades, no siendo raro, es menos frecuente que su congénere y sobre todo sujeto a fluctuaciones. En cambio en los cultivos que rodean pueblos y ciudades puede ser, ante todo en invierno, más abundante que él. No se ha observado por encima de los 1.000 m. s/M.

Los grandes bandos invernales se disgregan en parejas en marzo (Jaca, 26.03.74) y se observan cópulas desde abril (Jaca, 13.04.76), en el mismo mes que muestra ya interés por los orificios de los árboles y los nidales artificiales (Jaca, 07.04.72).

La reproducción dura hasta finales de julio (pollos en Jaca, el 30.07.76), después de efectuar dos y en algunos casos tres nidadas (WITHERBY, 1.965).

Despues de la reproducción, las familias vuelven a unirse en bandos casi siempre en compañía de *P. domesticus* (Jaca, 13.08.75) y menos frecuentemente a *Passer petronia* (Barós, 28.08.75).

A medida que avanza el otoño los bandos devienen cada vez mayores, contando centenares de aves y muchas veces se unen a otros granívoros no ploceidos. Es frecuente verlo alimentándose en cultivos algo alejados de pueblos y ciudades en compañía de *Fringilla coelebs* y *Carduelis chloris* (cercanías de Jaca, 13.02.74). Se observa en invierno un aumento en su número, quizás basado en trashumantes más norteños.

Su alimentación, basada en los vegetales, es sin embargo muy insectívora durante los meses estivales, casi exclusivamente durante la reproducción. Los análisis de seis contenidos gástricos han dado los siguientes resultados:

1º Ejemplar capturado en Jaca, el 01.08.66: 85% fragmentos de blatoideo, de conchas y rádulas de gasterópodo y artejos de arácnido; 15% fibras vegetales; una piedrecilla.

2º Macho capturado en Jaca, el 05.08.66: diversas semillas, entre ellas 4 granos de trigo. Piedrecillas.

3º Joven capturado en la Jacetania, el 23.08.66: una cabeza de curculiónido, 2 - 3 piedrecillas.

4º Ejemplar capturado en Jaca, el 08.08.67: 99% fragmentos de semillas; 1% fragmentos quitinosos; piedrecillas.

5º Hembra capturada en Jaca, el 19.01.69: 100% cutículas de semillas; piedrecillas.

6º Ejemplar capturado en Jaca, el 13.06.69: fragmentos de coleópteros y otros insectos, fragmentos de gasterópodos, una piedrecilla.

378 Montifringilla nivalis (Linn.); gorrión alpino.

Sedentario y nidificante. Algo frecuente. Alpino. Paleomontano.

Veintitres observaciones: enero, 2; marzo, 3; abril, 1; mayo, 1; junio, 2; julio, 7; agosto, 3; octubre, 1; noviembre, 2; diciembre, 1.

Las localidades de observación han sido: Candanchú, Los Lecherines, Ibón de Ip, Tortiellas, Foz de Astún, Villanúa, Formigal de Tena, Siresa y Sallent de Gállego.

Anida colonialmente en pequeños roquedos y gleras de alta montaña, sin conocerse bien las cotas superior e inferior de las colonias (las conocidas se sitúan entre 1.800 y 2.200 m. s/M.).

Se han observado pollos en nido y pollos recién salidos de él en julio (Los Lecherines, 06.07.73, 23.07.74), desconociéndose otros aspectos de su nidificación.

Después de la época de reproducción se reúne en bandos, en ocasiones numerosos (unos cien en Ip, el 30.07.75).

Parecen muy sedentarios durante el invierno, observándose a gran altura y a pesar de la fuerte innivación en los meses invernales (Candanchú, 02.12.71), descendiendo únicamente cuando les obligan las condiciones meteorológicas. Una captura invernal en Las Tiesas (sin más datos) a unos 800 m. s/M. y las observaciones de Villanúa (28.07.63, días de fuertes tormentas), cercanías de Jaca (17.01.65, con fuertes nevadas), Siresa (14.01.71), etc., indican, sin embargo, que en determinadas condiciones trashuman, como se ha observado en otras localidades europeas (COUGNASSE, 1.975).

379 Passer petronia (Linn.); gorrión chillón.

Sedentario, pero principalmente estival y nidificante. Abundante. Submediterráneo y montano - seco. Paleoxérico.

Ochenta y cuatro observaciones repartidas del siguiente modo: enero, 3; febrero, 2; marzo, 8; abril, 8; mayo, 12; junio, 7; julio, 16; agosto, 12; septiembre, 5; octubre, 6; noviembre, 4; diciembre, 1.

Las localidades de observación han sido: Jaca, El Boalar de Jaca, Asieso, Guasillo, Abay, Caniás, Pardina Larbesa, Barós, San Juan de la Peña, Ipas y puente de la Torre (valle de Hecho).

Anida de manera colonial en orificios, en general de viejos edificios y ruinas, en ocasiones en roquedos, puentes y taludes o bien ocupando colonias de abejarucos (Abay, 05.07.74), sitos en zonas deforestadas o por lo menos en sus cercanías, cultivadas o no. Se ha observado anidando hasta los 1.222 m s/M. en San Juan de la Peña.

Los bandos, mono o poliespecíficos que se forman en invierno, se disgregan y ocupan las colonias de reproducción a mediados de marzo. El canto de celo se escucha desde entonces, pero con un máximo en abril, mes en que quizás se realiza la primera puesta, en el caso probable que realice dos. La segunda sería en junio (puesta sin incubar aún el 12.06.72 en San Juan de la Peña) y los últimos pollos saltan del nido en julio (San Juan de la Peña, pollos cebados en nido el 21.07.73). En los huecos de la Ciudadela de Jaca, el nido es muy característico; preponderancia de plumas anudadas de gallina (junio de 1.968).

La puesta de San Juan de la Peña mencionada anteriormente, constaba de seis huevos de color blancuzco con abundante moteado pardo oscuro que en el polo basal llegaba a formar prácticamente una corona continua; sus dimensiones eran:

	ϕ máximo	ϕ mínimo	Peso
media	20,86 (5)	15,40 (5)	3,0 (4)
desviación	0,52	0,25	0,1

(peso en grs., dimensiones en mm.; entre paréntesis, número de huevos medido)

Terminada en julio la reproducción, los bandos vuelven a formarse y comienza de nuevo el erratismo por los llanos deforestados ricos en alimento, en general rastrojos. En esa época efectúan una interesante trashumancia las aves que anidan en lugares elevados. En San Juan de la Peña la población nidificante disminuye extraordinariamente en agosto, para desaparecer en septiembre y retornar en octubre. El motivo de tal trashumancia se desconoce y únicamente cabe indicar las dos posibilidades siguientes: o bien las aves buscan lugares más cálidos durante la muda, que se realiza en esa época (DEMENT'EV, 1.970), o bien la población autóctona es reemplazada por trashumantes procedentes del norte. En todo caso las aves desaparecen de las zonas altas durante los tres meses invernales, recorriendo en bandos, de hasta 200 individuos (Abay, 03.01.76), los llanos y solanos más cálidos de la Canal de Berdún, en compañía de otras especies (observado junto a *Passer montanus* en Asieso, el 29.11.68; junto a *Fringilla coelebs, Emberiza citrinella, E. cirlus, Passer montanus* y *P. domesticus*, en Abay, el 28.02.69).

A pesar de su presencia constante, su número decrece durante el invierno en la Jacetania, siendo la nieve, que le impide el acceso a su alimento, el principal causante.

El único dato que poseemos sobre su alimentación es el resultado del análisis de un contenido gástrico.

Macho capturado en Jaca, el 08.05.67: una cabeza de curculiónido, otros restos no determinables.

Sturnidae

380 *Sturnus vulgaris* (Linn.); estornino pinto.

Invernante. Poco frecuente. Submediterráneo. Europeo - turquestaní.

Diez observaciones: octubre, 2; diciembre, 1; enero, 1; febrero, 2; marzo, 3; abril, 1.

Las localidades de observación han sido: Jaca, Larra, San Juan de la Peña, Ipas, Guasa y Abay.

Se observa fundamentalmente en prados, donde en muchas ocasiones se une a diversos zorzales (*Turdus iliacus, T. philomelos* y *T. merula*).

Llega a la Jacetania en octubre, fecha en la que es frecuente observar bandos migrando en los collados (Larra, 25.10.72; San Juan de la Peña, 26.10.72) y sólo una muy pequeña parte de dichos migrantes utilizan la región como cuartel de invierno. En primavera no se observa la migración de retorno, pero sin embargo aparenta aumentar su número durante marzo. La observación más tardía, de un ejemplar en plumaje estival se realizó en las cercanías de Jaca el 17.04.76.

381 Sturnus unicolor (Temm.); estornino negro.

Sedentario y nidificante. Poco frecuente. Submediterráneo. Mediterráneo.

Diecisiete observaciones: enero, 1; febrero, 2; marzo, 1; abril, 1; mayo, 1; junio, 3; julio, 1; agosto, 6; diciembre, 1.

Las localidades de observación han sido: Jaca, Barós, Pardina Larbesa, Asieso, Áscara, Abay, Guasa y Puente la Reina.

Anida hasta los 800 m. s/M. aproximadamente en orificios de casas y arboledas, rodeadas de amplios llanos cálidos y desertizados dedicados a cultivos de cereal.

Su escasez no nos ha permitido conocer su biología. Unicamente se ha observado acudiendo a orificios en pueblos y arboledas (Áscara, 21.06.75, 12.05.76; Jaca, 01.06.76, etc.), desde mayo a junio; en julio, pero sobre todo en agosto se reúne en bandos de centenares de individuos (Barós, 16.08.73); en invierno establece dormideros en orificios de edificios (Ciudadela de Jaca, 14.02.74), pero pasa desapercibido ya que no permanecen en las proximidades de los dormideros durante el día, sino que vagan por los rastrojos en pequeños bandos. Quizás exista una cierta trashumancia en parte de la población, ya que en los meses más fríos se observa en pequeño número (mayor bando observado en invierno, 50 individuos en Puente la Reina el 24.01.76). En ocasiones se une a aves del género *Turdus*, formando bandos en los que mantienen su independencia respecto a las otras especies.

Oriolidae

383 Oriolus oriolus (Linn.); oropéndola.

Estival y nidificante. Frecuente. Submediterráneo y montano - seco. Antiguo Continente.

Veintisiete observaciones: abril, 2; mayo, 5; junio, 2; julio, 5; agosto, 9; septiembre, 4.

Las localidades de observación han sido: Jaca, Asieso, Guasillo, Atarés, Barós, Ordaniso (Ena), Banaguás, Ipas, Guasa, Abay y pardina Larbesa.

Anida por debajo de los 900 m. s/M. preferentemente en las formaciones caducifolias de grandes setos arbolados y sotos fluviales.

Se han observado pollos colicortos a finales de julio (Jaca, 27.07.68), siendo éste el único dato que poseemos sobre su biología de reproducción.

La llegada a la Jacetania se realiza en abril (día 30, primera observación) emigrando en septiembre (día 11, última observación). Siendo migrador nocturno (GÉROUDET, 1.961) sus pasos migratorios son poco conspicuos, sin embargo pueden observarse reuniones durante el día que señalan la migración (Pardina Larbesa tres machos adultos juntos el 01.09.75).

La alimentación de la oropéndola es muy polífaga, basándose fundamentalmente en invertebrados y frutos. El análisis de cinco contenidos gástricos ha dado los siguientes resultados:

1º Pollo capturado en Jaca, el 27.07.68: fragmentos de concha de gasterópodo, semillas de gramínea menores de 1 mm. (ingeridos accidentalmente?).

2º Pollo capturado en Jaca, el 27.07.68: fragmentos de un caracol, 2 - 3 pequeños fragmentos de quitina.

3º Macho capturado en Jaca, el 06.07.69: restos semidigeridos de larvas de lepidóptero de unos 40 mm.; un élitro de coleóptero.

4º Ejemplar capturado en Ordaniso, el 18.08.69: 70% fragmentos de 2 - 3 heterópteros, una *Iphiclides podalirium* entera; 30% 3 semillas de *Lonicera etrusca*.

5º Ejemplar capturado en Jaca, el 16.08.70: 90% fragmentos de un gran fruto (pera o manzana); 10% fragmentos de pequeños insectos.

Corvidae

384 Corvus corax (Linn.); cuervo.

Sedentario y nidificante. Frecuente. Del submediterráneo al montano - húhúmedo. Paleártica.

Noventa y tres observaciones, repartidas del siguiente modo: enero, 7; febrero, 8; marzo, 14; abril, 5; mayo, 10; junio, 7; julio, 10; agosto, 13; septiembre, 5; octubre, 5; noviembre, 2; diciembre, 4.

Las localidades de observación han sido: Jaca, Santa Cruz de la Serós, Candanchú, San Juan de la Peña, Ipas, Larra, Abay, Peña Oroel, Banaguás, Canfranc, Ibones de Ip, de los Asnos y de Piedrafita, Barós, Asieso, Pardina Larbesa, Riglos, Boalar de Jaca, Áscara, Formigal de Tena, puerto de Santa Bárbara, Tortiellas Alto, Ordaniso y Bernués.

Nidifica preferentemente en cornisas u orificios de grandes acantilados rocosos, pero también de taludes y pequeños barrancos a alturas de 8 - 10 m. sobre el suelo, desde el Somontano hasta las Sierras Interiores. Más raramente establece el nido en árboles (Banaguás, 15.05.75). Busca su alimento en el territorio contiguo al nido, en zonas deforestadas, raramente en bosques sin matorral donde vuela dificultosamente (San Juan de la Peña). Todos los nidos conocidos no sobrepasan los 1.200 m s/M.

Comienza el celo tempranamente, disgregándose lentamente los bandos compuestos de parejas unidas durante todo el invierno y quizás de por vida. Ya en febrero muestran curiosidad por los lugares aptos para nidificar, escudriñando cornisas y orificios (Jaca, 13.02.74) y desde principios de febrero comienza el aporte de ramas para la construcción del nido (Jaca, 22.03.74; San Juan de la Peña, 09.03.76).

El nido, muy voluminoso, está compuesto por ramas en ocasiones gruesas (hasta 5 cms. de diámetro) que forman una gran plataforma (más de 70 cms. de diámetro) en cuya zona central fabrican una mullida cazoleta con lana y otros materiales (unos 30 cms. de diámetro). La construcción del nido termina a mediados de abril.

Los huevos, de fondo color azul con intenso moteado pardo rojizo, son puestos a intervalos de 24 horas; una puesta observada en Jaca se componía de seis huevos y se completó el 24.04.74. El único pollo que eclosionó (y que desgraciadamente murió a continuación) lo hizo el 14.05.74, después de 21 días de incubación.

Al parecer pocos días después de la eclosión los pollos quedan algunos ratos solos en el nido (observada la pareja de San Juan de la Peña, junta después de la incubación, el 13.05.72 y el 28.05.73).

En Bernués se observó un pollo en nido, de corta edad, el 02.06.70, que diez días más tarde ya tenía cañones (pollo con piel y plumón de color gris, fauces rojas, pico desproporcionadamente grande); el nido se hallaba emplazado en una pequeña repisa y construído con ramas secas. En Ordaniso, el 24.06.67, se halló, en lugar otras veces ocupado por nido de alimoche, un pollo casi volandero (BALCELLS, 1.968).

En San Juan de la Peña, los dos pollos que llegaron a volar se observaron por primera vez el 02.07.72, al cabo de siete o más semanas a partir de la eclosión.

Desde septiembre no es raro volverlos a ver en grupos; dentro de los que se conservan las parejas. Es frecuente también ver trios de ellos, sin que se sepa cuál puede ser su significado.

A partir de julio se ha observado en alta montaña (Larra, 25.10.72; Ibón de Ip, 29.07.75; Tortiellas, 05.08.75; Ibon de los Asnos, 20.08.75; Ibon de Piedrafita, 23.08.75) sin que se haya podido demostrar su nidificación en esas cotas.

Se poseen pocos datos sobre su alimentación en la comarca, indudablemente es carroñero, observándose constantemente en las asociaciones de aves necrófagas. Acude también a vertederos y no se olvida de los lugares donde acuden excursionistas, lugares que prospecta regularmente cuando quedan solitarios (observada en junio y julio de 1.973, su presencia a las 18 h. en San Juan de la Peña; en el mismo lugar y hora, pero más esporádicamente aparecían las dos especies de milano y el alimoche).

385 *Corvus corone* (Linn.); corneja negra.

Sedentaria y nidificante. Abundante. Del submediterráneo al montano - húmedo. Paleártico.

Ochenta y cuatro observaciones: enero, 11; febrero, 8; marzo, 9; abril, 3; mayo, 12; junio, 1; julio, 7; agosto, 15; septiembre, 4; octubre, 4; noviembre, 3; diciembre, 7.

Las localidades de observación han sido: Jaca, Sinués, Puente la Reina, Boalar de Jaca, Araguás del Solano, Ansó, Castiello de Jaca, Ibón de Ip, Las Tiesas, Banaguás, Bernués, Abay, Áscara, Bescansa, Santa Engracia, Asieso, Ipas, Caniás, Larra, Barós, Pineta, San Juan de la Peña, Zuriza, Guasa y Pardina Larbesa.

Establece nido en árboles de sotos, setos, bosquetes o árboles aislados, con abundante terreno en las proximidades, cultivado en general, pero no necesariamente. Es abundante por debajo de los 1.000 m. s/M., pero se ha observado a unos 2.200 m. s/M. en enero y julio en el Ibón de Ip. Se desconoce si anida hasta el límite del arbolado, pero es probable, ya que se han hallado nidos hasta los 2.000 m. s/M. en valles suizos (GÉROUDET, 1.961).

Comienza el acarreo de ramas para construcción del nido en marzo (Jaca, 22.03.74). El nido es muy semejante al descrito anteriormente para *Corvus corax*, pero de dimensiones reducidas. Se construye a alturas diversas, habiéndose observado nidos desde unos 3 m. de altura hasta 15 y más. La puesta se realiza en abril, habiéndose observado una puesta de 4 huevos en mayo (Jaca, 03.05.72). Los pollos nacen desde finales a principios de mayo (dos pollos con cañones el 09.05.72 en Caniás) y saltan del nido a finales de este último mes o principios de junio (pollos en el borde del nido dispuestos a saltar el 25.05.72, en Caniás).

Su comportamiento a lo largo del año es complejo y requiere estudio detallado, se observa fidelidad a lo largo del año en las parejas pero los grupos se ven o no en todo tiempo, pudiendo reunirse los adultos aún en época de nidificación o bien tratarse simplemente de bandos de jóvenes de un año aun no reproductores; se ha observado en las proximidades de un nido, un trío en la más perfecta armonía (Jaca, 03.05.72). La identificación de sexos y edades, siendo imposible a simple vista, impide el intento de interpretación de su comportamiento gregario.

La alimentación es muy polífaga, sin embargo y durante buena parte del año, el trigo, caído en los barbechos o sembrado en los cultivos forma parte importante en su dieta, que se completa con invertebrados, frutos, carroñas y algún pequeño vertebrado. Así se deduce de los siguientes 15 análisis de contenidos gástricos:

1º Hembra capturada en Jaca, el 19.11.67: 15% 1 formícido y 2 coleópteros de 7 mm. de longitud, 5 caracoles, el mayor de 8 mm. de ϕ; 85% granos de trigo y restos de ellos. Una piedra.

2º Macho capturado en El Boalar de Jaca, el 30.11.67: 100% granos de trigo y sus restos. Piedras.

3º Ejemplar capturado en el Boalar de Jaca, el 04.11.68: 1% fragmentos de coleóptero; 39% fragmentos de huesos; 60% cutículas de plántulas de ¿Trigo?. Piedras.

4º Macho capturado en Las Tiesas, el 24.12.68: 95% granos y fragmentos de granos de trigo; 5% fragmentos muy triturados de insectos. Piedras.

5º Hembra capturada en Banaguás, el 30.01.69: 3% fragmentos de un carábido, una larva de coleóptero de 12 mm., 2 pieles de animales vermiformes no identificados; 97% granos y restos de grano de trigo. Piedras.

6º Macho capturado en Bernués, el 07.02.69: 98% grandes fragmentos de almendra o bellota; 2% un estafilínido de 18 mm. Piedras.

7º Macho capturado en Abay, el 09.02.69: 100% 80 granos de trigo enteros y abundantes restos de él. Piedras.

8º Ejemplar capturado en Banaguás, el 15.02.70: 99% grandes fragmentos de un fruto (¿nuez?), cutículas no identificadas; 1% fragmentos de huesos de ¿anfibios?. Piedras.

9º Macho capturado en Abay, el 17.02.70: 95% granos, plumas y cutículas de trigo; 5% fragmentos de un *Grillus campestris* y dos estafilínidos de 12 mm. Piedras.

10º Macho capturado en Ulle, el 23.03.70: 100% granos de trigo enteros y restos. Piedras.

11º Hembra capturada en Jaca, el 06.09.70: 100% 20 granos de trigo enteros y restos. Piedras y tierra.

12º Macho capturado en Banaguás, el 07.04.70: 96% 40 granos de trigo enteros y restos (glumas y cutículas); 4% restos de un diplópodo *(Julus terrestris)*.

13º Ejemplar capturado en Asieso, el 22.05.70: 60% larvas de díptero, un coleóptero de 12 mm., restos de invertebrados vermiformes (larvas o anélidos). 40% pulpa con fibras vegetales. Piedras.

14º Macho capturado en Jaca, el 16.08.70: 99% fragmentos y restos de granos de trigo; 4% artejos de patas de coleóptero.

15º Macho capturado en Araguás del Solano, el 12.02.72: 80% oligoquetos de hasta 60 mm.; 20% fragmentos de frutos no identificables. Piedras.

386 Corvus frugilegus (Linn.); graja.

Esporádica en invierno. Muy rara. Paleártica.

Dos únicas observaciones, quizás del mismo individuo, en el vertedero de Candanchú, el 27.11.71 y el 10.12.71.

La especie invade parte del norte, centro y Depresión del Ebro en invierno, penetrando en España por Navarra y quizás en escaso número por la zona más occidental del Pirineo oscense (MARINA y BEZARES, 1.933 y BERNIS *et al.* 1.962). En todo caso su invernada en la Jacetania es esporádica, siendo quizás su paso más abundante, pero como sucede en otras especies, poco conspicuo.

378 Corvus monedula (Linn.); grajilla.

Sedentaria y nidificante. Frecuente. Submediterráneo. Paleártica.

Veintiocho observaciones: enero, 3; febrero, 1; marzo, 4; abril, 3; mayo, 2; junio, 1; agosto, 2; septiembre, 7; octubre, 1; noviembre, 1; diciembre, 3.

Las localidades de observación han sido: Jaca, El Boalar de Jaca, Puente la Reina, Bescansa, Ipas, Apiés, Áscara y Abay.

Anida colonialmente en edificios derruidos o no y en orificios de acantilados, sitos en lugares deforestados, en general llanuras con cultivos, por debajo de los 900 m. s/M.

Desde marzo se observan en las proximidades de las colonias de nidificación (Ipas, 17.03.74, Jaca, 30.03.74), pero la construcción del nido y la puesta es más tardía. Se observan en el nido a principios de mayo (Ipas, 07.05.74). El nido es semejante a otras córvidas, con gran acúmulo de ramas, pero siempre se hace en el interior de orificios.

A pesar de que todo el año se observan juntas, los grupos estivales son reducidos en la Canal de Berdún, de entre 4 a 10 individuos normalmente; en el sur, en la vertiente que mira al Somontano el número de aves en los bandos es mayor, del orden de la centena.

En invierno y debido quizás a fuerte aporte de pájaros de allende los Pirineos, se pueden observar bandadas de varios centenares en la Canal de Berdún, bandadas que se reúnen en dormideros sitos generalmente en altas choperas.

Entre las observaciones que pueden destacarse en relación a la alimentación de la especie, se ha observado en el sur de la región, como desparasitan al ganado lanar posándose muy frecuentemente sobre sus lomos (Apiés, 14.09.75). Como en *Corvus corone*, el trigo, monocultivo muy extendido en la región, constituye una de las bases fundamentales del alimento de las grajillas. El análisis de cuatro contenidos gástricos ha dado:

1º Macho capturado en Jaca, el 21.08.66: fragmentos de una bellota y 25 granos de trigo. Piedras.

2º Ejemplar capturado en Jaca, el 19.11.66: abundantes epidermis vegetales. Piedras.

3º Ejemplar capturado en Jaca, el 22.08.67: 95% semillas y sus cutículas de trigo; 5% fragmentos de coleóptero entre los que se reconoce un curculiónido. Piedras.

4º Ejemplar capturado en Jaca, el 13.09.67: 97% 14 granos de trigo y abundantes restos de ellos; 3% fragmentos muy triturados de insectos. Piedras.

388 Pica pica (Linn.); urraca.

Sedentaria y nidificante. Muy abundante. Del submediterráneo al montano - húmedo. Paleártica.

Ochenta y una observaciones: enero, 11; febrero, 6; marzo, 9; abril, 7; mayo, 6; junio, 2; julio, 6; agosto, 15; septiembre, 7; octubre, 3; noviembre, 3; diciembre, 6.

Las localidades de observación han sido (entre otras): Villanúa, Jaca, Panticosa, El Boalar de Jaca, Guasa, Banaguás, Abay, Ena, Áscara, Ipas, Caniás, Araguás del Solano, Pardina Larbesa, Barós y Castiello de Jaca.

Anida en sotos, setos arbolados, bosquetes, parques, frutales, en ocasiones en matorrales de escasa altura, en lugares deforestados, no necesariamente cultivados, pero sí preferentemente; se observa un claro aumento de densidad en los alrededores de los lugares habitados, anidando, en esta región donde no es especialmente perseguida, incluso en el interior de las ciudades y pueblos. No se ha observado por encima de los 1.200 m. s/M. (Panticosa, 21.03.69). Su comportamiento en relación a gregarismo y territorialidad no se conoce bien (GÉROUDET, 1.961) y debido a las mismas dificultades expuestas para *Corvus corone* no se está en condiciones de intentar explicarlas. Unicamente cabe señalar que se observan grupos, en invierno alcanzan el máximo número de individuos (más de 20 en Jaca, el 27.12.75; hasta 12 muy gárrulos el 08.10.75; hasta 6, emparejadas y muy gárrulas el 28.01.74; bando de 20 en Castiello de Jaca, el 30.12.75, en este caso debido a acumulación en un dormidero. A finales de invierno los grupos se muestran ya con parejas en su seno y la excitación reinante en ellos podría señalar, al principio, la formación de tales parejas, posteriormente el comienzo del celo.

Las manifestaciones de nidificación comienzan tempranamente, se ha observado acarreo de ramas recogidas del suelo o bien arrancadas de los árboles en Jaca el 08.02.74, el 12.02.74, el 23.03.74 y el 18.04.76. Los nidos quedan terminados a finales de marzo (Jaca, 30.03.74); se ha observado una cópula en Jaca, el 16.04.76 y se han hallado puestas el 14.04.70 y el 06.05.70 en Jaca. El largo período que ocupan dichas manifestaciones podría deberse a puestas de reposición indudablemente muy frecuentes dado que la expoliación de nidos, al estar en la proximidad de los pueblos, es abundante. Ante esto cabe suponer que los nidos construidos en ocasiones a no más de un metro sobre el suelo, sean de individuos jóvenes carentes de experiencia. Pocos de estos nidos llegan a buen fin y las subsiguientes nidadas de reposición deben establecerse en lugares más seguros, muchas veces a gran altura y casi inaccesibles.

Los nidos son grandes y están compuestos por un receptáculo hecho con ramas secas, muchas veces espinosas, en cuyo interior se construye una cazoleta de barro revestida por raicillas y hierbas. Asimismo con ramas trenzadas y muy frecuentemente espinosas protegen al nido con un techo de variable importancia, en ocasiones inexistente. Los pollos saltan en julio (Jaca, 18.07.66).

Son aves muy sedentarias, no habiéndose observado fluctuaciones en la población a lo largo del año.

La alimentación es también muy polífaga como en el caso de otros córvidos. Se ha visto alimentándose de parásitos de ovejas, posados sobre sus lomos en Ena, el 13.11.72; comiendo cerezas en Jaca, el 20.06.76. El análisis de dos contenidos gástricos dio:

1º Macho capturado en Ena el 30.01.72: 5 caracoles de dos especies de 7 mm. de diámetro unos y de 10 de longitud los otros

2º Hembra capturada en Araguás del Solano, el 12.09.72: 95% hormigas aladas y 2 coleópteros de 8 mm.; 5% 2 granos de trigo.

391 Garrulus glandarius (Linn.); arrendajo.

Sedentario y nidificante. Muy frecuente. Del submediterráneo al subalpino. Paleártico.

Ciento veintidós observaciones repartidas del siguiente modo: enero, 8; febrero, 12; marzo, 8; abril, 6; mayo, 7; junio, 8; julio, 12; agosto, 10; septiembre, 15; octubre, 12; noviembre, 12; diciembre, 12.

Las localidades de observación han sido: Ena, Jaca, Sinués, Castiello de Jaca, Araguás del Solano, Circo de Ip, Bailo, el Boalar de Jaca, Abay, Las Blancas, Santa Cilia de Jaca, Pardina de Larbesa, Puente la Reina, Guasa, San Juan de la Peña, Peña Oroel, Larra, Embalse de Pineta, Canfranc, Zuriza, Ordesa.

La única córvida forestal indígena española, es ubiquista en formaciones forestales y altitudes, anidando desde los carrascales, quejigales y pinares submediterráneos, hasta hayedos, abetales y pinares montanos y subalpinos hasta el límite altitudinal forestal.

Desconfiado y silencioso en época de reproducción, se carece de datos sobre ella en la Jacetania, únicamente se ha observado a un individuo acarrear cebo en el pico el 17.05.72 en San Juan de la Peña, sin que esto tenga que ver necesariamente con la reproducción y jóvenes escasamente volanderos, en el mismo lugar, el 15.06.69. Salvo en dicha época es gregario, habiendo observado reuniones en distintas épocas (Boalar de Jaca, el 11.04.69 grupos de 5 - 6; en San Juan de la Peña, grupos gárrulos el día 14.09.71 y el 24.09.71).

Al parecer efectúa trashumancias en otoño - invierno para acudir a los quejigales y carrascales sobre todo en años de abundante bellota; así en octubre de 1.971 en San Juan de la Peña su presencia era irregular en los pinares, mientras que en los quejigales próximos era siempre abundante. A pesar de que su medio es el forestal, por exigencias tróficas puede observarse volando al descubierto (inseguro y apresurado) para acudir a lugares que le ofrecen alimento abundante. Se ha observado en San Juan de la Peña saliendo al amplio claro del Monasterio Nuevo para recoger los restos abandonados por excursionistas, en el momento en que ellos abandonaban el lugar (ver *Corvus corax*), o bien al alba pastando junto a *Turdus viscivorus*. También se ha observado haciendo largos recorridos para ir desde un pinar a carrascas aisladas entre cultivos, en tiempo de bellota (Jaca, 08.10.75).

Su alimentación es muy variada, se han observado comiendo frutos de *Rubus sp.* y quizás intentando depredar pollos recién salidos del nido de *Turdus viscivorus*, mientras los padres fieramente los expulsaban del área ocupada por sus polluelos (San Juan de la Peña, 10.06.72); además el análisis de catorce contenidos gástricos de aves pirenaicas ha dado:

1º Hembra capturada en Guasa, el 04.09.69: abundantes granos de trigo y fragmentos de un ortóptero. Frutos no identificados.

2º Hembra capturada en Aigües Tortes (Lérida) el 18.06.71: 100% insectos triturados entre los que se reconocen tenebriónidos y curculiónidos. Piedras.

3º Macho capturado en Aigües Tortes (Lérida) el 18.06.71: 4 carábidos de 7 mm., 10 larvas de estafilínido de 12 - 17 mm., 1 larva de lepidóptero de 20 mm., 2 anillas de goma. Piedras.

4º Hembra capturada en Aigües Tortes (Lérida), el 18.06.71: restos muy fragmentados de lepidóptero, araneido, varios coleópteros, entre ellos curculiónidos. Piedras.

5º Macho capturado en Aigües Tortes (Lérida), el 21.06.71: 3 - 4 curculiónidos fragmentados, masas carnosas, (¿babosa?).

6º Hembra capturada en Aigües Tortes (Lérida), el 21.06.71: 6 elatéridos de 13 mm., 1 araneido, fragmentos de un curculiónido y de un gran himenóptero ¿*Scolia sp.*?. Piedras.

7º Hembra capturada en Aigües Tortes (Lérida), el 21.06.71: fragmentos de 4 curculiónidos y de 1 formícido

8º Hembra capturada en Aigües Tortes (Lérida), el 22.06.71: 1 curculiónido de 7 mm. y otros dos de 13 mm., 2 elatéridos de 12 mm., 1 díptero, 1 araneido y un formícido de 5 mm.

9º Macho capturado en Aigües Tortes, el 22.06.71: 12 curculiónidos de 7 mm., 3 escarabeidos triturados. Alguna piedra.

10º Macho capturado en Aigües Tortes (Lérida) el 27.08.71: 99% semillas de *Rubus sp.* (unas 300), fragmentos de un coleóptero y otro artrópodo. Piedras.

11º Hembra capturada en Aigües Tortes (Lérida), a finales de agosto de 1.971: 85% pulpa y semillas de *Rubus sp.* y fragmentos de pan, 15% 2 patas de araneido, 1 cicadoideo, 1 díptero, una oruga de 60 mm., otra de 15 mm., 1 himenóptero. Quizás fragmentos de tela.

12º Ejemplar capturado en Aigües Tortes (Lérida), a finales de agosto de 1.971: 14 cabezas de formícido, otros restos quitinosos no identificables.

13º Hembra capturada en Aigües Tortes (Lérida) a finales de agosto de 1.971: 99% semillas de *Rubus sp.*; 1% fragmentos quitinosos no reconocibles.

14º Macho capturado en Peña Oroel, el 19.12.71: grandes fragmentos de bellota, fragmentos quitinosos (élitro, etc.) de coleóptero. Piedras.

392 Pyrrhocorax pyrrhocorax (Linn.) chova piquirroja.

Sedentaria y nidificante. Abundante. Del submediterráneo al alpino. Paleomontana.

Noventa y una observaciones repartidas del siguiente modo: enero, 5; febrero, 8; marzo, 11; abril, 9; mayo, 7; junio, 8; julio, 7; agosto, 6; septiembre, 7; octubre, 5; noviembre, 8; diciembre, 9.

Las localidades de observación han sido: Guasa, Castiello de Jaca, Ara, Jaca, San Juan de la Peña, Formigal de Tena, Las Blancas, Peña Oroel, Rioseta, Boalar de Jaca, Pardina Larbesa, Piedrafita de Jaca, Abay, Barós, Asieso, Osia, Candanchú, Larra, Ipas, Valle de Pineta, Peña Foratata, Ibón de Ip, Tortiellas, Ibón de Sabocos, Peña Telera, Foz de Biniés, Riglos.

Anidan colonialmente en orificios de roquedos calizos desde las sierras exteriores hasta las interiores, por encima de los 1.000 m. s/M., alimentándose en zonas deforestadas, cultivadas o no, desde los llanos del Somontano hasta los prados alpinos, efectuando trashumancias tróficas según la época del año.

Son gregarias en toda época y como ya se ha indicado, de nidificación colonial.

Se observa actividad en la construcción de nidos en abril (San Juan de la Peña, 13.04.72, nido terminado; en el mismo lugar el 23.04.75 aún construyen; el 26.04.75 en Peña Foratata, a 2.000 m s/M. nidos en construcción). En mayo se hallan las puestas sin avivar (San Juan de la Peña, 15.05.75). El 22.05.70, en la Ermita de Osia, se halla un nido en la pared de dicha ermita, a 3,5 - 4 m. sobre el suelo, en agujero hondo, con tres pollos en cañones con los ojos semiabiertos; sus comisuras eran blancas, paladar rosado, pico blanco marfil, patas color manteca; un huevo huero que contenía dicho nido presentaba grandes manchas color ocre rosado sobre fondo azulado. Los pollos saltan del nido en junio o a principios de julio (San Juan de la Peña, 21.06.67, 23.06.67, 18.06.70, 01.07.72) y son atendidos por los padres durante varios días, durante los cuales los continúan cebando. Más tarde se unen en grandes bandos compuestos de jóvenes y adultos.

Los nidificantes en Sierras Exteriores son fundamentalmente sedentarios, descendiendo a los llanos vecinos durante todo el año, pero con mayor frecuencia y número en invierno. En cambio los de alta montaña permanecen allí desde marzo a octubre - noviembre, mientras que en invierno recorren los llanos en bandos de varios centenares y establecen dormideros en arboledas elevadas (en Jaca por ejemplo en choperas); durante su estancia en alta montaña y sobre todo antes de la nidificación, los temporales de nieve los hacen huir por unos días a los llanos, interrumpiendo en ocasiones la construcción de los nidos.

Son pocos los datos sobre alimentación. En verano, en los prados se observa frecuentemente comiendo insectos; muy a menudo, en toda época, pero sobre todo en invierno, acuden a los vertederos en busca de basuras. El análisis de un contenido gástrico ha dado los siguientes resultados:

Macho capturado en Jaca, el 08.03.70: 5% 1 larva coleóptero, 1 curculiónido, 1 carábido, huevos de artrópodo, fragmentos de ortóptero y otros insectos; 95% cutículas y glumas de frutos de trigo.

393 Pyrrhocorax graculus (Linn.); chova piquigualda.

Sedentaria y nidificante. Algo abundante. Subalpino y alpino. Paleomontana.

Cuarenta y cinco observaciones: febrero, 6; marzo, 8; abril, 9; mayo, 2; junio, 1; julio, 5; agosto, 6; septiembre, 1; octubre, 3; noviembre, 3; diciembre, 1.

Las localidades de observación han sido: Ibón de los Asnos, Barós, Peña Foratata, col de Ladrones, Collarada, Ibón de Ip, Oliván, Las Blancas, Formigal de Tena, Jaca, Rioseta, Ibón de Piedrafita, Peña Telera, Pardina Larbesa, Tortiellas, Novés, Candanchú, Ipas, Larra, San Juan de la Peña, Canal de Izas, Asieso, Puerto de Somport e Ibón de Renclusa.

Anida colonialmente en acantilados y simas en las sierras interiores, desde los 1.800 m s/M. hasta más arriba de los 2.500. (Macizo de las Tres Sorores, 04.08. 76).

Busca su alimento en el pasto alpino, por lo menos mientras es accesible.

Es al igual que *P. pyrrhocorax*, gregaria en todo tiempo y ambas especies no se excluyen sino que muy frecuentemente mezclan sus bandos y, a pesar de todo, mantienen siempre cierta independencia (Los Lecherines, 17.10.68; Rioseta, 23.03.69; Peña Telera, 23.07.69).

La entrada en celo se manifiesta desde marzo y en abril (Candanchú, 25.04. 71) y construyen nido a finales de abril (Peña Foratata 26.04.75).

El mal tiempo puede detener la construcción de los nidos y obligar a alcanzar niveles más bajos mientras duran los temporales, en ocasiones la situación se prolonga hasta avanzada la primavera (bandos de varios cientos cerca de Jaca, el 03.05.72). Se han observado pollos en nido casi volanderos el 04.08.76, a más de 2.500 m. s/M. en el macizo de las Tres Sorores y en el Ibón de la Renclusa, en una sima donde se observaron 5 nidos, de los cuales pudieron verse el contenido de tres, con tres, dos y un pollo respectivamente.

Mientras existen suficientes recursos alimentarios permanecen en alta montaña; en lugares en los que los basureros les proveen de alimentos permanecen sedentarias (Canal de Izas, 21.02.74), si no, pueden descender a los valles y regresar de noche a las alturas, como indica el haber hallado almendras en el estómago de un ave capturada a 2.200 m. s/M. en la Moleta (Canfranc), en el mes de diciembre. Sin embargo, la mayor parte de la población trashuma, a veces antes de que el clima sea excesivamente duro; así, se ha observado en San Juan de la Peña el 12.11. 73 un bando de 25 individuos, antes del comienzo de las fuertes nevadas. Lo habitual es que desciendan a los llanos de la Canal de Berdún a partir de mediados de diciembre y permanezcan hasta marzo, pero dicho período se altera con la frecuencia de los temporales y la duración de la nieve en la montaña, pudiendo permanecer, como antes se ha indicado, hasta mayo.

Los bandos invernales son de algunos cientos de individuos (de 50 a 300 en general) y siguen rutinas cotidianas muy exactas (como *P. pyrrohocorax*), comiendo, bebiendo o acudiendo a dormir a lugares y en horas muy determinadas. Una conmoción en el bando (caida de algún ave en trampas o redes), altera totalmente la rutina cotidiana.

Cuando en primavera, el mal tiempo expulsa de la montaña por uno o pocos días a las aves, se forman bandos anormalmente grandes; se ha observado en Jaca, el 05.04.74 un bando de unos 1.000 individuos, el 24.03.75, en Oliván un bando de más de 1.000 y también en Jaca, el 05.04.75 y otro de más de 400 aves.

La alimentación es variada; muy insectívora en verano, a veces detritívora; así, el análisis de cuatro contenidos gástricos ha dado:

1º Ejemplar capturado en La Moleta (Canfranc), el 05.12.68: almendras enteras y fragmentos, 7 semillas de tomate, 2 semillas no identificadas, fragmentos de caracol, un hueso de 15 x 7 mm., una raicilla, dos piedras.

2º Macho capturado en Novés, el 11.04.70: 60% 1 grano de trigo y restos fibrosos de gramíneas (¿plántulas de trigo?), 40% 8 carábidos de 10 mm., otro coleóptero sin determinar, anillas de un artrópodo cilíndrico (diplópodo?).

3º Hembra capturada en Collarada, el 04.10.70: 99% 2 - 3 frutos de *Lonicera pyrenaica* y más de 15 de *Juniperus sp.* y 1% fragmentos de un curculiónido.

4º Macho capturado en Jaca, el 17.02.72: 98% 1 curculiónido de 8 mm. 4 - 5 ninfas de díptero, 2 dermápteros, 2 caracoles de 4 mm. de ϕ, fragmentos de un oligoqueto y de un coleóptero irreconocible, 2% fibras vegetales.

Citas de especies dudosas o extinguidas en el Alto Aragón Occidental.
75   *Aegypius monachus* (Linn.); buitre negro.

BERNIS (1.966a) en su trabajo recopilativo sobre el buitre negro en España, da diversas citas, todas ellas vagas o dudosas, en el Pirineo.

285   *Sylvia sarda* (Temm.); curruca sarda.

Una cita dudosa de ARAGÜÉS (1.969), sobre la posible observación de esta especie en la Sierra de Loarre.

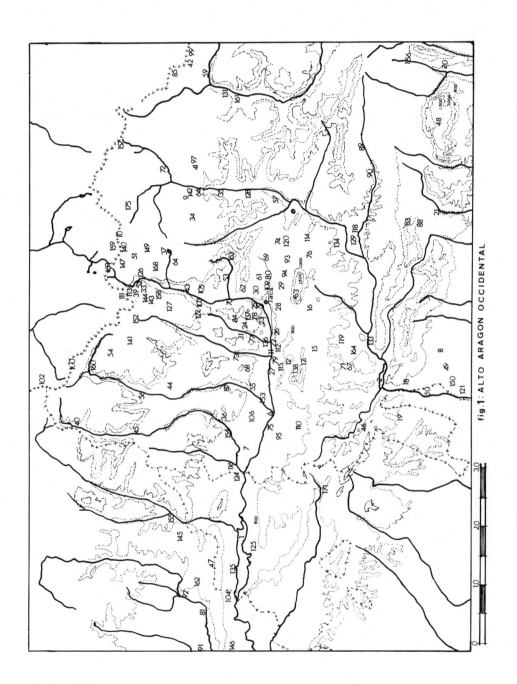

fig.1: ALTO ARAGON OCCIDENTAL

LOCALIDADES PROSPECTADAS DEL ALTO ARAGÓN OCCIDENTAL

1. Embalse de Yesa
2. Embalse de la Peña
3. Sariñena
4. Gallocanta
5. Río Aragón - Jaia
6. Río Aragón - Pte. la Reina.
7. Berdún
8. Pantano de la Nava
9. Ibón de Piedrafita
10. Formigal de Tena
11. Áscara (Río Aragón)
12. Santa Cruz de la Serós
13. Embalse de la Sotonera
14. Embalse de Ardisa y Fornillos
15. Botaya
16. Oroel
17. San Juan de la Peña
18. Riglos
19. Agüero
20. Rodellar
21. Salto de Roldán
22. Boalar de Jaca
23. Abay
24. Caniás
25. Asieso
26. Batiellas
27. Santa Cilia de Jaca
28. Pardina Larbesa
29. Barós
30. Rapitán
31. Araguás del Solano
32. Barranco de Culivillas
33. Tortiellas
34. Peña Telera
35. Biescas
36. Foz de Biniés
37. Ibón de Ip
38. Canfranc
39. Tobazo
40. Zuriza
41. Ibón de los Asnos
42. Circo de Cotatuero
43. Villanúa
44. Urdués
45. Valle de Ansó
46. Salinas de Jaca
47. Sierra de Leire
48. Sierra de Guara
49. Ayerbe
50. Concilio
51. Ibón de Anayet
52. Rioseta
53. Garcipollera
54. Castillo de Acher
55. Javierregay
56. Hecho
57. Senegüé
*58. Garganta del río Vellós
59. Valle de Ordesa
*60. Valle de Pineta
61. Ipas
62. Bergosa
63. Peña Oroel
64. Collarada
65. Atarés
66. Búbal
67. Ordaniso
68. Somanés
69. Bescansa
70. Castiello de Jaca
71. Ena
72. Panticosa
73. Las Tiesas
74. Orante
75. Pardina de Samitier
76. Ara
77. Novés
78. Guasillo
79. Esculabolsas
80. Guasa
81. Valle de Salazar (Navarra)
82. Monte Cuculo
83. Puerto de Monrepós
84. Monte Grosín
85. Ibón de Lapazuzo
*86. Puendeluna
87. Embún
88. Arguís
89. Río Guarga
90. Villobas
91. Lumbier
92. Foz de Argayún
93. Navasa
94. Ulle
95. Arrés
*96. Mequinenza
97. Ibón de Sabocos
*98. Lana
99. Monte Perdido
100. Portillo de Lescuro
*101. Puigmal (Gerona)
102. Anie
103. Aratorés
104. Coto Leire
105. Molino de Aratorés
106. Santa Engracia
107. Araguás
108. Embalse Pineta
109. Río Gas
110. Bailo
111. Somport
112. Paco Mondano
113. Candanchú
114. Abena
115. Binacua
116. Villarreal de la Canal
117. Paquillones
118. Castillo de Lerés
119. Osia
120. Navasilla
121. Biscarrués
122. Borau
123. Samitier
124. Asso Veral
125. Ruesta
126. Col de Ladrones
127. Sayerri (Monte)
128. Arguisal
129. Lasiego
130. Añisclo
131. Torla
132. Campo de Troya
133. Anzánigo
134. Orna de Gállego

IV COMUNIDADES ORNITICAS DEL ALTO ARAGON OCCIDENTAL

Los datos acumulados por especies permiten una revisión global de la ornitofauna de la región, dado ya su actual conocimiento extensivo. Se ha llegado así también a la posibilidad de divulgar un avance sobre el conjunto ornítico altoaragonés que constituye de por sí un útil esquema extrapolable sobre la fauna ornítica sud - pirenaica, cuya documentación informativa escaseaba.

1. Material reunido y metodología empleada.

El número de observaciones realizadas fuera del pinar de San Juan de la Peña alcanzaría una cifra de 6.000. Muchas de ellas no han sido obtenidas esporádicamente, sino con notable continuidad, realizando estudios sobre el ciclo biológico de determinadas especies, cuyos datos quedan anotados en el anterior capítulo de resultados. Pese a que las observaciones realizadas en otros períodos del año, fuera del reproductor, han sido numerosas, cabe reducir momentáneamente el presente epígrafe a comentar estríctamente el significado faunístico territorial de las especies nidificantes. Los comentarios se refieren a dos puntos de vista fundamentales: calificación biogeográfica de las especies, anotada para cada ave nidificante en el anterior capítulo de resultados, con arreglo al esquema algo modificado de VOOUS (1.960) y su distribución ecológica comarcal según cinco tipos de paisaje (excluyendo casi siempre las más federadas a biocenosis hídricas o higrófilas). Los tipos de paisaje principales anteriormente relatados serían: el más amplio conjunto submediterráneo, de modalidad continental; dos dominios de montaña media o inferior (montano seco, esencialmente pinares, y montano húmedo, constituido por el dominio de los planicaducifolios de ladera), y dos altimontanos (subalpino y pastos de tipo alpino y alpinizado).

El referido ensayo especulativo se divide en cinco apartados. El primero intenta un estudio conjunto de la fauna comarcal con cariz biogeográfico. El segundo (apartado 3), intenta una revisión general de la composición de la fauna (excluyendo las formaciones de ribera), según dominios de vegetación arriba referidos. El tercero constituye un análisis descriptivo, detallando las principales residencias ecológicas, secuela de influencias abióticas y de explotación antrópica incluídas, dentro de cada dominio. El cuarto (epígrafe 5) constituye un ensayo tratando de reconstruir las evoluciones del poblamiento ornítico en las épocas geológicas próximo - pasadas, hasta alcanzar su actual estructura. Aparte los aspectos generales considerados, el epígrafe 6 recoge algunos otros específicos referidos a un macizo representativo. Dichos datos gozan de notable interés dinámico respecto al ciclo estacional de explotación biocenótica por parte de las aves. Su interés y representatividad territorial se comentan bajo el dicho epígrafe.

2. Estudio conjunto de la fauna.

En la zona especialmente estudiada, cabría concluir que se han observado 141 especies en reproducción. Se excluyen de esa lista algunos elementos mediterráneo - continentales (quizás del meso o termo - mediterráneo en sentido lato), que corresponderían ya al estepario aragonés; dichas aves se habrían registrado con cierta frecuencia en el somontano, sin poder así asegurar que, —el incremento antrópico de la aridez, seguido de "desertización demográfica reciente"—, llegue a favorecer la reproducción actual o progresiva hacia dominios más higrófilos de alguna de tales especies orníticas. Se han excluido así, de esa lista de 141 especies y serían: sisón, ortega, carraca, cogujada común, calandria y zarcero pálido.

Prescindiendo así de las dichas últimas especies, la distribución biogeográfica correspondería al siguiente cuadro*.

- 1. Paleárticas . . . .   56 . . 39,7 %

    Dentro de ellas: — de taiga ....   7 — 5 %
                        — de bosque
                            caducifolio
                            típicas ....   1 — 0,7 %
                    — restantes
                        de amplia
                        distribución   48 — 34 %

- 2. Boreoalpinas . . . .   3 . . . 2 %
- 3. Conjunto centroeuropeo . . . .   40 . . 28,4 %

    — europeas propiamente dichas   17 — 12,1 %
    — europeo-turquestaníes ....   15 — 10,6 %
    — paleomontanas ....   8 — 5,7 %

- 4. Conjunto mediterráneo asiático . . . .   25 . . 17,7 %

    — turquestano-mediterráneas   8 — 5,7 %
    — mediterráneas p. dichas .... 12 — 8,5 %
    — paleoxéricas ....   1 — 0,7 %
    — paleoxeromontanas ....   4 — 2,8 %

*La calificación biogeográfica de cada una de ellas consta en el anterior capítulo dedicado a relatar los datos por especies.

— 5 Etiópicas . . . .   7 . . . 5 %

— 6. Antiguo Continente . . . .   10 . . 7,1 %

TOTAL . . . . 141 . . 100 %

Sobre un trasfondo notable de especies de amplia distribución continental (1 y 6) que alcanza a un total del 47%, aparecen en número decreciente especies europeas, mediterráneas y etiópicas, (respectivamente 28%, 18%, y 5%). Domina así aparentemente en el conjunto del territorio, fauna de probable origen eurosiberiano.

La diferencia notable de cotas, (2.500 m. aproximadamente) del mismo territorio, permite albergar una representación altimontana notable que rebasaría el 10% (15 especies).

Las referidas especies corresponderían a tres importantes tipos biogeográficos: el boreo - alpino, con un clásico representante esencial y típico: la perdiz nival, pero a la que cabría sumar dos especies más de distinta procedencia reconocida que presentarían un similar comportamiento distributivo en la cría, pero a latitudes inferiores al territorio ártico: el bisbita ribereño y el mirlo collarizo, ambas especies federadas en época de cría, a los niveles altimontanos pirenaicos (subalpino y pastos de altitud). Por otra parte, existen ocho especies paleomontanas (conjunto 3 centroeuropeo) y cuatro paleoxero - montanas (conjunto 4 mediterráneo asiático). Como se concluirá más abajo, los niveles alimontanos presentan notables diferencias con los restantes inferiores arbolados.

3. Distribución por pisos de vegetación.

Cabe ahora revisar con óptica semejante, la ocupación por pisos de vegetación diferenciados en el territorio estudiado, desde los niveles submediterráneos a los pastos alpinos (ambos incluidos). Para ello, —en honor a la claridad— cabe destacar de inmediato, varias especies que constituyen excepciones en los biotopos más estudiados en la presente monografía o que están más bien ausentes de ellos, considerando solamente 125 especies nidificantes.

Las 16 especies excluidas, serían por una parte: *Passer domesticus*, sumamente antropófila y otras quince muy dependientes de las corrientes y recipientes acuáticos, en su gran mayoría nidificando en paisajes submediterráneos, si bien cabe exceptuar mirlo acuático, criando hasta el dominio alpino, y andarrios chico, explotando las orillas de los mismos ibones.

Las referidas 15 aves, muy federadas a las formaciones en galería serían las siguientes:

Podiceps cristatus, Anas platyrrhyncha y *Fulica atra,* muy federadas al agua y nidificando, sólo registradas de embalses y remansos del dominio submediterráneo. *Alcedo atthis*, que alcanza por las riberas donde dispone de oteros, sobre ríos relativamente caudalosos o con "badinas", hasta el nivel montano húmedo. Pequeños márgenes o escarpaduras sobre arroyos y torrentes albergan los nidos de *Riparia riparia*, ave que se aleja bien poco de los referidos biotopos. *Cinclus cinclus*, como ya se ha indicado, anidaría hasta el piso alpino, siendo muy abundante en el montano húmedo y en el subalpino. *Tringa hypoleuca* de nidificación muy localizada, llegaría a los ibones, frecuentando, sin embargo las orillas de toda suerte de embalses. Los carrizales submediterráneos albergarían además: *Rallus aquaticus, Gallinula chloropus, Acrocephalus arundinaceus* y *Cisticola juncidis*; al buitrón, sin embargo, se le ha visto nidificando en los trigales de las depresiones interiores del territorio. Otras dos especies están muy federadas a la vegetación arbustiva y con zarzales de las orillas de los arroyos: *Hippolais polyglotta* y *Cettia cetti*. Los álamos (sobre todo las albas próximas a carrizales) de las partes más bajas del submediterráneo, albergan parejas de *Remiz pendulinus*. *Jynx torquilla* frecuenta las riberas arboladas y se le ha visto aprovechando huecos en árboles frutales para instalar su nido; su dependencia así de los cultivos irrigados de la Canal de Berdún, la apartan algo del soto propiamente dicho.

Resulta difícil clasificar aquí pertinentemente, las restantes especies más bien federadas al soto, pues la explotación de otras formaciones vegetales, aconseja considerarlas aparte en el resto del conjunto y describirlas oportunamente más abajo (lavanderas, ruiseñor, etc.).

Las referidas 125 especies, podrían distribuirse por pisos de vegetación, con arreglo al siguiente cuadro:

CUADRO 1: Distribución según tipos de paisaje de 125 especies nidificantes en el Alto Aragón occidental:

	1 Submediterráneo	2 Montano seco	3 Montano húmedo	4 Subalpino	5 Alpino
1 + 2	19 - 19,2 %	19 - 23,8 %			
1 + 3	1 - 1,0	—	1 - 1,4		
1 + 2 + 3	22 - 22,2	22 - 22,75	22 - 29,7		
1 + 2 + 3 + 4	15 - 15,2	15 - 18,8	15 - 20,3	15 - 30,6	
Todos los dominios de vegetación	19 - 19,2	19 - 23,8	19 - 25,7	19 - 38,8	19 - 70,4
Exclusivas de cada dominio	23 - 23,2	—	8 - 10,8	1 - 2,0	3 - 11,1
2 + 3 + 4		5 - 6,3	5 - 6,8	5 - 10,2	

3 + 4				4 - 5,4	4 - 8,2
4 + 5				5 - 10,2	5 - 18,5
Totales	99 - 100 %	80 - 100 %	74 - 100 %	49 - 100 %	27 - 100%

Lo primero que salta a la vista es el empobrecimiento con la altitud. Las diferencias mayores están entre el montano húmedo y el subalpino. Las aparentemente menores entre los dos dominios de montaña media. Dichas diferencias se atenúan más en perjuicio del montano seco, si se tiene en cuenta que las cinco especies compartidas por el montano húmedo y el subalpino (pito negro, petirrojo, zorzal común, acentor común y piquituerto) que ya aparecen en el montano seco, solamente existen en la variante más húmeda de éste, es decir en el pinar musgoso con boj, cuyo sotobosque alberga planicaducifolios y se halla así, muy próximo a los hayedos o con precedentes de haberlo sido. Cabe así, reforzar la idea de que, cualitativamente, el montano húmedo (con ocho especies exclusivas en contra de ninguna en el montano seco y una sola en el subalpino), presenta un máximo de diferencias y carácter centro - europeo, en contraste con los restantes dominios.

Un total de nueve especies, aparecen como nidificantes comunes a los cinco dominios considerados. Una buena parte de ellas, el 40% (es decir 8) son paleárticas. De las restantes 11: tres son paleoxeromontanas; dos etiópicas migrantes; dos paleomontanas, una de origen europeo - turquestaní y tres de amplia distribución en el Antiguo Continente (*Falco peregrinus, F. tinnunculus* y *Coturnix coturnix*).

El dominio que ofrece mayor variedad, el submediterráneo, está constituido esencialmente por especies también hallables en el piso ilicino o mesomediterráneo. De las 23 que en el conjunto comarcal aparecen federadas exclusivamente a tal piso inferior de vegetación, ocho de ellas no rebasan altitudes bajas, es decir en la vecindad del Somontano; muy pocas de ellas alcanzarían criando, la Depresión Interior y aun sólo en lugares muy favorables, ciertos años; dichas especies serían: *Columba livia, Clamator glandarius, Sylvia hortensis, S. melanocephala, S. cantillans, Oenanthe leucura, Monticola solitarius* y *Anthus campestris*. Cabe también consignar, como de interés general, que se ha observado un progreso aparente en la nidificación de *Merops apiaster* y *Sturnus unicolor*, en el transcurso de los años de toma de datos para la presente monografía.

El empobrecimiento sucesivo de aves de tipo mediterráneo, con el incremento de altitud es tangible, empobrecimiento compensado, —sólo en parte, como ya se ha indicado—, por la aparición de otras aves del montano húmedo. El montano seco no ofrece especies exclusivas de ese dominio; *Emberiza hortulana* en cambio, aparente en los pastos soleados del submediterráneo, reaparece solamente en biotopos similares del montano húmedo en la proximidad del piso alpinizado (Guarrinza, Formigal de Tena - Portalet de Anea).

Más de un tercio (casi el 40%) de la ornitofauna subalpina, la constituyen las referidas especies triviales propias de todos los dominios; otro tercio estaría constituido por especies también existentes en pisos mediterráneos; un 20% serían especies de el montano húmedo; el restante 10% serían altimontanas. La ausencia en los pastos alpinos del anterior 40% de mediterráneas, incrementaría mucho la abundancia relativa de las triviales, al 70%; el 30% restante correspondería a especies de altitud, tres de ellas específicas de tales biotopos (perdiz nival, treparriscos y gorrión alpino). De las cinco compartidas con el subalpino, dos serían sensiblemente boreo - alpinas, dos paleomontanas (*Prunella collaris* y *Pyrrohocorax graculus*), una europeo - turquestaní o de estepa asiática fría (*Perdix perdix*).

Por lo que se refiere al origen biogeográfico conjunto de la ornitofauna de cada piso de vegetación, cabría referirse al siguiente cuadro resumen:

CUADRO 2: *Distribución relativa y absoluta de la ornitofauna nidificante según dominios de vegetación, atendiendo a su origen biogeográfico:*

Origen bio-geográfico	Dominios de vegetación				
	Submediterráneo	Montano seco	Montano húmedo	Subalpino	Alpino
Antiguo Mundo	7 - 7,1%	7 - 8,8%	3 - 4,1%	3 - 6,1%	3 - 11,1%
Paleárticas	37 - 37,3	35 - 43,8	39 - 52,7	22 - 44,9	8 - 29,6
Boreoalpinas	- 0	- 0	- 0	2 - 4,1	3 - 11,1
Europeas	26 - 26,3	24 - 30,0	24 - 32,4	16 - 32,7	8 - 29,6
Mediterráneo--asiáticas	23 - 23,2	10 - 12,5	5 - 6,8	3 - 6,1	3 - 11,1
Etiópicas	6 - 6,1	4 - 5,0	3 - 4,1	3 - 6,1	2 - 7,4
Totales	99 - 100%	80 - 100 %	74 - 100 %	49 - 100 %	27 - 100%

El dominio de las especies de amplia distribución (Antiguo Mundo, paleárticas, holoárticas, etc.) domina en los cinco tipos considerados; el conjunto mediterráneo - asiático + etiópico, desciende sucesivamente con el incremento de altitud. Además, es tangible el cambio notable y súbito de la composición ornitocenótica altimontana: el número de especies europeas se mantiene mucho más que el conjunto mediterráneo - asiático referido y el etiópico, que (como ya se ha indicado y cabe reiterar) desciende mucho. Hasta el nivel montano húmedo, el número de especies de amplia distribución, al principio mencionado, permanece constante, no existiendo boreo - alpinas, pero ya cuatro especies paleárticas, substituyen a otras tantas de amplia distribución en el Antiguo Mundo, en el mismo dominio montano húmedo. Si no fuera por la aparición en los pinares más húmedos del montano seco, de especies más bien típicas de planicaducifolios, este último dominio (v. cuadro anterior), aparecería con todos los caracteres de un submediterráneo pura y simplemente empobrecido, —falta incluso un ave que reaparece en el montano húmedo—, estando además, totalmente falto de especial carácter; efectivamente, bajo próximo epígrafe habrá ocasión de insistir sobre ello.

4. Ornitocenosis y residencias ecológicas por dominios de vegetación.

A pesar de la abundancia de datos obtenidos, parece todavía prematuro el intento de establecer de manera aceptablemente acabada, un relato de las comunidades ornítica correspondientes a cada biotopo alto-aragonés. Las características oscilantes del clima continental de la comarca, obligan a la explotación circunstancial de numerosas residencias ecológicas, manteniendo una heterogeneidad en el comportamiento, quizás sin precedentes en otros territorios de clima con más constancia en la distribución estacional del tiempo atmosférico y con más monotonía y mayor expansión del paisaje. Quizás en el anterior punto esté la causa principal de la pobreza faunística general de los paisajes más relacionados con el submediterráneo y montano continental. Se prescinde así, de una descripción acabada de la composición invernal y trófica de las comunidades ornítica altoaragonesas; se intentan distinguir simplemente, ciertas variantes de la composición ornítica según vegetación en época de reproducción y aun de manera incompleta.

Cabe advertir de primera intención, que existen dos influencias muy marcadas en la caracterización del paisaje abigarrado de la comarca. Por una parte, causas físicas (clima local, relieve, suelo), pero por otra la influencia antrópica de diversa orientación y finalidad, conservada y mantenida, —dando comunidades permanentes—, en el transcurso de los siglos. Dentro de cada uno de los cinco dominios considerados, se ha intentado así, definir ciertas residencias ecológicas, que quizás por distintas causas convergirían hacia similares composiciones ornitocenóticas, tratando así al mismo tiempo, de contribuir al conocimiento de la ecología de nidificación de la especie. En líneas generales cabe concluir que la simplificación residencial se incrementa con la altitud del dominio. El más variado, esencialmente, es el submediterráneo quizás por una doble razón, es sin duda el más extenso y por ser el más benigno, resulta que ha sufrido mayor influencia antrópica, incrementando heterogeneidad, pero ofreciendo al mismo tiempo, cierto desarrollo expansivo que redunda satisfaciendo las necesidades de espacio de algunas aves de amplio territorio.

A) Ornitocenosis en el dominio submediterráneo.— La notable población que durante la Edad Media soportó el Alto Aragón occidental, ha modificado extraordinariamente al dominio submediterráneo, que por sus condiciones topográficas y climáticas acogió y nutrió buena parte de dicha colonización humana relativamente densa.

Así, es difícil intentar reconstruir el paisaje para tener una idea de cómo pudo ser antes de sufrir dicha influencia antrópica, pero parece de interés describir una aproximación de la vegetación potencial, para mejor comprensión del paisaje actual y las ornitocenosis que mantiene.

Desde el lecho del río, hasta las cotas más elevadas, que formarían un valle imaginario del dominio submediterráneo altoaragonés, cabría diferenciar la siguiente catena:

La vegetación acuática o que por lo menos precisa mantener las raíces sumergidas gran parte del año, sería rara, ya que la todavía acusada pendiente provoca un flujo rápido del agua sin que se formen remansos en los ríos. Unicamente escasas zonas muy llanas, permitirían la aparición de reducidas manchas de juncales, carrizales y espadañales. En contacto con el cauce, las gleras fluviales de suelos relativamente pobres y frecuentemente encharcados al desbordar el río, permitiría la aparición de salcedas extendiéndose en todas aquellas zonas en las que el manto freático es muy superficial; allí donde la sequía estival es elevada y el suelo tan pobre como para no permitir la vida de los sauces, crecerían pequeños rodales de pinar.

A medida que se eleva el terreno, el agua freática, ya algo profunda, motivaría el progresivo cambio de las salcedas a la olmeda y su etapa de regeneración (*Prunetalia*), compuesta de arbustos espinosos. Posiblemente la olmeda tendría una notable extensión y estaría compuesta de árboles planicaducifolios con, —por lo menos en los claros—, abundante subvuelo nitrófilo, dada la fertilidad del suelo.

Al comenzar la pendiente de las laderas, el rápido alejamiento del manto freático obligaría a la transición hacia el quejigal. El carrascal montano sólo aparecería en lugares de codiciones extremas (enclaves cálidos y secos, como las gargantas rocosas de valles ventosos que por efecto Venturi se desecan más, zonas sufriendo efectos foehn o en resaltes rocosos con suelos muy pobres).

La situación actual es muy distinta y el reciente despoblamiento demográfico, si bien permite que determinadas zonas abandonadas tiendan a recuperarse, no conseguirá que la vegetación vuelva a la antigua climax, tanto porque continúa la influencia antrópica (las articas abandonadas se han repoblado con *Pinus sylvestris*), como porque la degradación del suelo, impide o dificulta la regeneración de etapas más maduras.

Las modificaciones realizadas por el hombre han sido fundamentatalmente las siguientes: la formación de represas y embalses ha provocado la aparición de aguas estancadas, en cuyas orillas, cuando hay aguas someras, aparecen carrizales. Las zonas de salceda de suelo más pobre, con grandes cantos rodados y peligro de frecuentes inundaciones, se dedican a choperas para aprovechamiento maderero, mientras que las más altas, de suelo arenoso - limoso, sólo inundables en situaciones extremas y fáciles de irrigar, se dedican a huerta y cultivos de frutales. Dicho biotopo puede extenderse a zonas más elevadas de las laderas, cuando aparecen arroyos y manantiales perennes y los depósitos de pie de monte colaboran a la formación del substrato sólido.

La parte alta de la olmeda, de manto freático profundo y difícilmente irrigable, y la de menos pendiente (antes ya de quejicar relativamente rico) se aterraza formando bancales separados por taludes y se dedica a cultivos de secano (fundamentalmente trigales). Los taludes que hay entre los bancales y los originados por corrientes de agua temporales (cunetas de carretera, bordes de caminos en forma de torrentes ocasionales, etc.), de mayor humedad que el entorno y fertilizados por arrastre de bioelementos sobrantes de los cultivos, forman setos de *Prunetalia*, en los que tiende a regenerarse la olmeda y donde no falta abundante matorral enmarañado y alimento (invertebrados) muy asequible; se establece así un cierto mosaico productivo y explotable en "panal" o "malla".

El abandono de los trigales evolucionaría, en primer lugar, a un yermo poblado por herbáceas, con escasas sufruticosas, que pastado intensamente se mantendría durante un cierto tiempo, pero tendiendo a convertirse, primero en un aliagar, que sucesivamente se iría poblando de boj, para continuar, quizás, su evolución hacia la antigua climax.

La zona media de quejigales, previamente deforestada, se utilizó largamente para el cultivo de cereales en condiciones extremas (artigueo). Después de quemar el matorral y fertilizar con sus cenizas (hormigar), se cultivaba —dos o tres años— con cereal; perdida la fertilidad se abandonaba, formándose un yermo pastado que evoluciona, como en el caso anterior, a aliagar. Recuperado el suelo y la vegetación quemable, se repetía el cultivo de cereal. Actualmente las artigas se han abandonado. Las más pastadas continúan en estado de yermo en transición al aliagar, otras son aliagares con boj, entre el que comienzan a desarrollarse pequeños quejigos; otras, finalmente, han sido repobladas con pino albar, que presenta un pobre crecimiento.

Los quejigales de la zona superior, con excesiva pendiente como para ser cultivados, han seguido dos claras tendencias distintas. Unos, una vez aclarado el bosque, fueron pastados (boalares) y presentan aspecto adehesado; su evolución pasaría por una etapa de quejigal con claros de escaso suelo y arbustos aislados, luego el desarrollo arbustivo lo convertiría en un quejigal alternando con marañas de arbustos y por último alcanzaría su estructura normal. En cambio, si tales bosques han sido explotados para extracción de leña y carboneo, pudo convertirse en un bosque claro, de árboles aislados con espeso sotobosque, principalmente de bojes y sufruticosas. Posteriormente el rebrote de las zocas (tocones), provoca intrincadas masas de tales árboles con aspecto arbustivo, que indudablemente, evolucionaría hacia el quejigal normal. Los lugares termófilos, donde la degradación del suelo ha sido casi total, ha favorecido el desarrollo de carrascas y enebros a expensas del quejigal.

Queda por describir un biotopo utilizado por elevado número de aves, unas para anidar exclusivamente, otras, pocas, cumpliendo todo su ciclo biológico en él. Se trata de los roquedos, abundantes en el submediterráneo altoaragonés. La deforestación e intensa ganadería, permite que sean colonizados por grandes rapaces carroñeras; otras, cazadoras activas, buscan en ellos refugio para sus nidos. Por último, las aves, grandes voladoras, que se alimentan del aeroplancton, escogen preferentemente tal formación para anidar. Edificios y ruinas constituyen pequeños roquedos artificiales que son utilizados —en ocasiones con preferencia e incluso exclusivamente—, por algunas especies.

La actual situación de las comunidades orníticas, en relación con la vegetación, puede esquematizarse del siguiente modo:

a) Aves acuáticas que explotan aguas estancadas libres, con vegetación sumergida, plancton y fondos limosos.

b) Aves que explotan carrizales.

c) Aves que frecuentan aguas corrientes y que en general prescinden de la vegetación.

d) Aves que precisan del arbolado para establecerse; habitan olmedas y quejigales, siendo escasas las especies que, por ser más higrófilas, sólo colonizan la olmeda.

e) Aves que precisan del matorral para nidificar, pudiendo distinguir varios grupos:

1) Aves que viven en matorrales de zonas xéricas (bujedo - aliagares, etapas de recuperación del quejigal y carrascal muy espesas o "vestidas", pero con claros, etc.) y que no aceptan la presencia del bosque.

2) Aves que anidan en setos más higrófilos (*Prunetalia*) y que no aceptan el bosque.

3) Aves que utilizando el mismo biotopo que el grupo anterior, son indi-

ferentes a la existencia de arbolado. Algunas son muy higrófilas, anidando preferentemente en la olmeda.

f) Aves que anidan en yermos y cultivos y que en general colonizan también los aliagares.

g) Aves que anidan en árboles, pero que su biotopo alimentario son las zonas deforestadas (yermos, aliagares). Establecen su nido en quejigales, olmedas o árboles aislados.

h) Aves que anidan en orificios de rocas o ruinas y explotan las zonas deforestadas.

i) Aves que anidan en acantilados rocosos.

Las especies y conjuntos de ellas serían las siguientes:

a) *Recipientes acuáticos y alrededores:* Las extensiones de agua, en país montañoso como el submediterráneo altoaragonés, se verían, en estado natural, reducidas a los ríos; la construcción de pantanos ha creado nuevos biotopos acuáticos, permitiendo la colonización por nuevas especies ornáticas. Muy independientes de la vegetación —utilizada únicamente para esconder el nido— y en aguas mansas abiertas ricas en pesca, es frecuente observar a *Podiceps cristatus*. Algo más federado a los carrizales, que les ofrecen adecuada protección, pero tambien en aguas libres, puede hallarse *Anas platyrrhyncha* y *Fulica atra*. Prácticamente sin salir de la vegetación, anidan *Gallinula chloropus* y *Rallus aquaticus* y los paseriformes *Acrocephalus arundinaceus, Remiz pendulinus* —este último colgando su elaborado nido de las ramas de árboles (p. ej. álamos) ribereños— y *Cisticola juncidis* (también anidando en trigales de las zonas cálidas de la región).

En las orillas de los ríos mariscando *Tringa hypoleuca*, mientras que *Cinclus cinclus* se zambulle en busca de larvas acuáticas en aguas incluso turbulentas. Desde los oteros próximos al agua *Alcedo atthis* otea los pequeños pececillos que captura tras rápida zambullida. También frecuentan las playas de cantos rodados las lavanderas *Motacilla alba* y *M. cinerea*. Los taludes terrosos albergan los nidos de aves algo federadas a los medios acuáticos, como *Riparia riparia*, pero también de otras, típicas de zonas deforestadas áridas. como *Merops apiaster*, que excava profundas galerias en dichos taludes; aves sedentarias de nidificación precoz, se adelantan en muchas ocasiones a los abejarucos: se ha observado, colonizando sus galerias, a *Petronia petronia* y *Passer domesticus*.

b) *Sotos y setos:* Las olmedas de árboles bien desarrollados acogen prácticamente la misma fauna que los quejigales, sin embargo algunas especies más higrófilas muestran clara preferencia por ellas. Así es frecuente observar en tal biotopo a *Oriolus oriolus* y *Jynx torquilla*, este último anidando también en orificios de frutales de las huertas próximas. Otro tanto sucede con las aves de matorral; así, prácticamente todas las del quejigal pueden hallarse en la olmeda, pero algunas, —muy higrófilas o de pisos de vegetación superiores—, habitan el subvuelo de tales residencias o sus extensiones, tales sotos húmedos de taludes y cursos de agua temporales; pueden citarse en ellos *Luscinia megarrhyncha, Cettia cetti, Hippolais polyglotta, Erithacus rubecula* (*) y *Prunella modularis*.

(*) Esa especie es más típica de bosque higrófilo de planicaducifolios; su presencia en los sotos ribereños del submediterráneo, sería sólo incidental y secuela del "parentesco" montano - húmedo de la referida vegetación en galería.

Son, sin embargo, más abundantes las aves que eligen para anidar los setos antes mencionados y que huyen del bosque, ya que éste no permite el buen desarrollo del estrato herbáceo, su principal fuente de alimentos; en definitiva son especies que, aun en época de reproducción, mantienen una buena parte de su dieta de origen vegetal; así, *Emberiza cirlus, Carduelis carduelis* y *Serinus canaria; Emberiza calandra, Lanius excubitor, L. senator* y *Aegithalos caudatus,* se hallan indiferentemente en los setos húmedos y en los bujedos más áridos, siempre que el terreno sea abierto en las proximidades del nido (excepción hecha del mito, que explota también los bordes de los bosques), cabe añadir a *Pica pica,* —a veces anidando a menos de un metro sobre el nivel del suelo—, pero que sin duda, es más frecuente en los sotos fluviales y formaciones antrópicas derivadas (chopares). Además, con cierta preferencia por los setos secos, anida *Sylvia communis* y en lugares muy áridos y únicamente abundantes en la parte más meridional del dominio referido, anidan *Sylvia hortensis, S. melanocephala* y *S. cantillans,* que escasamente aceptan arbolado poco denso.

c) *Matorrales y cultivos secanos:* Anidando, indudablemente en los aliagares en tránsito a bujedos, pero también en los menos desarrollados y sufruticosos, cabe mencionar a las aves que nidifican en el suelo: *Alectoris rufa, Saxicola torquata, Emberiza hortulana* y *E. cia,* mientras que *Sylvia undata* y *Carduelis cannabina* pueden aprovechar, para resguardar su nido, las aliagas de mayor porte. Además, a las aves anteriormente referidas, pueden añadirse las que colonizan las etapas más degradadas, donde únicamente existe vegetación herbácea, o sea los yermos y cultivos: anidando en el suelo, *Alauda arvensis, Lullula arborea, Galerida theklae* y *Anthus campestris;* la codorniz *Coturnix coturnix,* seleccionaría de preferencia los trigales y *Cisticola juncidis,* teje su nido colgado de las cañas del trigo.

Se alimentan en las zonas deforestadas varias especies que originariamente anidan en orificios de rocas, pero también poco exigentes para edificar sus nidos, y, en general, les basta con muros de piedras o amontonamientos de ellas; las más frecuentes son *Phoenicurus ochruros* y *Oenanthe oenanthe. Oenanthe hispanica,* aparece en los lugares más áridos y pedregosos, mientras que *Oenanthe leucura* escasamente asciende a la parte más meridional de la región. Si los muros o ruinas tienen suficiente desarrollo, también los aprovechan *Petronia petronia* y *Corvus monedula.*

d) *Bosques:* Los quejigales mejor desarrollados (en general los umbrosos con cierta riqueza de vegetales eurosiberianos, convertidos en boalares), permiten la nidificación de *Accipiter nisus* y si existen árboles viejos de troncos gruesos y hendidos, anidan *Strix aluco, Columba oenas, Picus viridis, Dendrocopos major, Parus caeruleus, P. major, P. cristatus, P. ater* y *Certhia brachydactyla.* Sobre las ramas de los quejigos *Garrulus glandarius, Regulus ignicapillus* y *Fringilla coelebs; Phylloscopus bonelli,* explota principalmente el ramaje, pero construye su nido excavando bajo el musgo o alguna mata de hierba. En el borde del bosque preferentemente, —debido a que con frecuencia salen de él para alimentarse—, cabe hallar nidos de *Turdus viscivorus, Columba palumbus* y *Streptopelia turtur.*

Cuando el bosque posee subvuelo abundante, —y variando la abundancia de especies según la diversidad de aquél−, lo colonizan *Turdus merula, Troglodytes troglodytes, Sylvia borin, Sylvia atricapilla* y *Phylloscopus collybita*. Las zonas más húmedas, acogen a *Luscinia megarrhyncha* y alguna otra especie que, −como se ha mencionado−, eligen preferentemente para anidar los matorrales de la olmeda.

Una larga serie de aves (rapaces diurnas y nocturnas y córvidas) que explotan los terrenos deforestados, exigen la presencia de árboles para anidar, instalandose, ora sobre ramas, ora en los orificios de troncos. Tales nidos pueden hallarse en cualquier zona con árboles (olmeda, quejigal, árboles aislados), pero algunas eligen los lugares más espesos (y que, por lo tanto, son más raros en las olmedas, por su menor desarrollo y más frecuentadas por el hombre), mientras otras pueden utilizar árboles aislados que destacan de los restantes del bosque. Serían especies propias de vegetación espesa *Circaetus gallicus, Milvus milvus, Milvus migrans, Hieraëtus pennatus, Buteo buteo* y *Asio otus*. En los mismos lugares, pero también en árboles incluso del todo aislados, anida *Corvus corone* y *Pica pica*, siendo raro que lo haga *Corvus corax*, que prefiere los acantilados, aun los de escasa potencia. *Falco subbuteo, F. tinnunculus* y *Asio otus*, crían en nidos abandonados de las mencionadas córvidas, mientras que lo hacen en orificios de los troncos *Athene noctua, Strix aluco* y *Otus scops*, este último algo más higrófilo y con cierta preferencia por la olmeda y zona de huertas, donde halla los insectos de gran tamaño que habitualmente ingiere.

e) *Acantilados y roquedos; (edificios)*: En los acantilados de mayor potencia, pueden establecerse colonias de *Gyps fulvus*, y alguna pareja de *Gypaetus barbatus, Aquila chrysaetos* o *Falco peregrinus*. También en los grandes roquedos, pero sin despreciar cantiles más pequeños (de cinco metros en adelante), *Neophron percnopterus, Corvus corax* y *Falco tinnunculus*. En una región de vocación ganadera, como el Alto Aragón, son abundantes las carroñeras. Resulta típico observar alrededor de cadáveres de ganado, asociaciones de comensales: buitres, alimoches, cuervos y las dos especies de milano, acompañados por multitud de cornejas y urracas que permanecen atentas a la espera de que las otras aves, mucho más poderosas que ellas, "tomen la parte del león", para poder aprovechar, con agilidad, algún bocado al menor descuido. El final de la cadena alimentaria, lo constituye el quebrantahuesos, que poco a poco consuma la desaparición de los esqueletos. Sin embargo, el águila real, −también muy carroñera−, domina al resto, llevándose los mejores bocados, mientras que, a respetuosa distancia, los hambrientos buitres la contemplan.

Otras aves de menor porte también anidan en los roquedos; junto a *Columba livia* y *Monticola solitarius*, −en los más meridionales−, se establecen colonias de *Pyrrhocorax pyrrhocorax* y, los cazadores en vuelo de aeroplancton, tales: *Apus melba, Hirundo rupestris* y *Delichon urbica*.

El hombre al construir sus edificios, permite que algunas aves de roquedo los colonicen. Junto al ubiquista *Phoenicurus ochruros*, fácil de contentar, *Corvus monedula* anida en grandes edificios y ruinas. Otra serie de aves establecen nido de forma preferente en las casas y otras lo hacen en exclusiva: se trata de *Hirundo rustica, Apus apus, Falco naumanni, Sturnus unicolor* y *Passer domesticus*.

B) Ornitocenosis de piso montano seco.– El referido dominio de vegetación está muchas veces en continuidad alterna con el anterior y varía mucho en la altitud que cabe diferenciarlo, pues depende muchas veces de la exposición y de la pendiente; además, en la actualidad, –prescindiendo de la vocación territorial–, existen muchos pinares de causa antrópica. Como contrapartida el dominio montano seco es el que ha sufrido menos explotación humana intensa, ofreciendo así, menos variedad residencial a las aves para su nidificación. Cabe considerar que se inicia en aquellos bosques en que el pino silvestre domina sobre el quejigo, debido probablemente a las heladas de primavera que sorprenden a dicho *Quercus* en el crítico momento de la brotación; terminaría en las formaciones cacuminales de erizones o cojinetes espinosos y, por otro lado de la serie climácica, en el paso sucesivo al dominio de bosques de planicaducifolios del montano húmedo.

La vegetación considerada típica, estaría constituida por pinar de *P. sylvestris,* con sotobosque de boj, gayuba y caducifolios (como el haya en algunos casos), acompañado de un estrato musgoso denso de hasta 30 cm. de espesor. La humificación es activa, no acumulándose hojarasca de los pinos, hojarasca que influiría en la desaparición de dicho estrato musgoso. Dicho pinar sería más frecuente a occidente del territorio estudiado que a oriente, donde el pinar se empobrece, incrementándose la gayuba y sumándose incluso erizón (*Echinospartum horridum*) al boj. La explotación inadecuada de los bosques del primer tipo ha empobrecido el suelo por erosión y aparece el referido pinar sin musgo, con erizón y gayuba (*Arctostaphylos uva - ursi*). Por otra parte, los lugares por naturaleza con poco suelo y condiciones ambientales extremas (crestones ventosos), mantienen una vegetación especializada, donde domina el erizón, dicha vegetación se halla ahora muy extendida, incluso a más baja altitud, a causa probablemente de las quemas para el pasto. Como ya se ha indicado arriba, las parcelas dedicadas a cultivos son escasas, pero desde el punto de vista ornítico cabe destacar el interés de las pradarillas en claros del bosque, provistas de setos o ecotonos marginales con arañones, (*Prunus spinosa*), artos (*Crataegus monogina*), saucos (*Sambucus nigra*), galabarderas (*Rosa* sp.). Como también se ha indicado, el conjunto ornítico carece de especies propias, siendo las más, compartidas con el submediterráneo.

De acuerdo con la descripción hecha, cabe diferenciar tres grandes grupos residenciales para la avifauna:

a) Bosques: Albergan rapaces forestales si alcanzan suficiente desarrollo, en general puede hallarse *Accipiter nisus,* siendo más raro *Accipiter gentilis* que necesita biocenosis muy maduras y extensas para poder anidar. Entre las rapaces nocturnas, es común y frecuente *Strix aluco,* la rapaz nocturna indígena más especializada y ubiquista de los medios forestales y que pudiendo anidar incluso en orificios del suelo y en hierberos de borda abandonada, no tiene grandes requerimientos en la selección del biotopo. Sin embargo aparte las dichas más características, anidan muchas otras, entre ellas *Circaetus gallicus, Milvus milvus, Milvus migrans, Hieraëtus pennatus* y *Buteo buteo;* a excepción de la última mencionada, que en ocasiones caza en bosques claros desprovistos de matorral, todas ellas utilizan el bosque únicamente para establecer su nido, sin tener ninguna otra relación con él. Exigiendo árboles de suficiente grosor, que tengan zonas muertas o bien que presenten orificios naturales —ya que no pueden excavar en la madera viva de los pinos por los inconvenientes que supone la secreción de resinas—, aparecen típicamente dos especies de pícidos, *Picus viridis* y *Dendrocopos major*. Otras aves anidando en agujeros son numerosas, tales, *Parus major, P. caeruleus, P. ater, P. cristatus* y *Certhia brachydactyla*. *Columba oenas* se observa raras veces, seguramente a causa de exigir para su nidificación grandes orificios naturales en los árboles. En cambio son frecuentes las otras dos columbiformes típicas *Columba palumbus* y *Streptopelia turtur*, que tienen una cierta tendencia a seleccionar el emplazamiento de sus nidos en el borde de los bosques.

Explotan el ramaje, *Regulus ignicapillus, Philloscopus collybita* y *Ph. bonelli*, ademas de los mencionados páridos. *Fringilla coelebs*, consumidor secundario durante todo el verano, captura los insectos "calándose" desde las ramas sobre ellos, al igual que *Muscicapa striata*, otro de los típicos pobladores de los pinares.

Abundantes sotobosque y arbustos, permiten la nidificación de *Erithacus rubecula, Troglodytes troglodytes, Sylvia borin, Sylvia atricapilla, Turdus merula* y *Prunella modularis*, mientras que encuentra entre ellos refugio para su descanso diurno y sus pollos casi nidífugos, el chotacabras gris *Caprimulgus europaeus*, de hábitos tróficos crepusculares. La única córvida forestal es el arrendajo (*Garrulus glandarius*) y el único consumidor primario en época estival *Loxia curvirrostra*.

En los bordes del bosque y en el manto marginal, se establecen aves que gustan de alimentarse en terreno deforestado al tiempo que buscan refugio en el bosque cercano; dichas especies son *Turdus viscivorus, Emberiza cirlus, Serinus canaria, Carduelis carduelis, Carduelis chloris* y, cuando existen cultivos próximos, *Corvus corone* y *Pica pica*. En las cercanías de los prados y grandes claros del bosque anida esporádicamente *Motacilla alba*.

Algunos pinares musgosos, que quizás han aparecido por degradación de los hayedo - abetales del piso montano inferior húmedo, y que reciben elevada cantidad de precipitación horizontal —reflejada en los líquenes que mantienen en sus troncos y ramas—, además de tener abundante mezcla de caducifolios, aparecen especies más típicas del mencionado piso superior o del subalpino; con constancia se encuentran *Sitta europaea, Dryocopus martius* y *Turdus philomelos*, mientras que esporádicamente anidan, o por lo menos permanecen en época de nidificación: *Regulus regulus* y *Carduelis citrinella* en los años en que dicha residencia no parece favorable para que nidifique el mediterráneo *Phylloscopus bonelli*.

b) *Erizones montanos:* Presentan una fauna de aliagar submediterráneo, empobrecida a causa de condiciones climáticas más duras. Se halla así un único aláudido, *Alauda arvensis*, junto con otras aves nidificantes en el suelo, como *Alectoris rufa* y *Saxicola torquata*.

La escasa lista relatada, se enriquece algo, cuando el erizón abriga y favorece la aparición de algunos arbustos que anuncian la recuperación del bosque constituyendo un principio de matorral, cabe entonces anotar: *Sylvia undata, Sylvia communis, Carduelis cannabina* y *Emberiza cia*.

Si existen muros o acúmulos de piedras que alberguen orificios apropiados, instalan nidos numerosas aves como las rapaces nocturnas *Athene noctua* y *Tyto alba*, la coraciforme *Upupa epops* y las paseriformes *Phoenicurus ochruros, Monticola saxatilis, Oenanthe oenanthe* y *Petronia petronia*. Por último cabe recordar que, *Falco tinnunculus, Falco subbuteo* y otras numerosas rapaces, explotan dichas formaciones sin anidar en ellas.

c) *Roquedos, acantilados y edificios:* Lo mismo en los roquedos que en los lugares deforestados y con erizones del montano seco: aparece la misma fauna que en el submediterráneo, pero muy empobrecida. Colonias de *Gyps fulvus*, nidos de *Neophron percnopterus* y *Gypaetus barbatus* como carroñeros; *Aquila chrysaetos, Falco peregrinus* y *Falco tinnunculus*, como rapaces depredadoras diurnas y *Bubo bubo* entre las nocturnas. Frecuentes son las colonias de *Delichon urbica*, cuyos espacios muchas veces comparten con *Hirundo rupestris* y, en algunas ocasiones, con *Apus melba*. Es frecuente el ubiquista *Phoenicurus ochruros; Petronia petronia* encuentra aquí su límite altitudinal. Las dos únicas córvidas nidificantes en tales lugares son *Corvus corax* y *Pyrrhocorax pyrrhocorax*. *Apus apus* e *Hirundo rustica* rehuyen los roquedos naturales, anidando de modo casi exclusivo en edificios.

C) *Piso montano húmedo.–* La continentalidad del clima jacetano, no permite una gran extensión del piso montano húmedo, que se caracteriza por sus bosques de *Fagus sylvatica* y *Abies alba* puros o mezclados lo mismo que los robles más nobles a nivel submediterráneo o subatlántico. En el piso montano, allí donde la humedad atlántica llega más intensamente, domina el haya sobre el abeto, mientras que en los lugares con mayor humedad freática, pero menor aérea sucede al revés, siempre prescindiendo de altitud y temperatura. En las zonas deforestadas son características las praderas de elevada producción entre las que se intercalan setos frondosos. La influencia oceánica, a poniente de la comarca, rarifica el dominio de las coníferas subalpinas; los planicaducifolios alcanzan así, mayores cotas, entrando en directo contacto con un matorral alpinizado, más o menos transformado en pasto.

La avifauna toma un mayor carácter centroeuropeo, por adquisición de nuevas especies más higrófilas, sin embargo las condiciones de cada vez mayor dureza del clima hace descender el número total de especies. Desde el punto de vista ornítico el paisaje puede caracterizarse de la siguiente manera.

a) *Hayedo - abetales:* Continúan explotando este nivel forestal *Accipiter nisus* y *Accipiter gentilis*, dependiendo su presencia del desarrollo y extensión del bosque. Otras rapaces, que allí nidifican, pero que explotan las áreas deforestadas próximas, son *Pernis apivorus, Buteo buteo, Milvus milvus* y *Circaetus gallicus*.

Queda eliminada la tórtola común, persistiendo en cambio, *Columba palumbus* y *C. oenas*, esta última siempre que encuentre orificios en los árboles que le permitan nidificar. *Strix aluco* sigue siendo el depredador nocturno por excelencia de los ambientes forestales.

Aparece aquí la mayor riqueza de pícidos de todos los pisos forestales, ya que el medio les es favorable (árboles no resinosos, abundante madera muerta); a las tres especies mencionadas en otros pisos de vegetación (*Picus viridis, Dendrocopos major* y *Dryocopus martius)*, se añade una nueva especie, si bien extraordinariamente escasa: *Dendrocopos leucotos*. También muy raro y seleccionando los bosques más maduros y tranquilos se halla a *Tetrao urogallus*.

Prescindiendo del matorral, anidan en orificios de los árboles los páridos *Parus ater, P. cristatus, P. major, P. caeruleus* y el característico de este piso *Parus palustris*. También en orificios y tras las cortezas anidan *Certhia brachydactyla* y *Certhia familiaris*. *Sitta europaea* encuentra su residencia preferente. En las ramas de los árboles y ocasionalmente en los arbustos, si existen, anidan *Regulus regulus, R. ignicapillus, Muscicapa striata, Fringilla coelebs, Garrulus glandarius* y en los abetales *Loxia curvirrostra*. Directamente en el suelo anida, muy raro, *Phylloscopus sibilatrix*. Esporádicamente, anida el lúgano, en general sobre altos abetos.

Precisan de matorral para colonizar el bosque *Phylloscopus collybita, Sylvia borin, S. atricapilla, Turdus philomelos, T. merula, Erithacus rubecula, Troglodytes troglodytes, Prunella modularis* y *Pyrrhula pyrrhula*. *Cuculus canorus* continúa en este piso parasitando nidos de paseriformes y *Turdus viscivorus*, al igual que las palomas mencionadas, selecciona para anidar los bordes de los bosques, buscando su alimento en las zonas deforestadas limítrofes.

b) Zonas deforestadas: De hecho en las pequeñas extensiones de pradera rodeadas de setos, se acumula la vida ornítica. Son así raras las especies que, únicamente en el estrato herbáceo, pueden cumplir todo su ciclo; *Alauda arvensis* y *Coturnix coturnix* serían las únicas. Sin embargo, los setos sirven de refugio a numerosas aves, que se alimentan en las praderas próximas o bien dentro de ellos. Entre las que cumplen todo su ciclo en los matorrales cabe mencionar: *Sylvia borin, Sylvia atricapilla* y *Phylloscopus collybita*. Aparece una especie exclusiva del montano húmedo, *Lanius collurio*, abundante y llamativo alcaudón, por su costumbre de establecer "despensas" con pequeñas presas ensartadas en los pinchos de arbustos espinosos. Como en el piso subalpino existe también *Emberiza citrinella*. Muy rara, en paisajes muy higrófilos, se ha observado (sólo una vez) a *Saxicola rubetra*. Son abundantes los granívoros en tales setos; así, se pueden hallar nidificando a *Emberiza cirlus, Carduelis carduelis, C. chloris* y *Serinus canaria*. En cambio devienen menos abundantes los nidos de *Pica pica* y *Corvus corone*.

En los pastos alpinizados, preferentemente en lugares muy soleados, vuelve a aparecer, compartida con el submediterráneo, *Emberiza hortulana* y los ubiquistas *Oenanthe oenanthe, Monticola saxatilis* y *Phoenicurus ochruros*.

c) Acantilados: La situación de los roquedos es semejante a la de dominios anteriores con el consabido empobrecimiento. Sin embargo, la mayor parte de dichas aves observables, a pesar de que no todas nidifiquen, explotan tróficamente este nivel.

D) Dominio subalpino.— Se consideran solamente con tal denominación los territorios con vocación de coníferas. No cabe diferenciar, por su escasez, un subalpino inferior umbroso de *Pinus uncinata* y *Abies alba*.

Se caracteriza así, por bosques de pino negro (*Pinus uncinata*), de densidad distinta según el sustrato donde crecen y con estrato sufruticoso escaso y de poco desarrollo. Tales bosques en general de poca extensión a causa de haber sido favorecida por el hombre la expansión de los prados subalpinos, que potencialmente podrían mantener pinares y de que a occidente de la comarca, serían los naturales, cada vez más raros a causa de la influencia oceánica.

La dureza del clima empobrece la avifauna, que tiene un cierto parecido con la de los pinares montanos muchas veces contiguos, incluso en las umbrías, a causa de no intercalarse el piso montano húmedo entre ambos. Alguna especie ornítica es no obstante distinta de las del pinar montano, pero en general la fauna es, si bien similar, muy empobrecida.

Cabe distinguir dos comunidades de aves, una para los bosques y otra para los pastos.

a) Bosques de Pinus uncinata: Alcanzan el límite del arbolado algunas aves ubiquistas forestales, como *Accipiter gentilis*, *A. nisus* y *Strix aluco*; *Circaetus gallicus* instala el nido en los bosques, mientras consigue alimento en los prados próximos.

Carduelis citrinella caracteriza a estos bosques, donde anidan los dos reyezuelos y los dos agateadores, además de *Erithacus rubecula*, *Turdus philomelos*, *Troglodytes troglodytes* y *Prunella modularis*, estos últimos aprovechando el escaso sotobosque. Si el desarrollo de los árboles es suficiente, los pícidos *Picus viridis*, *Dendrocopos major* y *Dryocopus martius* colonizan los bosques. Los dos únicos páridos que alcanzan este nivel forestal: *Parus ater* y *Parus cristatus*, aprovechan para nidificar tanto los nidos abandonados por los pícidos como los huecos y hendiduras de los árboles.

El pinzón, *Fringilla coelebs*, anida aún con notable densidad y *Garrulus glandarius* se enrarece, pero continúa colonizando dichos bosques. La presencia de pequeños paseriformes diversos, admite la cría del parásito *Cuculus canorus*.

Loxia curvirrostra, alcanza estos bosques en el transcurso de su trashumancia trófica entre los de pino albar y pino negro.

Muy raro, *Tetrao urogallus*, anida entre los bosques del montano húmedo y los del subalpino, al tiempo que otras dos especies aparecen en los bosques más claros y en los prados subalpinos y alpinos: se trata de *Perdix perdix* y *Turdus torquatus*.

b) Los pastos y partes deforestadas, incluyendo acantilados: Además de algunas especies ubiquistas en altitud de las zonas deforestadas, (alondra, colirrojo tizón, roquero rojo, pardillo, codorniz, collalba gris, etc.), caracteriza al prado subalpino la aparición de los mencionados perdiz pardilla y mirlo collarizo (compartidos con el bosque), además de *Prunella collaris*, (semicolonial anidando en grietas y entre piedras) y *Anthus spinoletta*, este último seleccionando las zonas más húmedas.

Los roquedos admiten las colonias de una nueva especie, *Pyrrhocorax graculus*, que busca su alimento en el pasto y se acumula alrededor de los refugios de montaña; sería prolijo enumerar los distintos tipos de rapaces que prosiguen nidificando en los acantilados alpinos, desde el águila real y los quebrantahuesos a otras más modestas como los cernícalos.

E) Piso alpino.— Constituido por pastos, con frecuentes afloramientos rocosos y grandes extensiones cubiertas por gleras, el dominio alpino mantiene una fauna que, si bien es escasa en número de especies, es muy característica.

Además de las aves ubiquistas mencionadas anteriormente y las que ya aparecen en los prados subalpinos (perdiz pardilla, mirlo collarizo, acentor alpino, bisbita ribereño alpino y chova piquigualda), tres especies pertenecen exclusivamente a este piso: perdiz nival (*Lagopus mutus*) anida en las terracitas producidas por solifluxión, al amparo de hierbas; las gleras albergan colonias de gorrión alpino (*Montifringilla nivalis*), mientras que en orificios de grandes roquedos calizos y alimentándose de insectos en su mayoría aportados por corrientes convectivas, anida el treparriscos (*Tichodroma muraria*).

5. Especulaciones sobre la posible evolución biogeográfica del poblamiento ornítico altoaragonés.

El levantamiento de la cordillera pirenaica tuvo lugar principalmente en el Eoceno superior, bien que los primeros movimientos datan ya de finales de la era Primaria. Por lo tanto es muy anterior a los plegamientos alpinos y el sistema montañoso ya quedó constituido en una fase temprana de la era Terciaria. Las diversas publicaciones que sobre geología (SOLÉ - SABARÍS, 1.951), flora (BRAUN - BLANQUET, 1.948; MONTSERRAT y VILLAR, 1.972 y VILLAR, 1.973) y fauna (VERICAD, 1.970) se han publicado, permiten sintetizar el siguiente esquema histórico de conjunto.

A mediados del Terciario, los alrededores pirenaicos estaban poblados por una vegetación tropical o subtropical que bien pronto fue adaptándose mediante diversas especializaciones a la vida en la montaña. Diversas vicisitudes climáticas, tal como el período xerotérmico mioceno y el progresivo enfriamiento plioceno que terminó en las glaciaciones cuaternarias, también debieron ser importantes en la selección de las especies.

Probablemente, a finales del Terciario ya existía una gradación zonal en pisos de vegetación, consistente en una flora tropical, que pudo irse reduciendo a medida que descendía la temperatura y que actualmente está representada por los restos de madroñales refugiados en las zonas más cálidas y que ocuparían el piso inferior; seguidamente se encontraría una franja de árboles planifolios (robles y quejigos) y quizás como último piso forestal otra franja de coníferas; por encima de los pisos forestales existiría una flora herbácea alpinoide.

Las glaciaciones con los cuatro sucesivos avances y retrocesos de los fríos glaciales habrían conseguido dos efectos: el primero reducir la flora autóctona, extinguiendo especies que pudieron ser incapaces de migrar y en segundo lugar permitir la llegada de especies centroeuropeas y boreales que al retirarse los fríos volvieron hacia el norte en parte, permaneciendo cierto sector ulteriormente diferenciado, refugiadas en zonas elevadas donde gozan de clima adecuado (boreo - alpinas consideradas). Sin embargo, el efecto de las glaciaciones en los Pirineos fue relativamente débil si lo comparamos al de los Alpes; por ello buena parte de la flora preglacial pudo subsistir ya descendiendo fuera del alcance del casquete de hielo (que no sobrepasó la cota de los 950 m. s/M actuales), ya en las crestas que emergían de tales casquetes (nunataks). Cabría así explicar la existencia de algunos elementos terciarios, tanto del sector europeo - turquestaní paleomontanas) como del más cálido mediterráneo - asiático (paleoxéricas y paleoxeromontanas). Uno y otro tipo de elementos de procedencia esteparia, habría experimentado una mejor adaptación montana que el sector ártico (escasa representación de boreo - alpinas).

El esquema expuesto anteriormente parece útil como primera aproximación, para explicar el actual poblamiento de aves en el Pirineo, con la salvedad de que las aves son mucho más móviles y eurioicas que los vegetales, sobre todo por lo que se refiere a las altimontanas.

Las cosas parecen más complicadas cuando se trata de explicar la población ornítica de los dominios del arbolado mediterráneo continental, tanto el submediterráneo, como el montano seco, en conjunto desprovistos de carácter ornitocenótico marcado o propio. El quejigar, relativamente variado en especies, estaría constituido por una simple fauna mediterránea empobrecida. El pinar seco aparece no sólo pobre en especies, —fundamentalmente submediterráneas—, sino que además no posee ornitoconsumidores primarios propios. La fauna propia de taiga (pícidos, fringílidos, estrígidos, cuyo número y variedad disminuye en dirección SW), faltos probablemente de continuidad en el bosque de coníferas, no se han establecido en la Península Ibérica; tan sólo algunas especies habrían alcanzado los Alpes, donde la riqueza florística boreal sería mayor que en los Pirineos (bosques de cembros, abeto rojo, alerce, etc.).

Sin embargo cabe destacar que el erratismo o irrupciones esporádicas de algunas especies de taiga, permite (y seguramente ha permitido en diversas ocasiones), el referido establecimiento, más probable recientemente, a causa de la expansión antrópica del bosque de coníferas y quizás el incremento de la aridez. Así el caso de *Loxia curvirrostra*, —ave que acaso pueda considerarse autóctona (PEDROCCHI, 1.975b)—; a base de las referidas irrupciones coloniza ya nuestros pinares, constituyéndose como la única nidificante consumidora primaria de los ecosistemas forestales del montano inferior seco (PEDROCCHI, 1.973). Sin embargo, hay un hecho muy importante que se pone de manifiesto en la segunda parte de esta monografía que quizás podría explicar, —"biocenóticamente"—, la causa de un difícil establecimiento: hacia occidente los bosques de coníferas son más bien monoespecíficos, —signo de inmadurez climácica, tratándose más bien de "paraclimax" o de simples asociaciones permanentes, en gran parte conservadas por el hombre—, están así sometidos a grandes variaciones de producción de semillas, que en la taiga se equilibrarían a causa de la mayor heterogeneidad o diversidad de especies vegetales, muy probablemente, dichas variaciones no son ningún seguro de continuidad de vida para que los consumidores primarios de semillas puedan establecerse.

Prescindiendo así de los dichos escasos elementos de taiga y los de probable procedencia ártica o no, pero que se comportan como boreo - alpinos, cabe destacar una cierta cantidad elevada de elementos heredados de época preglaciar, constituyendo el fondo general de la fauna de los países de la Cuenca mediterránea (tanto de alta como de baja altitud): paleoxéricos y paleoxeromontanos. También otros de actual distribución mediterránea, quizás más tardíos en origen, emparentados con los de expansión más oriental (turquestano - mediterráneos). Además gran número de especies originadas a mayor latitud y también antiguas (paleomontanas), acompañadas de elementos europeo - turquestaníes originados en la estepa asiática fría. Tienta considerar además, que las glaciaciones habrían provocado, (como en vegetales y otros grupos animales), la colonización pirenaica por parte de otros elementos procedentes de latitudes más al norte, aves actualmente centro - europeas, paleárticas y holoárticas, y alguna ártica, permaneciendo y adaptandose bastantes de ellas.

Por otra parte a causa de los retrocesos glaciares, diversos elementos etiópicos, indoafricano - turquestano - mediterráneos e indoafricano - mediterráneos, seguirían la penetración en la Península por la vía circunmediterráneo - meridional y estarían en proceso actual de avance hacia el norte (BERNIS, 1.966 y FOUARGE, 1.969).

El relatado ensayo sobre dinámica y vaivenes de poblamiento, explicaría la actual composición biogeográfica expuesta bajo epígrafe 2 y que cabe resumir en breves líneas.

El empobrecimiento gradual que se observa al aumentar la altitud del dominio de vegetación, por aumento de la rudeza y duración de las condiciones climáticas adversas, que actúan simplificando las fitocenosis y por lo tanto las zoocenosis, tan estrechamente ligadas a ellas.

El piso submediterráneo muestra una colonización elevada (27'6%) de elementos paleárticos, que sin embargo es indudablemente pobre en comparación con otros medios más alejados de los climas eumediterráneos, ya que alcanza el 33'3% en el montano inferior seco, un 42'5% en el húmedo, un 36'7% en el subalpino y un 32'1% en el alpino. En cambio, queda bien definido por las aves de origen circunmediterráneo y próximo a él, dándonos el máximo porcentual de europeo - turquestaníes (11'4%), turquestano - mediterráneas (6'7%) y mediterráneas (10'5%), siendo indudablemente el piso que mayor afinidades mantiene con su población preglaciar.

El montano inferior seco, como ya se ha comentado anteriormente, carece de personalidad propia; por un lado, las formaciones de los crestones ventosos con cojines de erizón (*Echinospartum horridum*), poco extensas como para poder poseer especies características y, por otro lado, sus masas forestales constituyendo fitocenosis que teniendo origen en la taiga, quedan empobrecidas que no permiten su colonización por las especies siberiano - canadienses. En conjunto, su población puede considerarse meramente prestada por los pisos de vegetación superior e inferior, presentando cierta afinidad con los pinares subalpinos.

Por el contrario, los prados y bosques planifolios del montano inferior húmedo favorecen la implantación de especies europeas, mientras que retroceden notablemente las mediterráneas, turquestano - mediterráneas, paleoxéricas, etc. La composición de esa comunidad es por lo tanto fundamentalmente norteña.

El subalpino se define fundamentalmente por la mayor presencia, notable, de elementos paleomontanos, además de paleoxeromontanos y europeos. Al lado de una fauna probablemente preglaciar, se incluyen pues, una serie de especies europeas introducidas durante las glaciaciones.

Por último, el piso alpino, de muy antigua población, queda dominado por la fauna paleomontana y paleoxeromontana, en buena parte allí mismo formada y añade a dicha base una especie característica ártica *Lagopus mutus*, de actual distribución boreoalpina y clara llegada en tiempo de las glaciaciones.

Debemos considerar aparte las formaciones planicaducifolias de los sotos fluviales que, considerados fitocenóticamente como pertenecientes al piso montano inferior húmedo, no pueden incluirse en él, desde el punto de vista ornítico. Existe así, una riqueza desproporcionada de elementos mediterráneos junto a aves de tipo europeo. Es evidente que bosques de ribera han existido siempre y que dichos bosques han podido permitir la formación de especialistas distintos en los diversos lugares en que existen. Así, al lado de una fauna higrófila - mediterránea, puede haberse completado la comunidad con elementos venidos de otros lugares, tal como los bosques planicaducifolios centroeuropeos.

6. Breves comentarios referidos a las aves que crían esporádicamente y no nidificantes en San Juan de la Peña.

Como ya se ha indicado, la expansión latitudinal de las Sierras Prepirenaicas, al sur de las Sierras Interiores secundarias, es notable. En ellas dominan recursos de tipo submediterráneo de acentuado matiz continental y por tanto sometidos a notables oscilaciones climáticas anuales, que permiten a su vez, por el carácter general de tránsito entre la influencia mediterránea y la oceánica o cantábrica, un desigual aprovechamiento de los recursos de uno a otro año.

Por tratarse además, de un territorio súmamente quebrado y accidentado por sierras de general dirección E - W, ofreciendo notable y sucesivo efecto pantalla a los vientos dominantes y alcanzando cotas de notable elevación en algunos casos, los referidos accidentes albergan vegetaciones y por tanto recursos más higrófilos que pueden ser aprovechados circunstancialmente por las aves, tanto por las propias de paisaje mediterráneo en el transcurso del verano, como por las altimontanas en época invernal e incluso más tarde, actuando de interesante "comodín" o reserva eventual para la pervivencia de animales como las aves, dada su capacidad de desplazamientos de largo alcance.

Uno de los ejemplos más asequibles y característicos, lo constituye el Macizo de San Juan de la Peña; cabe señalar su interés en cuatro aspectos.

— Por una parte su situación topográfica y climática, lo situan en el umbral de condiciones requeridas, tanto para la nidificación de especies propias de pisos inmediatos inferiores, como para otros más altos.

— Por otro lado, ante la desigualdad de las primaveras alto - aragonesas, se regulan las posibilidades circunstanciales, variables todos los años, para ciertas especies en situación límite de cría, dependiendo así, de las condiciones climáticas del momento.

— En tercer lugar, la cantidad de producción primaria asequible como alimento para las aves, variable de uno a otro año, teniendo en cuenta que la diversidad de especies productoras de alimento es reducida y, por el contrario, dichas alteraciones de producción observada son notables.

— Por último, cabe considerar las condiciones climático - tróficas del nicho preferencial de cada ave en la época que se inicia la reproducción en su residencia normal; si en ésta última las condiciones son desfavorables y al mismo tiempo son excepcionalmente buenas en el lugar atípico (en general más bajo en altitud y latitud), el ave nidificará en este último, al menos una vez, antes de regresar a su biotopo originario.

En el período comprendido entre 1.972 y 1.976, unas ocho especies se han hallado nidificando sólo de manera esporádica en San Juan de la Peña, son las siguientes:

Desde pisos inferiores colonizan el piso montano seco en raras ocasiones *Aegithalos caudatus, Streptopelia turtur* y *Phylloscopus bonelli*, este último muy mediterráneo y dependiendo de la benignidad de la primavera.

Un macho cantor de *Regulus regulus*, especie frecuente en los pisos de vegetación superiores, permaneció en el territorio estudiado durante toda la época de reproducción de 1.973 y, si bien no se pudo demostrar su nidificación, ésta parece sumamente probable dada su costumbre de realizarla en el abetar a mayor altitud. En 1.974, se sumaron dos circunstancias aparentemente excepcionales: la innivación tardía en paisajes subalpinos fue notable, creando una situación difícil e inadecuada para *Carduelis citrinella* en su lugar normal; mientras la producción de semillas de pino silvestre en San Juan de la Peña fue abundante, el verderón serrano efectuó ahí su primera cría.

Hirundo rustica, se estableció desde 1.973, sin explicación adecuada, al igual que *Motacilla alba*, que anidó en 1.976; si bien hay que tener en cuenta que ambas especies colonizan indiferentemente todos los dominios de vegetación hasta el montano húmedo.

Por último, la densidad de *Loxia curvirrostra* varía al ritmo de las irrupciones con aportes de grandes contingentes de esas aves desde la taiga. A medida que transcurre el tiempo, desde la última irrupción, la población se va debilitando hasta desaparecer. Esta especie irrumpió en España en el invierno de 1.971 - 1.972, siendo desde 1.976 muy rara en San Juan de la Peña.

Con respecto a la presencia de aves *no* nidificantes, parece que ésta depende de dos factores fundamentales; en primer lugar el clima, que en verano se mediterraneiza a causa de la sequía estival y en invierno es más centroeuropeo por su humedad; en segundo lugar, la cantidad de alimento que las biocenosis de San Juan de la Peña ofrecen, es muy importante para las aves invernantes. Además de las aves no nidificantes que permanecen durante largos periodos, pueden mencionarse las que se detienen brevemente durante su migración e incluso las que no se detienen o apenas lo hacen, pero pueden determinarse en el transcurso de sus pasos.

A) *Entre las aves estivales no reproductoras,* contamos con cuatro especies procedentes de pisos inferiores y que una vez terminados los requerimientos genésicos, buscan un clima más fresco y abundante alimento a mayor altitud; dichas especies son: *Hippolais polyglotta* y *Luscinia megarrhyncha*, nidificantes en las zonas submediterráneas más higrófilas; *Emberiza calandra* de los matorrales en zonas deforestadas del mismo piso y *Monticola solitarius*, procedente de los roquedos más meridionales del Alto Aragón.

Anthus trivialis, —quizás raro nidificante del montano húmedo—, pero más probablemente procedente de allende los Pirineos, llega con regularidad en julio a San Juan de la Peña y permanece hasta el paso otoñal. Los migrantes *Phoenicurus phoenicurus* y *Muscicapa hypoleuca*, se establecen desde mediados de agosto hasta octubre con cierta abundancia en los pinares y sus claros.

Otras especies aparecen durante las épocas vernal y estival, son aves de vuelo aventajado que con facilidad cubren grandes distancias y que acuden con cierta regularidad en busca de su pitanza: se ha observado a *Pernis apivorus*, *Falco subbuteo*, *Apus apus* y a *Hirundo rustica*, esta última también antes de establecerse como nidificante.

B) *Los invernantes* pueden dividirse en tres grupos: a) los que anidan en zonas elevadas del Pirineo, algunos de ellos quizás con aportaciones de aves septentrionales; b) los de indudable procedencia septentrional y c) los que anidan en pisos de vegetación inferiores y que probablemente por motivos tróficos ascienden a niveles más elevados, aun teniendo que soportar un clima más riguroso.

a) En el primer grupo, encontramos colonizando los bosques a *Regulus regulus*, *Parus palustris*, *Carduelis citrinella* y *Pyrrhula pyrrhula* y, en los roquedos y edificios del Monte Pano, *Prunella collaris* y *Tichodroma muraria*.

b) De los procedentes del centro de Europa, todos ellos más o menos forestales cabe mencionar *Scolopax rusticola*, quizas *Asio otus*, *Turdus iliacus* y *Carduelis spinus*.

c) Entre los que anidan en pisos más bajos, cabe hallar a *Carduelis chloris*, que llega regularmente en enero para alimentarse de los cinarrodones de *Rosa* sp.; *Motacilla alba* y *M. cinerea*, permanecen con cierta regularidad durante todo el invierno en el claro del Monasterio Nuevo. En otoño - invierno de 1.971, intentó colonizar dicho claro un macho de *Lanius excubitor*, procedente indudablemente de cotas inferiores, al parecer expulsado más tarde por las duras condiciones climáticas del invierno montano. Por último, en una ocasión (20.03.69) fue observado un adulto de *Hieraëtus fasciatus* probablemente llegado de las estribaciones más meridionales de las Sierras Exteriores.

C) *Los migrantes que sólo se observan en paso*, sin detención alimentaria serían: los de origen septentrional *Grus grus*, *Ciconia nigra* y *Sturnus vulgaris* y los de origen local *Merops apiaster*. Otros permanecen cortos periodos variables, siendo por lo tanto distinto su efecto en el medio. Unos proceden de localidades norteñas, otros en cambio pertenecen a la fauna local. En todo caso la mayoría de esos últimos anida a ambos lados del Pirineo y no es posible saber cual es su origen.

Motacilla flava, *Saxicola rubetra* y *Fringilla montifringilla* son las únicas tres especies de las que se puede asegurar su procedencia septentrional, por lo menos mayoritaria.

Pyrrhocorax graculus y probablemente *Emberiza citrinella* y *Turdus torquatus*, son aves de cotas más altas, que se detienen brevemente en San Juan de la Peña, en su trashumancia al llano. Los bandos de *Hirundo rustica* han de tener procedencias diversas. Por último se carece de información adecuada respecto a la procedencia del único ejemplar observado de *Jynx torquilla*.

V RESUMEN Y CONCLUSIONES.

El contenido de la presente monografía se divide en cuatro grandes capítulos importantes: tras la introducción y justificación (cap. I), se exponen en el segundo las características del Alto Aragón occidental, en sus aspectos geológicos, climáticos y de vegetación, acentuando aquellos de más imprescindible exposición para facilitar el relato de la vida ornítica comarcal, en un territorio extenso en que, pese a sus características propias, se esquematiza un resumen faunístico referido a la ornitofauna de la vertiente meridional de los Pirineos.

Un tercer capítulo reune los datos faunísticos - biológicos de las especies altoaragonesas. Los referidos datos han permitido en su cuarto capítulo, establecer las comunidades orníticas por pisos de vegetación, teniendo en cuenta el paisaje humanizado parcialmente. Elaborar además conclusiones de índole biogeográfica de las comunidades en cada dominio de vegetación, especulando sobre la posible evolución del poblamiento ornítico de la comarca estudiada y aspectos más funcionales, referidos a la estrategia de explotación estacional de las biocenosis.

Sumariamente, se revisan los principales aspectos investigados, en los cuatro apartados siguientes:

1. *Avifauna del Alto Aragón occidental.—* Para el presente estudio se han obtenido un total aproximado de 7.000 datos de distinta procedencia, 5.000 de ellos exprofeso para el presente estudio, frente a un millar cedido amablemente por ornitólogos y ornitófilos, y otro millar albergado en los archivos y colecciones del Centro pirenaico. En total se han registrado 183 especies.

Las campañas de observación y estudio han irradiado desde Jaca, adjuntándose mapa de las principales localidades prospectadas. La mayor parte de ellas corresponden al dominio fitoclimático submediterráneo, sin duda el mejor representado y comarcalmente más extendido. Sin embargo se han prospectado intensa y suficientemente los demás pisos de vegetación, mediante campañas personalmente realizadas a tal efecto.

Además de las relatadas observaciones, que incluyen datos de nidificación, etológicos y fenológicos, se han medido pollos en nido, habiendo completado estudios del desarrollo nidícola en unas 20 especies (v. láminas). Aprovechando sobre todo la colección de estómagos del Centro de Biología, pero también con aves capturadas exprofeso, se han analizado unos 700 contenidos gástricos de más de 100 especies.

El catálogo se ha realizado anotando los resultados, especie por especie, siguiendo el orden del Prontuario de BERNIS (1.955). Se indica número de orden del Prontuario, nombre latino y nombre vulgar; seguidamente se anotan las características fenológicas para la región, una estima subjetiva de su abundancia, pisos de vegetación donde habitualmente se ha observado la especie (salvo en el caso de migrantes) y su tipo faunístico, según VOOUS (1.960). A continuación, omitiendo, —por razones de brevedad—, dar la referencia completa de cada observación (que por otra parte quedan archivadas en el Centro de Biología), se da el espectro fenológico (número de observaciones cada mes) y localidades de observación. Luego se describen los aspectos que se han podido conocer personalmente de la especie, evitando completar los datos desconocidos mediante bibliografía, en el siguiente orden: biotopo preferencial, época de nidificación, características de la nidificación (construcción, localización y dimensiones del nido, número de huevos, número de puestas y período de incubación), fenología y aspectos tróficos.

Dada la escasa bibliografía existente para la comarca estudiada, se hace constar que buena parte de las especies son citadas por primera vez, sin embargo, sólo mencionaré las novedades más sobresalientes del catálogo:

Ciconia nigra: observada una pareja en migración sobre San Juan de la Peña, el 09.03.76.

Pandion haliaëtus: observado con relativa frecuencia en migración.

Clamator glandarius: observaciones fuera de su área habitual.

Tyto alba: nidificación de la subespecie *T. a. guttata.*

Caprimulgus ruficollis: observaciones fuera de su área habitual.

Merops apiaster: expansión septentrional de su área de nidificación.

Saxicola rubetra: localidad de nidificación en el piso montano húmedo.

Oenanthe leucura: límite septentrional de su área de nidificación.

Monticola solitarius: límite septentrional de su área de nidificación.

Aegithalos caudatus: abandonos temporales de la puesta y territorio debido a inclemencias climáticas en su límite altitudinal.

Carduelis flammea: primera cita en Aragón.

Pyrrhula pyrrhula: primera cita en España de la subespecie *P.p. pyrrhula.*

Loxia curvirostra: irrupción en el año 1.972.

Sturnus unicolor: límite septentrional de su área de nidificación.

2. *Comunidades orníticas del Alto Aragón occidental.—* Con los datos del catálogo, se ha hecho un estudio de las aves nidificantes en cada piso de vegetación (v. IV. A).

Se han considerado cinco pisos de vegetación (MONTSERRAT, 1.971): submediterráneo, montano seco, montano húmedo, subalpino y alpino; sin embargo se han excluido del montano húmedo los sotos fluviales, ya que albergan multitud de aves que, ora son independientes de la vegetación, ora son mediterráneo - higrófilas. Las aves que pueblan los cursos de agua y los sotos se han considerado aparte.

De la observación del cuadro 1, se concluye que *hay un notable empobrecimiento de la fauna al aumentar la altitud.* Las diferencias más notables se hallan entre el montano húmedo y el subalpino y, las menores, entre los dos dominios de montaña media (montano seco y montano húmedo). Además, si consideramos que cinco de las especies del montano seco, únicamente aparecen en su variante más húmeda, es decir el pinar musgoso con boj, cuyo subvuelo alberga planicaducifolios y por lo tanto se halla muy próximo a los hayedos, las diferencias se atenúan aún más, en perjuicio del montano seco. Cabe así, reforzar la idea que *cualitativa-*

mente el montano húmedo presenta un máximo de diferencias y acusado carácter centroeuropeo en contraste con los otros dominios.

El dominio que ofrece mayor variedad, *el submediterráneo, está constituído esencialmente por especies hallables en el mesomediterráneo.*

El montano seco no ofrece especies exclusivas, **teniendo una fauna muy eurioica y poco especializada.**

La mayor parte de la avifauna subalpina (50%) está constituída por especies triviales, propias de todos los dominios, un 20% son especies también existentes en pisos mediterráneos, un 20% es fauna compartida con el montano húmedo y el 10% restante son especies altimontanas.

En el piso alpino, la ausencia de fauna mediterránea eleva el tanto por ciento de las triviales hasta el 70%, el resto (30%) lo constituyen especies de altitud.

3. *Aspectos biogeográficos.*— En el Alto Aragón occidental se han localizado 141 especies en reproducción, tomadas como base para realizar un estudio biogeográfico general y otro por dominios de vegetación. Respecto al estudio conjunto de la fauna (v. IV, 2) se observa que *sobre un trasfondo notable de especies de amplia distribución continental* (paleárticas y del Antiguo Continente) *que alcanza un 47%, aparecen en número decreciente especies europeas, mediterráneas y etiópicas* (respectivamente 28%, 18% y 5%), dominando de ese modo fauna de probable origen eurosiberiano. *La diferencia notable* de cotas (2.500 m. aproximadamente) *permite albergar una representación altimontana notable,* con más del 10% del total.

Si se efectúa el análisis biogeográfico por pisos de vegetación (v. IV, 3), que se resume en el cuadro 2, se observa que *las especies de amplia distribución* (paleárticas, holoárticas, del Antiguo Mundo) *dominan en los cinco pisos considerados, mientras que el conjunto mediterráneo - asiático + etiópico desciende con el incremento de altitud.* Por otra parte se observa un cambio notable en la *composición ornitocenótica altimontana: el número de especies europeas se mantiene casi constante, mientras que el conjunto mediterráneo - asiático desciende paulatinamente y el etiópico sufre notable reducción.*

4. *Función reguladora de los enclaves higrófilos y frescos, situados en pleno dominio submediterráneo.*— El cuidadoso estudio del Macizo de San Juan de la Peña realizado en el transcurso de los cinco años de observaciones que ha supuesto esta monografía, ha permitido poner de manifiesto aspectos de la dinámica de aprovechamiento de las biocenosis por parte de las aves altoaragonesas y la función que dichos enclaves juegan en el conjunto submediterráneo y altimontano regional. Se relatan oportunamente en IV, 6.

VI PUBLICACIONES CITADAS

ARAGÜÉS, A., 1.958.— Nota sobre *Tichodroma muraria* en el Pirineo aragonés. *Ardeola*, 4: 190-191. Madrid.
" " 1.961a.— Volviendo al treparriscos en Aragón. *Ardeola*, 7: 266. Madrid.
" " 1.961b.— Otra localidad de avión común a alto nivel. *Ardeola* 7: 263. Madrid.
" " 1.963a.— Un encuentro con lúganos indígenas. *Ardeola*, 9(3): 159. Madrid.
" " 1.963b.— Información sobre *Remiz pendulinus* en el Valle del Ebro. *Ardeola*, 9: 153-156. Madrid.
" " 1.969a.— Posible observación de *Sylvia sarda* en Huesca. *Ardeola*, 13 (2): 260. Madrid.
" " 1.969b.— Más sobre *Dendrocopos leucotos* en los Pirineos. *Ardeola*, 13 (2): 258. Madrid.
" " 1.971.— Algunas observaciones de *Tichodroma muraria* en Aragón. *Ardeola*, 15: 155. Madrid.
" " et al., 1.974a.— Observaciones estivales en la laguna de Gallocanta (Zaragoza). *Ardeola*, 20: 229-224. Madrid.
" " et al., 1.974b.— Nidificación de gaviota reidora *(Larus ridibundus)* en el Valle del Ebro. *Ardeola*, 20: 357-358. Madrid.
BALCELLS, E., 1.964.— Vertebrados de las Islas Medas. *P. Inst. Biol. Apl.*, 36: 39-70. Barcelona.
" " 1.965.— Crecimiento nidícola del mirlo. *Miscelánea zoológica*, 2 (1): 139-144. Barcelona.
" " et al., 1.951.— Sobre épocas de migración y trashumancia de aves en el NE español. *Ardeola*, 7: 5-58. Madrid.
BALCELLS, E. y FERRER, F., 1.968.— Nota sobre petirrojo (*Erithacus rubecula*) en San Juan de la Peña. *Publicaciones del Centr. pir. Biol. exp.*, 2: 153-157. Jaca.
" " y PALAUS, X., 1.954.— Algunos datos sobre *Accipiter gentilis* L. en el Pirineo español. *Pirineos*, 31-32: 263-270. Zaragoza.
BANZO, J. M., 1.956.— Acerca de la captura en Santander de *Carduelis flammea cabaret* (Múll). *Ardeola*, 3 (1): 1-11. Madrid.
BELHACHE, J., 1.970.— Précisions sur certains aspects de la biologie de la mésange à longue queue (*Aegithalos caudatus*) (1). *Alauda*, 38 (1): 44-54. París.

BELHACHE, J., 1970.– Précisions sur certains aspects de la biologie de la mesange a longue queue (*Aegithalos caudatus*) (2) *Alauda, 38* (2): 150-156. París.

BERNIS, F., 1.955.– Prontuario de la avifauna española. Tirada especial de *Ardeola*. Madrid.

" " (comp.), 1.960a.– Invasión de piquituertos (*Loxia curvirrostra*) en 1.959. *Ardeola, 6* (2): 314-319. Madrid.

" " 1.960b.– Captura de pardillo sizerín en Castilla. *Ardeola, 6* (2): 394. Madrid.

" " (comp.), 1.960c.– Copiosa invernada de lúganos (*Cardulis spinus*) durante la temporada 1.959-1.960. *Ardeola, 6* (2): 307-313. Madrid.

" " 1.965.– *Claves de Passeriformes de España*. Cátedra de vertebrados. Facultad de Ciencias de Madrid. Madrid.

" " 1.966a.– El buitre negro (*Aegypius monachus*) en Iberia. *Ardeola, 12* (1): 45-99. Madrid.

" " 1.966b.– *Aves migradoras ibéricas* (fasc. 4). Publicaciones de la S. E. de O. Madrid.

" " 1.966c.– *Migración en aves*. Publ. de la S. E. de O. Madrid.

" " 1.967.– *Aves migradoras ibéricas* (fasc. 5). Publicaciones de la S. E. de O. Madrid.

" " 1.970.– *Aves migradoras ibéricas* (fasc. 6). Publicaciones de la S. E. de O. Madrid.

" " y BERNIS-CARRO, F., 1.962.– Breve comentario sobre invernada de aves en la cuenca del Ebro. *Ardeola, 8:* 228-231. Madrid.

" " e IRIBARREN, J. J., 1.966.– Observación de pico dorsiblanco *(Dendrocopos leucotos)*, en el Pirineo Navarro. *Ardeola, 12:* 239-240. Madrid.

" " y MALUQUER, J., 1.955.– Datos sobre *Tichodroma muraria* (L.) en la Península Ibérica. *Ardeola, 2* (1): 1-11. Madrid.

BRAUN - BLANQUET, J., 1.948.– Les souches préglaciaires de la flore pyrénéenne. *Collectanea Botanica, 2* (1): 1-23. Barcelona.

CASTROVIEJO, J., 1.970.– Premières données sur l'écologie hivernale des Vertébrés de la Cordillère Cantabrique. *Alauda, 38:* 126-149. París.

CHEYLAN, G., 1.972.– Le cycle annuel d'un couple d'Aigles de Bonelli (*Hieraetus fasciatus* (VIELLOT). *Alauda, 40:* 214-234. París.

COOMBS, C. J. F., 1.970.– Observaciones sobre quebrantahuesos (*Gypaetus barbatus*) en el norte de España. *Pirineos, 98:* 39-40. Jaca.

CONGOST TOR, J. y MUNTANER YANGÜELA, J., 1.974.– Presencia otoñal e invernal y concentración de *Neophron percnopterus* en la Isla de Menorca. *Miscelánea Zoológica, 3* (4): 1-11. Barcelona.

CREUS, J., 1.974.— Efecto foehn de San Juan de la Peña. *Actas VII Congr. Intern. Est. Pirenaicos 5:* 129-148, Jaca.

CUGNASSE, J. M., 1.975.— Observaciones sur l'hivernage de la Niverolle *Montifringilla nivalis* dans la Montagne Noire. *Alauda, 43* (4): 478-479. París.

DEMENT'EV, G. P., 1.966.— *Birds of the Soviet Union.* ZS Cole. Jerusalem.

DENDALETCHE, C., 1.973.— *Guide du Naturaliste dans les Pyrénées occidentales.* Ed. Delachaux & Niestlé. Neuchâtel.

FERNÁNDEZ - CRUZ, M., 1.973.— Recuperación en Zaragoza de una cigüeña negra (*Ciconia nigra*) anillada en Checoslovaquia. *Ardeola, 20:* 325. Madrid.

FITTER, R. S. R., 1.959.— *The pocket guide to nest and eggs.* Collins. London.

FLORES CASANOVA, C. y otros, 1.973.— Posible irrupción de *Loxia curvirrostra* en el sureste. *Ardeola, 19* (1): 36-38. Madrid.

FOUARGE, J., 1.969.— Le pouillot de Bonelli etend'il son aire de nidification vers le nord? *Aves, 6* (3): 134-139. Tihange - Huy.

GÉROUDET, P., 1.974.— *Les rapaces, les colombins, les gallinacés.* Delanchaux & Niestlé. Neuchâtel.

" " 1.957.— *Les Passereaux III: des pouillots aux moineaux.* Delachaux Niestlé. Neuchâtel.

" " 1.961.— *Les Passereaux I: du Coucou aux corvidés.* Delechaux Niestlé. Neuchâtel.

" " 1.963.— *Les Passereaux II: des mésanges aux fauvettes.* Delachaux Niestlé. Neuchâtel.

GIL - DELGADO, J. A. y ESCARRE, A., 1.977.— Avifauna del naranjal valenciano. I Datos preliminares sobre mirlo (*Turdus merula*) L. *Mediterránea, 2:* 89-109. Alicante.

GIL LLETGET, A., 1.927.— Estudios sobre la alimentación de las aves. I. Examen del contenido estomacal de 58 aves de Candeleda (Avila). *Bol. R. Soc. Esp. Hist. Nat., 27:* 85. Madrid.

" " " 1.929.— Consideraciones sugeridas por el estudio de la alimentación de las aves. *Memorias de la R. Soc. Esp. Hist. Nat., 15:* 441-444. Madrid.

" " " 1.944.— Bases para un método de estudio científico de la alimentación de las aves y resultado del análisis de 400 estómagos. *Bol. de la R. Soc. Esp. de Hist. Nat., 42:* 117, 459 y 553. Madrid.

" " " 1.945.— Bases para un método de estudio científico de la alimentación de las aves y resultado del análisis de 400 estómagos. *Boletín de la R. Soc. Esp. de Hist. Nat., 43:* 9-23. Madrid.

GOIZUETA, J. A. y BALCELLS, E., 1.975.— Estudio ecológico comparado del poblamiento ornítico de dos lagunas navarras de origen endorreico. *P. Cent. pir. Biol. exp., 6:* 1-146. Jaca.

HEREDIA, R., 1.973.— Nota sobre la alimentación del quebrantahuesos (*Gypaetus barbatus*). *Ardeola, 19* (2): 345-346, Madrid.

HERRERA, C. M., 1.975.— *Hirundo rupestris* nidificando en edificio. *Ardeola, 19:* 27. Madrid.

HERRERA, C. M., 1.974.— Una localidad de cría de Mosquitero silbador (*Phylloscopus sibilatrix*) en el Pirineo. *Ardeola, 20:* 374-375. Madrid.

IRIBARREN, J. J. et. al., 1973.— Observación primaveral de *Ciconia nigra* en Navarra. *Ardeola, 20:* 325. Madrid.

LEMÉE, G., 1.967.— *Precis de Biogéographie.* Masson & Cie Editeurs. París.

LINÉS, A., 1.975.— El tiempo en España durante el año agrícola 1.973-74. In: *Calendario Meteoro - Fenológico 1.975.* Servicio Meteorológico Nacional. Madrid.

MALUQUER, S., 1.960.— Captura de pardillo sizerín en Cataluña. *Ardeola, 6* (2): 374. Madrid.

MARINA, G. y BEZARES, E., 1.933.— Información sobre los cuervos de España. *Inst. forest. de Invest. y Exper., 12:* 1-40. Madrid.

MESTRE RAVENTÓS, P., 1.969.— Sobre presencia y nidificación de *P. pyrrhula* en Aragón y Cataluña. *Ardeola, 15:* 156-158. Madrid.

MONTSERRAT, P., 1.962.— El clima subcantábrico en el Pirineo occidental. *Pirineos, 102:* 5-19. Jaca.

" " 1.971a.— *La Jacetania y su vida vegetal.* Publ. de la Caja de Ahorros y Monte de Piedad de Zaragoza, Aragón y Rioja. Zaragoza.

" " 1.971b.— El ambiente vegetal jacetano. *Pirineos, 101:* 5-22. Jaca.

" " y VILLAR, L., 1.972.— El endemismo ibérico. *Boletín da Sociedade Broteriana, 46:* 203-527. Coimbra.

MURRAY, J. y colab., 1.959.— Migración de primavera en los Pirineos. *Ardeola, 5:* 81-91. Madrid.

" " y GARDNER - MEDWIN, D., 1.948.— Nota sobre algunas aves migradoras de Navarra y comarcas limítrofes. *Ardeola, 4:* 174-176. Madrid.

NAUMANN, 1.905.— *Naturgeschichte der Vögel Mittel - europas.* Gera - Muntemhaus.

NOVAL, A., 1.971.— Movimientos estacionales y distribución del camachuelo común. *Ardeola,* volumen especial 1.971: 491-508. Madrid.

PEDROCCHI, C., 1.975.— Capturas y observaciones de fringílidos esporádicos en el Alto Aragón. *Ardeola, 21:* 447-456. Madrid.

POUGH, R. H., 1.950.— Comment faire un recensement d'oiseaux nicheurs. *La Terre et la Vie, 1.950:* 203-217, París.

PUIGDEFÁBREGAS, C., 1.975.— *La sedimentación molásica en la cuenca de Jaca.* Monografía del Instituto de Estudios Pirenaicos (104). Jaca.

PUIGDEFÁBREGAS, J., 1.966.— Avance para un estudio climatológico del Alto Aragón. *Pirineos, 79-80:* 115-140. Jaca.
" " 1.970.— Características de la inversión térmica en el extremo oriental de la depresión interior altoaragonesa. *Pirineos, 96:* 21-50. Jaca.
" " y CREUS, J., 1.976.— Pautas espaciales de variación climática en el Alto Aragón. *P. Centr. pir. Biol. exp.,* 7 (1): 23-34. Jaca.
PURROY, F. J., 1.970.— El pico dorsiblanco (*Dendrocopos leucotos*) del Pirineo. *Ardeola, 16:* 145-158. Madrid.
" " 1.972.— Comunidades de aves nidificantes en el bosque pirenaico de abeto blanco (*Abies alba*). *Bol. Est. Centr. de Ecol.,* 1 (1): 41-44.
" " 1.973a.— El vencejo real (*Apus melba*) en los Pirineos. *Ardeola, 19:* 89-95. Madrid.
" " 1.973b.— La répartition des deux grimpereaux dans les Pyrenees. *L'Oisseau et R. F. O., 43* (3): 205- 211.
" " 1.974.— Contribución al conocimiento ornitológico de los pinares pirenaicos. *Ardeola, 20:* 245-261. Madrid.
RODRÍGUEZ, F. y BALCELLS, E., 1.968.— Notas biológicas sobre el alimoche *Neophron percnopterus* en el Alto Aragón. *P. Cent. pir. Biol. exp., 2:* 158-187. Jaca.
RUIZ DE AZUA, J. C., 1.969.— Nuevos datos sobre *Carduelis flammea* en Vizcaya. *Ardeola, 15:* 156. Madrid.
RUIZ DE LA TORRE, J., 1.971.— *Arboles y arbustos.* Instituto Forestal de Investigaciones y Experiencias. Madrid.
SOLÉ SABARÍS, L., 1.951.— *Los Pirineos. El medio y el hombre.* Ed. Alberto Martín. Barcelona.
SOLER - SAMPERE, M. y PUIGDEFÁBREGAS, C., 1.970.— Líneas generales de la geología del Alto Aragón occidental. *Pirineos, 96:* 5-20. Jaca.
" " M. y PUIGDEFÁBREGAS, C., 1.972.— Esquema litológico del Alto Aragón occidental. *Pirineos, 106:* 5-15, Jaca.
SVENSSON, L., 1.970.— *Identification guide to european passerines.* Naturhistoriska Riksmusseet. Stockolm.
TATO, J. J., 1.960.— Captura de pardillos sizerines en Baleares. *Ardeola, 6:* (2): 394. Madrid.
TRIGO DE YARTO, E., 1.960.— Notas sobre capturas de aves raras e interesantes. *Ardeola,* 6 (2): 367-369. Madrid.
VAN IMPE, J., 1.971.— Notes ornithologiques de la région de l'Aragon, juin 1.967 et juillet - août, 1.970. *Ardeola, 15:* 82-84. Madrid.
VAURIE, Ch., 1.965.— *The birds of the palearctic fauna.* H. F. & Witherby ltd. Hertfordshire.

VERHEYEN, R., 1.946.— *Las pics et les coucous de Belgique.* Patrimoine du Musée royal d'Histoire naturelle de Belgique. Bruxelles.

VERICAD - COROMINAS, J. - R., 1.970.— Estudio faunístico y biológico de los mamíferos montaraces del Pirineo. *Publ. del C. P. B. E., 4:* 1-229. Jaca.

VILLAR, L., 1.973.— Explotación y conservación de la naturaleza en el Alto Roncal (Navarra oriental). *P. Inst. Biol. Apl., 54:* 129-145.

VOOUS, D. H., 1.960.— *Atlas of European Birds.* Nelson. Londres.

WITHERBY, H. F., 1.965.—*Handbook of British birds.* H. F. & G. Witherby ltd. London.

FOTOGRAFIAS

Foto 1: Huevo de águila calzada (*Hieraëtus pennatus*). Ulle (Huesca) 17.06.68. Foto: E. Balcells.

Foto 2: Pollo de 48 h. de águila calzada (*Hieraëtus pennatus*). Ulle (Huesca) 20.06.68. Foto. E. Balcells.

Foto 3: Pollos de milano real (*Milvus milvus*). Obsérvese que aún no pueden incorporarse. Ulle (Huesca) 13.06.68. Foto: E. Balcells.

Foto 4: Unos días después, los mismos pollos de la fig. 3 ya se incorporan. Foto: E. Balcells.

Foto 5: Pollo de lechuza común (*Tyto alba*), aún en plumón. Banaguás (Huesca), 18.07.70. Foto: E. Balcells.

Foto 6: El mismo pollo de lechuza común de la fig. 5, el día 02.08.70. Foto: E. Balcells.

Foto 7: El mismo pollo, el día 25.07.70. Foto: E. Balcells.

Foto 8: El mismo individuo de las fotos anteriores el 02.08.70. Foto: E. Balcells.

Foto 9: El 11.08.70, obsérvese en esta foto y las anteriores el progresivo desarrollo de las rémiges y el disco facial. Foto: E. Balcells.

Foto 10: Lechuza adulta. Jaca (Huesca), 31.05.69. Foto: E. Balcells.

Foto 11: Autillo (*Otus scops*). Jaca (Huesca), 12.05.70. Foto: E. Balcells.

Foto 12: Autillo *(Otus scops).* Jaca (Huesca), 12.06.70. Foto: E. Balcells.

Foto 13: Pollo de autillo (*Otus scops*), con las coberteras aún tapadas por el plumón. Jaca (Huesca), 24.07.70. Foto: E. Balcells.

Foto 14: Pollo de mochuelo (*Athene noctua*). Jaca (Huesca), 24.07.72. Foto: E. Balcells.

Foto 15: Pollos de cárabo (*Strix aluco*), procedentes de Aisa (Huesca) y fotografiados en Jaca, el 20.05.70. A pesar del plumón que recubre parte del cuerpo el desarrollo de las rémiges es notable. Foto: E. Balcells.

Foto 16: Otros pollos de cárabo *(Strix aluco)* en fase de desarrollo similar a la anterior. Jaca (Huesca), 05.05.69. Foto: E. Balcells.

Foto 17: Uno de los pollos de cárabo de la fig. 16, el día 28.05.69. Aún con el cuerpo cubierto de plumón, ya es capaz de volar. Foto: E. Balcells.

Foto 18: El mismo pollo de la foto 15, junto a un adulto el día 10.06.69. Foto: E. Balcells.

Foto 19: Pollo de buho chico *(Asio otus)*, en postura críptica junto a un tronco Áscara (Huesca), 21.04.74. Foto: C. Pedrocchi.

Foto 20: El mismo pollo de la foto 18, ahora en postura de intimidación. Obsérvese el aparente aumento de volumen. Foto: C. Pedrocchi.

Foto 21: Buho chico (*Asio otus*) adulto. Jaca (Huesca), noviembre de 1.968. Foto: E. Balcells.

Foto 22: Pollo de buho chico, en postura de intimidación. Jaca (Huesca), 31.05.69. Foto: E. Balcells.
Foto 23: Pollo de buho chico. Jaca (Huesca), 07.06.68. Foto: E. Balcells.
Foto 24: El mismo pollo de buho chico de la foto 22, en igual postura. Foto: E. Balcells.
Foto 25: Jóven de pito real (*Picus viridis*), Jaca (Huesca), 23.06.69. Foto: E. Balcells.
Foto 26: Pollos en cañoes de pito real (*Picus viridis*). El Boalar de Jaca (Huesca), 27.07.68. Foto: E. Balcells.
Foto 27: Hembra de gorrión chillón (*Petronia petronia*) cebando a un pollo. San Juan de la Peña (Huesca), 25.07.73. Foto: C. Pedrocchi.
Foto 28: Pollo de alcaudón común (*Lanius senator*). Jaca (Huesca), 17.07.70. Foto: E. Balcells.
Foto 29: Pollos de alcaudón común (*Lanius senator*). Jaca (Huesca), 17.07.70. Foto: E. Balcells.
Foto 30: Adulto de trepador azul (*Sitta europea*). Foto: E. Balcells.
Foto 31: Nido con pollos en cañones de carbonero común (*Parus major*). Vallvidrera (Barcelona), 09.05.60. Foto: E. Balcells.
Foto 32: Nido y huevos de carbonero común (*Parus major*), hallado en orificio de una pared. Ordaniso - Centenero (Huesca), 29.05.69. Foto: E. Balcells.
Foto 33: Nido de bisbita ribereño alpino (*Anthus spinoletta spinoletta*), camuflado entre la hierba. Foto: E. Balcells.
Foto 34: Nido de totovia (*Lullula arborea*) camuflado entre la hierba al pie de una aliaga *(Genista scorpius)*. Villanúa (Huesca) julio de 1.963. Foto: E. Balcells.
Foto 35: Uno de los pollos, recién nacidos que contenía el nido de la foto anterior. Foto: E. Balcells.
Foto 36: Nido de verderón serrano (*Serinus citrinella*), Estany Llong (Lérida) 13.07.59. Foto: E. Balcells.
Foto 37: Nido de mito (*Aegithalos caudatus*) sobre carrasca. Huesca, marzo de 1.960. Foto: E. Balcells.
Foto 38-41: Desarrollo nidícola de golondrina común (*Hirundo rustica*) en San Juan de la Peña. En orden cronológico, las fotos corresponden al 12, 16, 18 y 21.07.73. Fotos: C. Pedrocchi.
Fotos 42-47: Desarrollo nidícola de mosquitero papialbo (*Phylloscopus bonelli*) en San Juan de la Peña. En orden cronológico las fotos corresponden al 16, 18, 20, 22, 25 y 27.06.63. Fotos: C. Pedrocchi.
Fotos 48-55: Desarrollo nidícola de colirrojo tizón *(Phoenicurus ochruros)* en San Juan de la Peña, salvo la foto número 48 de E. Balcells, que corresponde a un nido de Jaca (Huesca) hallado el 02.07.59, las demás fotos corresponden al 14, 16, 18, 20, 22, 25 y 27.06.63. Fotos: C. Pedrocchi.

Foto 56: Biotopo de nidificación de mirlo collarizo *(Turdus torquatus)*, en el subalpino con pino negro (2.300 m. s/M.) Estany Llong (Lérida), 12.07.59. Foto: E. Balcells.

Foto 57: Nido de mirlo collarizo *(Turdus torquatus)* en Estany Llong (Lérida), 08.07.59. Foto: E. Balcells.

Foto 58: El mismo nido de la foto 57: Foto: E. Balcells.

Foto 59: Pollo de mirlo collarizo *(Turdus torquatus)*. Estany Llong (Lérida), 02.07.59. Foto: E. Balcells.

Foto 60: Adulto de mirlo collarizo *(Turdus torquatus)*. Estany Llong (Lérida), 08.07.59. Foto: E. Balcells.

Foto 61: Nido con pollos recién nacidos de acentor común *(Prunella modularis)*. Portarró d'Espot (Lérida), 01.08.61. Foto: E. Balcells.

Foto 62: Pollo de acentor común *(Prunella modularis)*. Portarró d'Espot (Lérida), 01.08.61. Foto: E. Balcells.

Foto 63: Pollo de acentor común *(Prunella modularis)*. Portarró d'Espot (Lérida), 03.08.61. Foto: E. Balcells.

Foto 64: Acentor común joven. Estany Llong (Lérida), 08.07.59. Foto: E. Balcells.

Fotos 65-68: Desarrollo nidícola de agateador común *(Certhia brachydactyla)* en San Juan de la Peña. En orden cronológico las fotos 65 y 66 corresponden al 25.06.73 la 67 al 29.06.77 y la 68 al 04.07.73. Fotos: C. Pedrocchi.

Fotos 69-72: Desarrollo nidícola de escribano soteño *(Emberiza cirlus)* en San Juan de la Peña. Cronológicamente las fotos corresponden al 20.06.73, 18.03.73 y las dos últimas al 20.06.73. Fotos: C. Pedrocchi.

Foto 73: Huevo de chova piquirroja *(Pyrrhocorax pyrrhocorax)*. Ermita de Osia (Huesca), 22.05.70. Foto: E: Balcells.

Foto 74: Pollos de chova piquirroja *(Pyrrhocorax pyrrhocorax)* Osia (Huesca), 22.05.70. Foto: E. Balcells.

Foto 75: Pollos de chova piquirroja de San Juan de la Peña y Osia (Huesca) fotografiados en Jaca el 20.06.70. Foto: E. Balcells.

Foto 76: Pollo de chova piquirroja en cañones. Osia (Huesca) 29.05.70. Foto: E. Balcells.

Foto 77: Pollos volanderos de chova piquirroja, aun pedigüeños. Bernués (Huesca), 10.06.70. Foto: E. Balcells.

Foto 78: Pollo pedigüeño de corneja *(Corvus corone)*. Obsérvese la morfología del pico en comparación con las siguientes (fotos 81 y 82) de cuervo (Corvus corax). Jaca (Huesca) 25.05.69. Foto: E. Balcells.

Foto 79: Nido de cuervo *(Corvus corax)*. Bernués (Huesca), 12.06.70. Foto: E. Balcells.

Foto 80: Huevo y egagrópila de cuervo *(Corvus corax)* hallados en el nido. Bernués (Huesca), 02.06.70. Foto: E. Balcells.

Foto 81: Pollo de cuervo *(Corvus corax)*. Bernués (Huesca), 12.06.70. Foto: E. Balcells.

Foto 82: Pollo de cuervo (*Corvus corax*) sobre la roca. Obsérvese su perfecta cripsis. Bernués (Huesca), 12.06.70. Foto: E. Balcells.
Foto 83: Panorámica de un nido de quebrantahuesos (*Gypaetus barbatus*) en San Juan de la Peña (Huesca), 23.07.73. Foto: C. Pedrocchi.
Foto 84: Nido de quebrantahuesos con el pollo a punto de volar. San Juan de la Peña (Huesca), 23.07.73. Foto: C. Pedrocchi.
Foto 85: Nido de reyezuelo listado (*Regulus ignicapillus*) en San Juan de la Peña (Huesca), 26.07.63. Foto: C. Pedrocchi.
Foto 86: Nido de papamoscas gris (*Muscicapa striata*) en San Juan de la Peña (Huesca), 27.07.73. Foto: C. Pedrocchi.
Foto 87: Nido de mirlo común (*Turdus merula*) en San Juan de la Peña (Huesca), el 27.07.73. Foto: C. Pedrocchi.
Foto 88: Nido y hembra cebando de colirrojo tizón, en San Juan de la Peña (Huesca) el 25.07.73. Foto: C. Pedrocchi.
Foto 89: Nido de papamoscas gris (*Muscicapa striata*) en San Juan de la Peña (Huesca) el 27.07.73. Foto: C. Pedrocchi.
Foto 90: Nido de collalba gris (*Oenanthe oenanthe*). Los Lecherines (Huesca), 20.07.68. Foto: E. Balcells.
Foto 91: Nido de chochín (*Troglodytes troglodytes*) en San Juan de la Peña (Huesca), el 27.07.73. Foto: C. Pedrocchi.
Foto 92: Nido de mosquitero común (*Phylloscopus collybita*) en San Juan de la Peña (Huesca), el 27.07.73. Foto: C. Pedrocchi.
FotO 93: Nido de mosquitero papiablo (*Phylloscopus bonelli*) en San Juan de la Peña (Huesca), 27.07.73. Foto: C. Pedrocchi.
Foto 94: Nido de curruca mosquitera (*Sylvia borin*) en San Juan de la Peña (Huesca), 27.07.73. Foto: C. Pedrocchi.

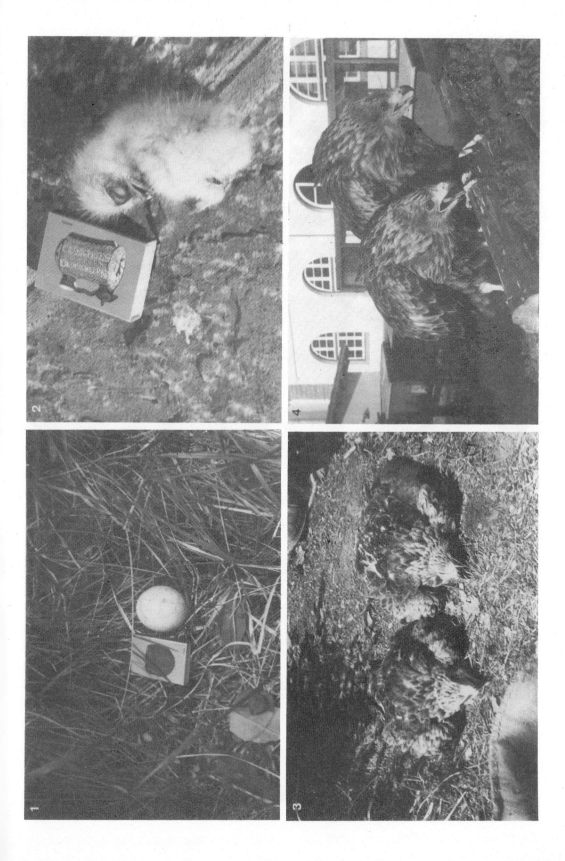

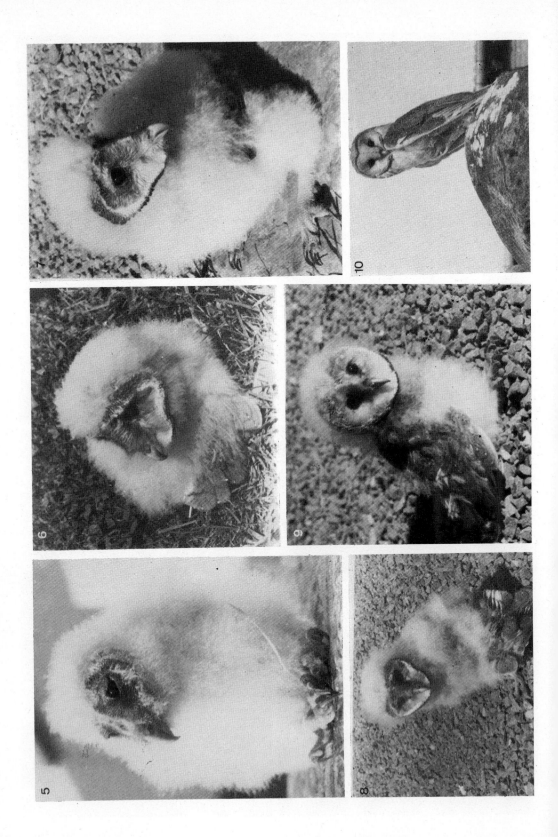

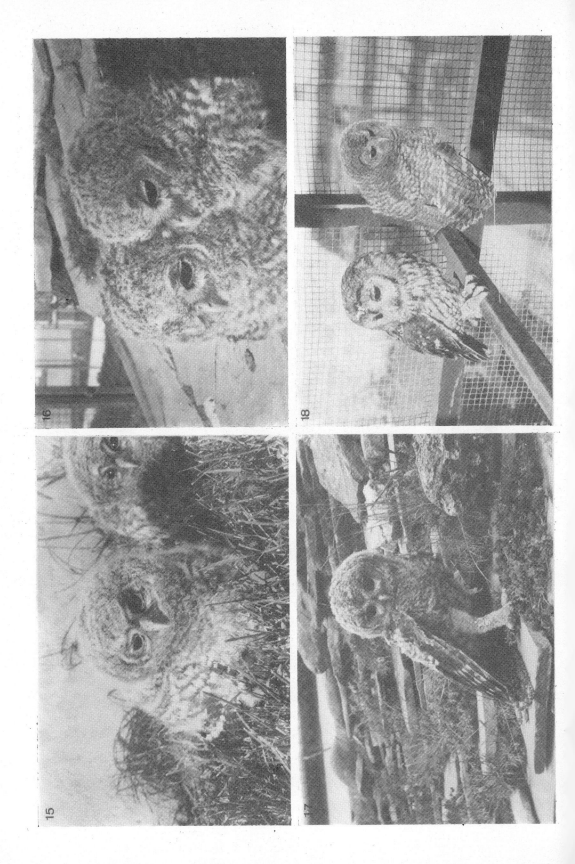

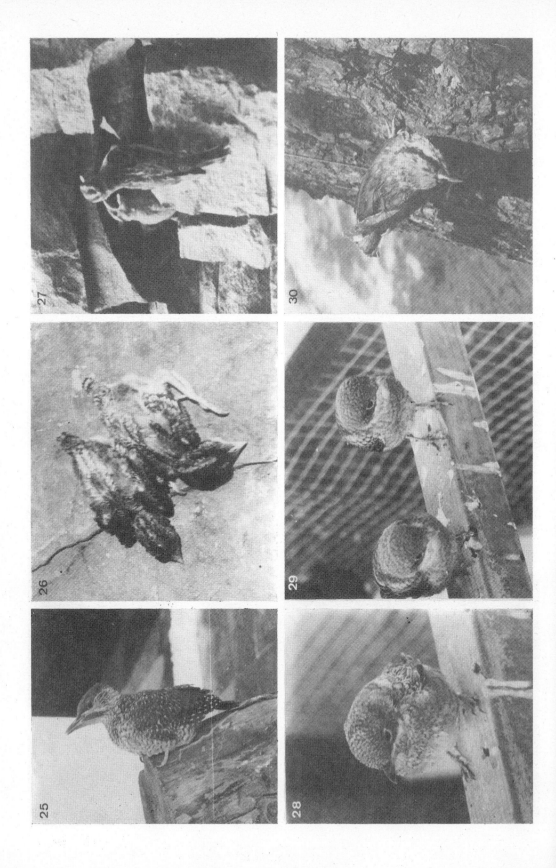

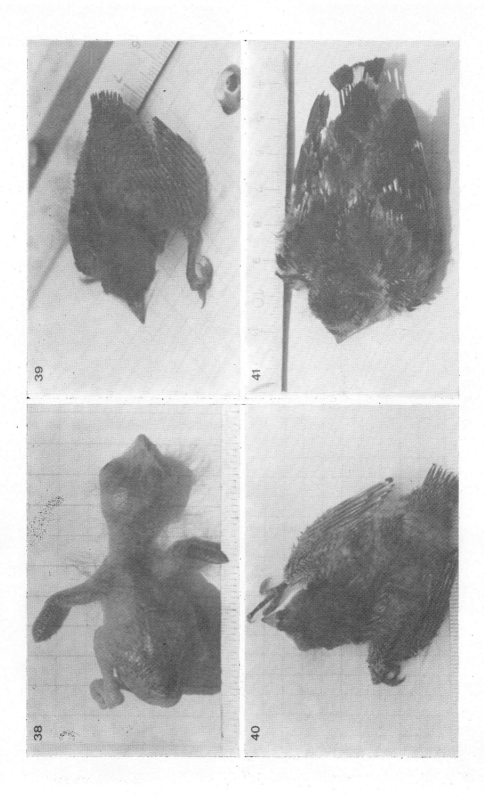

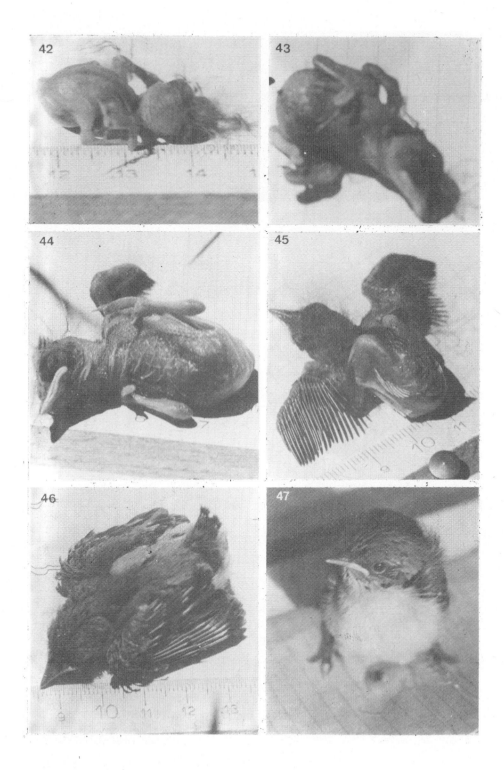

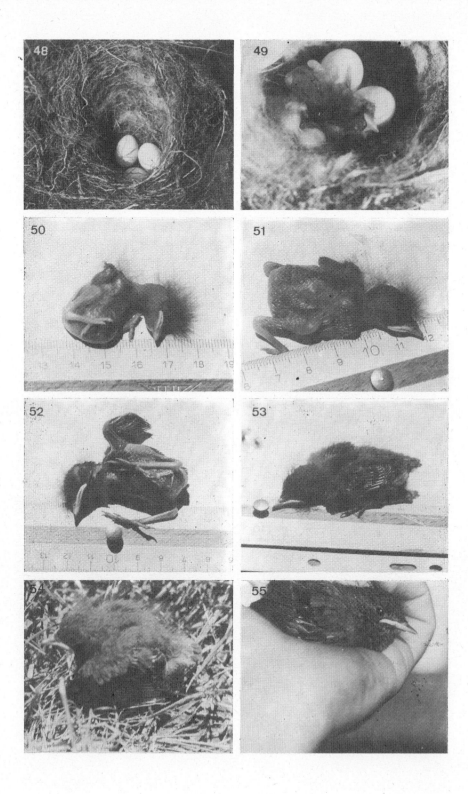

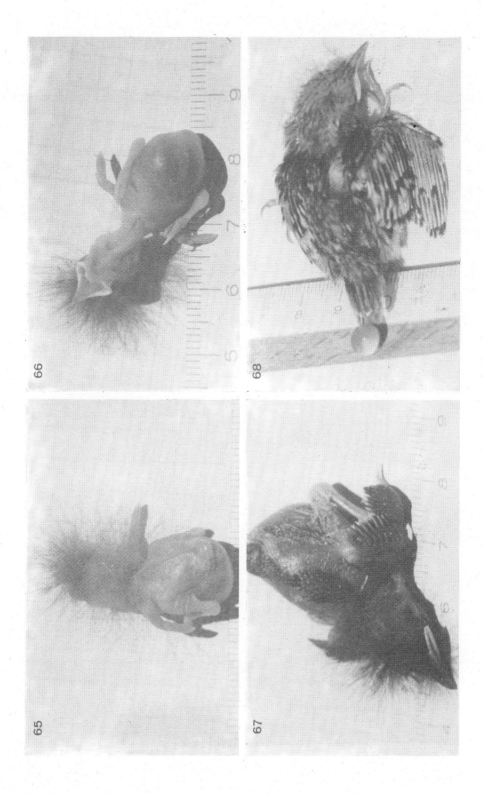

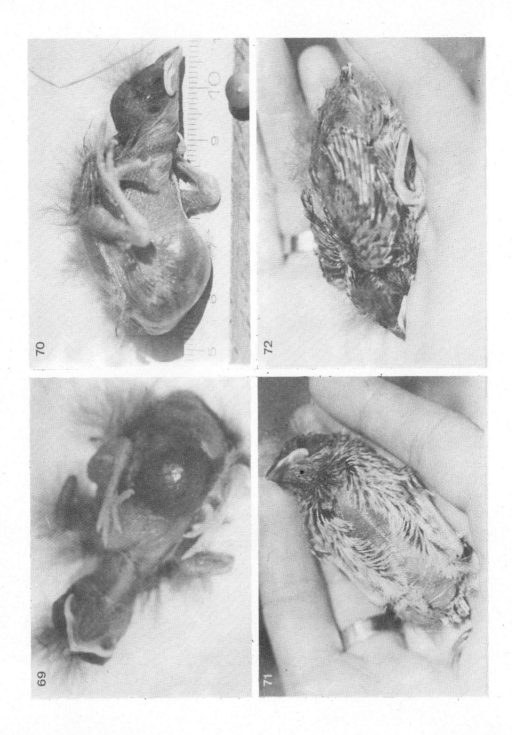

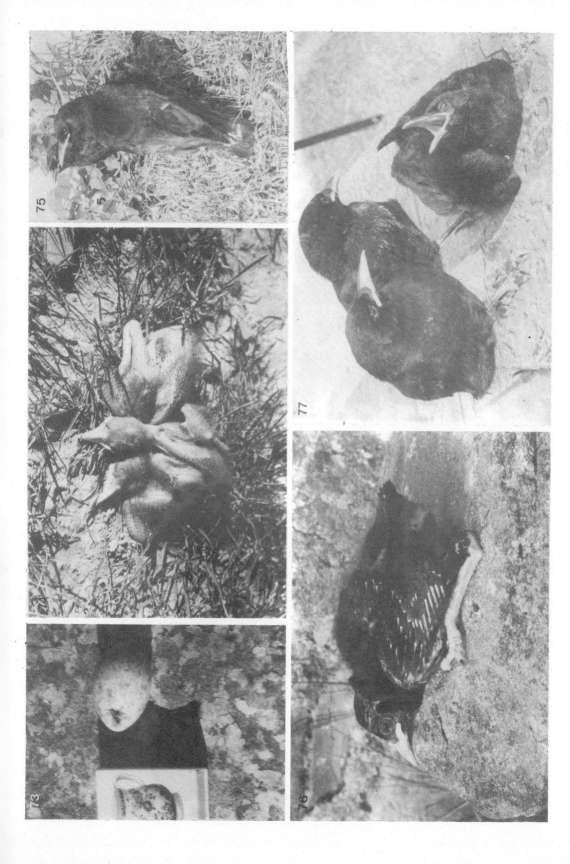

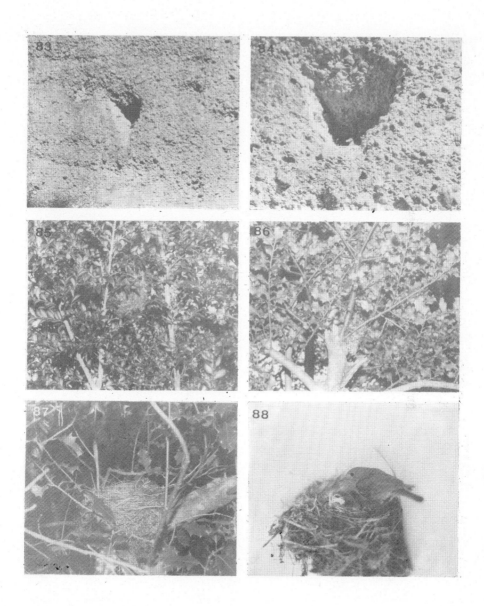